全彩图解

开关电源
芯片级维修

张 军
王红明
编著

化学工业出版社
·北京·

内容简介

本书采用全彩图解＋视频讲解的方式，由浅入深地介绍了通用开关电源电路的运行原理，液晶电视机、空调、冰箱、ATX电源、液晶显示器、打印机、变频器、伺服驱动器、PLC控制器等设备中的开关电源电路的易坏芯片元件、故障检测点、故障检测流程图，以及快速诊断变频电路故障和故障维修实战案例等内容。另外，还总结了电路图读图实战、电路板元器件好坏检测实战、开关电源电路维修方法和维修思路等知识。

本书可供从事家电维修、工控设备维修、电气设备维修的技术人员，企业高级电工、电子工程师等阅读学习，也可用作职业院校、培训学校相关专业的教材及参考书。

图书在版编目（CIP）数据

全彩图解开关电源芯片级维修 / 张军，王红明编著.

北京：化学工业出版社，2025.6（2026.1重印）. -- ISBN 978-7-122-47676-0

Ⅰ. TN86-64

中国国家版本馆CIP数据核字第20258G1W39号

责任编辑：耍利娜　　　　文字编辑：赵子杰　李亚楠　温潇潇
责任校对：王鹏飞　　　　装帧设计：王晓宇

出版发行：化学工业出版社
　　　　　（北京市东城区青年湖南街13号　邮政编码100011）
印　　装：天津市银博印刷集团有限公司
710mm×1000mm　1/16　印张17　字数325千字
2026年1月北京第1版第2次印刷

购书咨询：010-64518888　　　　售后服务：010-64518899
网　　址：http://www.cip.com.cn
凡购买本书，如有缺损质量问题，本社销售中心负责调换。

前言

一、为什么写这本书

开关电源电路是很多电气设备都有的供电电路，其工作在高电压、大电流、高温的环境中，故障率较高，因此很多电子设备的电源故障维修，其实就是开关电源电路的故障维修。掌握了开关电源电路的维修方法和技巧，就可以轻松搞定大多数设备的故障维修。

由于开关电源电路原理比较复杂，要想熟练维修各种电子设备的开关电源电路，需要先掌握开关电源电路中的各单元电路的结构和工作原理，然后掌握万用表的使用技巧和开关电源电路元器件好坏检测技术，掌握各单元电路基本运行电压，为维修时排查故障打基础。最后还需要掌握各种电子设备的开关电源电路的故障维修流程，了解易坏元器件、故障检测点，掌握快速诊断故障的技巧，通过实战维修案例，积累维修经验。本书详细归纳总结了这些维修实战知识，读者只要认真学习就可以掌握这些知识。

本书以上述几方面内容为核心，详细总结了开关电源电路维修的相关知识。本书强调动手能力和实践技能的培养，手把手地教你测量关键电路，同时结合大量实战案例，介绍了开关电源电路中主要元器件的检测方法、实战维修经验，使读者快速掌握开关电源维修检测技术，增强实战维修能力。

二、本书特点

1. 全程图解，图文并茂

本书采用全程图解的方式讲解，手把手地教你测量电路板中各个芯片电路，让你边看边学，快速成为一个维修高手。

2. 内容全面，知识点多

本书不但讲解了维修工具的使用、芯片元件好坏的检测、电路图读图等维修基本功，还讲解了开关电源电路的结构和运行原理，并详细归纳总结了液晶电视机、空调、冰箱、ATX 电源、液晶显示器、打印机、变频器、伺服驱动器、PLC 控制器等设备的易坏芯片元件、故障检测流程图、故障测试点、故障快速诊断维修技巧、故障维修实战案例等内容。

3. 实操丰富，实战性强

本书以维修实战为主线，配有大量的实战操作内容。不但在维修基本功方面采用实战讲法，而且在开关电源电路板维修方面也全部采用实战讲法，结合了大量的实战案例来帮助读者积累维修经验。

由于作者水平有限，书中难免有疏漏之处，恳请读者朋友提出宝贵意见和真诚的批评。

编著者

扫码看维修
检测视频

目录
CONTENTS

第4章　开关电源电路维修
方法和故障检测点

第 5 章　液晶电视机开关电
　　　　源电路故障维修
　　　　实战

第 9 章 液晶显示器开关电源电路故障维修实战

第 10 章 打印机开关电源电路故障维修实战

第 1 章

万用表使用与电路图读图实战

在维修开关电源电路时，一般使用万用表来检测电路板。另外，还会对照故障设备的电路图来帮助找寻故障元器件。因此学习开关电源电路故障的维修时，首先应掌握万用表的使用技巧和电路图的读图技巧。本章将详细讲解万用表测量实战和电路图读图实战的内容。

1.1 万用表测量实战

万用表是一种多功能、多量程的测量仪表。万用表有很多种，目前常用的有指针万用表和数字万用表两种。万用表可测量直流电流、直流电压、交流电流、交流电压、电阻和音频电平等，是电工和电子维修中必备的测试工具。

1.1.1 数字万用表测量实战

（1）看图识数字万用表

数字万用表的最主要特征是有一块液晶显示屏。数字万用表具有显示清晰，读取方便，灵敏度、准确度高，过载能力强，便于携带，使用方便等优点。数字万用表主要由液晶显示屏、挡位功能区、挡位选择钮、表笔插孔、三极管插孔、电容测量插孔等组成。如图 1-1 所示。

> **提示**　有的万用表没有电源开关键，而是在功能区有个 OFF 挡，将挡位旋钮调到 OFF 挡可以实现关机。当测量电压、电阻、频率和温度时，将红表笔插 VΩHz℃插孔；测量电流时，根据电流大小将红表笔插 A 插孔或 mA 插孔。

数字万用表的挡位比较多，在表盘上可以看到很多符号和挡位，表盘上的每一个圆点都对应一个挡位。数字万用表的挡位主要分为：欧姆挡、交流电压挡、直流电压挡、交流电流挡、直流电流挡、二极管挡、三极管挡、电容挡、温度挡、蜂鸣挡等挡位。一般二极管挡和蜂鸣挡在一个挡位，需要通过 SEL 按键进行切换。如图 1-2 所示为数字万用表的挡位符号。

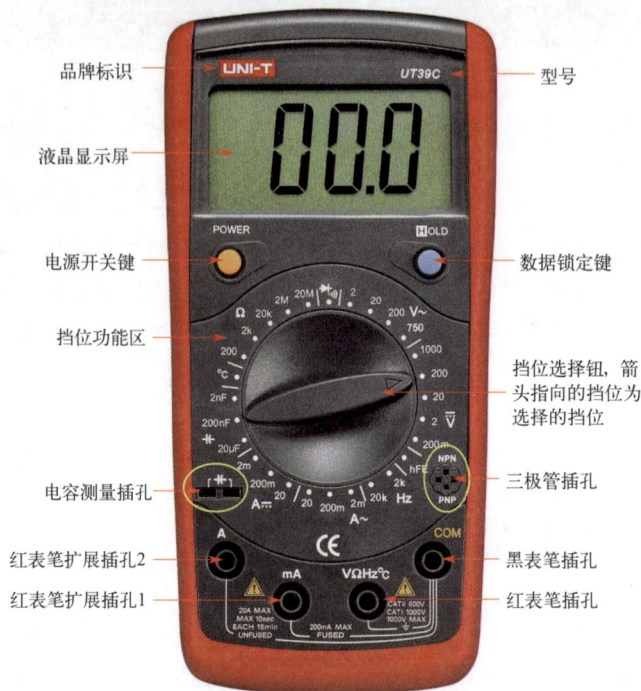

品牌标识 —— UNI-T —— 型号 UT39C

液晶显示屏 ——

电源开关键 —— POWER

数据锁定键 —— HOLD

挡位功能区 ——

挡位选择钮，箭头指向的挡位为选择的挡位

电容测量插孔 ——

三极管插孔 ——

红表笔扩展插孔2 ——

黑表笔插孔 ——

红表笔扩展插孔1 ——

红表笔插孔 ——

图 1-1　数字万用表

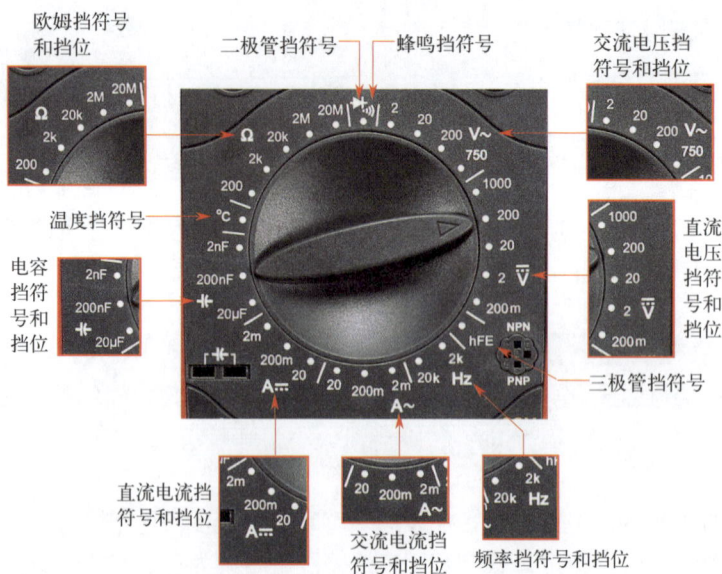

欧姆挡符号和挡位

二极管挡符号

蜂鸣挡符号

交流电压挡符号和挡位

温度挡符号

直流电压挡符号和挡位

电容挡符号和挡位

三极管挡符号

直流电流挡符号和挡位

交流电流挡符号和挡位

频率挡符号和挡位

图 1-2　数字万用表的挡位符号

（2）数字万用表检测电路通断实战

在检查电路板的线路是否发生断路故障时，可以使用数字万用表的蜂鸣挡。具体方法如图1-3所示（每个型号的数字万用表挡位和插孔虽略有不同，但用法基本相同）。

①将黑表笔插进万用表的COM插孔，将红表笔插进万用表的VΩμAmA℃插孔。

②将挡位旋钮调到蜂鸣挡。

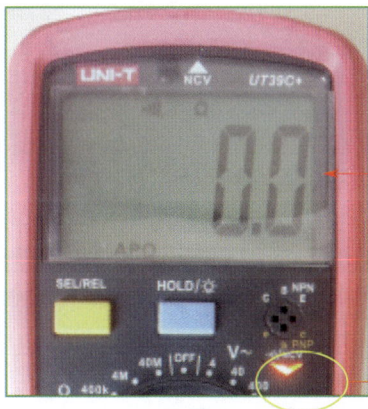

③将红黑两只表笔分别接电路板中所测线路的两端。如果万用表发出"嘀嘀"的响声，同时蜂鸣指示灯点亮，说明所测线路是导通的，未发生断路故障，此时显示屏显示的数值接近零；如果万用表未发出"嘀嘀"的响声，蜂鸣指示灯也未被点亮，说明所测线路发生了断路故障，或所测线路内阻很大。

图1-3　用数字万用表检测电路通断

（3）数字万用表测量直流电压实战

用数字万用表测量直流电压的方法如图1-4所示（每个型号的数字万用表挡位和插孔虽略有不同，但用法基本相同）。

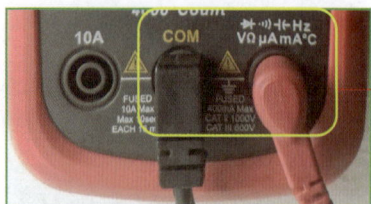

①因为本次是对电压进行测量，所以将黑表笔插进万用表的COM插孔，将红表笔插进万用表的VΩµAmA℃插孔。

②将挡位旋钮调到直流电压挡，选择40V挡（选择比估测值大的挡位即可）。

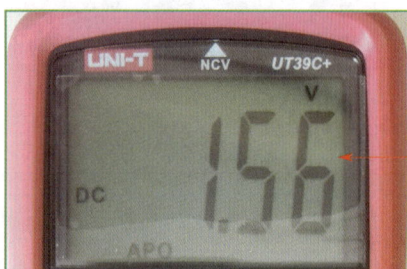

③将两表笔分别接电源的两极，正确的接法应该是红表笔接正极，黑表笔接负极。读数，若测量数值为"1."，说明所选程程太小，需改用大量程。如果数值显示为负，代表极性接反，需要调换表笔。表中显示的1.56V即为所测电源的电压。

图1-4 用数字万用表测量直流电压的方法

（4）数字万用表检测二极管实战

一般检测二极管时，用数字万用表的二极管挡测量二极管的管压降，通过管压降判断二极管的好坏。通常锗二极管的管压降为 0.15 ~ 0.3V，硅二极管的管压降为 0.5 ~ 0.8V，发光二极管的管压降为 1.8 ~ 2.3V。如果测量的二极管正向压降超出这个范围，则二极管损坏。如果反向压降为 0，则二极管被击穿。

用数字万用表检测二极管的方法如图 1-5 所示。

①将黑表笔插进万用表的COM插孔，红表笔插进万用表的VΩµAmA℃插孔。

提示:当选择二极管挡后，会在显示屏上出现二极管的符号。

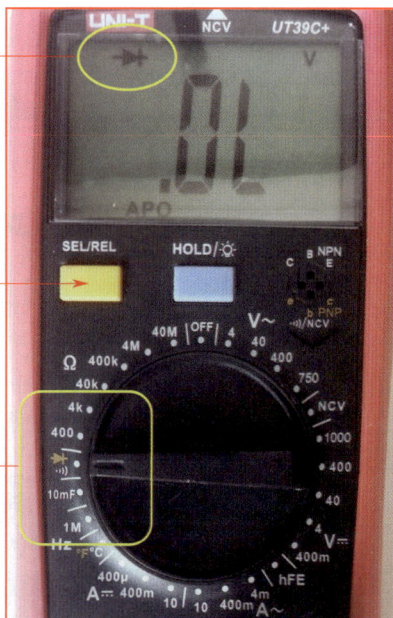

②将挡位旋钮调到二极管/蜂鸣挡，一般默认会选择蜂鸣挡，所以接着按SEL/REL按钮切换到二极管挡。

③将红表笔接二极管正极，黑表笔接二极管的负极（有横线的一端），测量其压降。

④显示屏显示的0.549V即为所测二极管的正向压降。

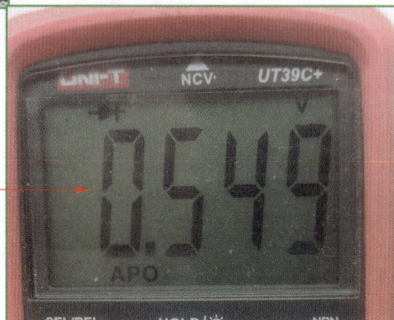

图1-5　用数字万用表检测二极管的方法

1.1.2　指针万用表测量实战

（1）看图识指针万用表

指针万用表的最主要特征是带有刻度盘和指针。指针万用表可以显示出所测

5

电路连续变化的情况，且指针万用表电阻挡的测量电流较大，特别适合在路检测元器件。

指针万用表主要由表盘、功能分区及量程挡、挡位旋钮、欧姆调零旋钮、表笔插孔及三极管插孔等组成，如图 1-6 所示。

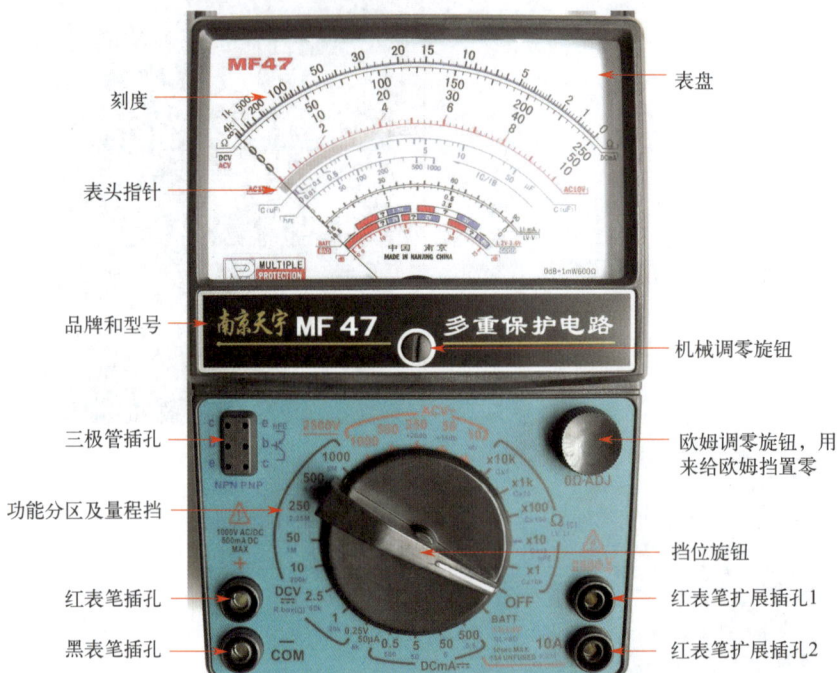

图 1-6　指针万用表

> **提示**　测量 1000V 以内电压、电阻，500mA 以内电流时，红表笔插 + 插孔；测量 500mA 以上电流时，红表笔插 10A 插孔；测量 1000V 以上电压时，红表笔插 2500V 插孔。

指针万用表的挡位比较多，在功能区可以看到很多功能符号和挡位。指针万用表的挡位主要分为：欧姆挡（Ω）、交流电压挡（ACV）、直流电压挡（DCV）、直流电流挡（DCmA）等挡位。如图 1-7 所示为指针万用表的挡位符号。

如图 1-8 所示为指针万用表表盘，表盘由表头指针和刻度等组成。

交流电压挡
符号及挡位

欧姆挡符
号及挡位

直流电压挡
符号及挡位

OFF开关，不使
用时将功能旋钮
调到OFF挡

BATT电池
电压检测挡

直流电流挡
符号及挡位

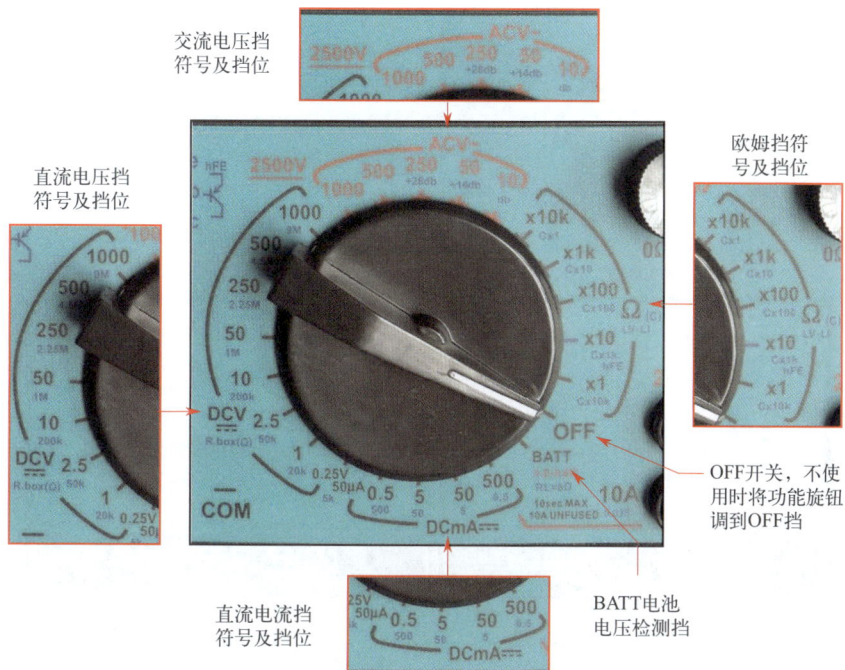

图1-7 指针万用表的挡位符号

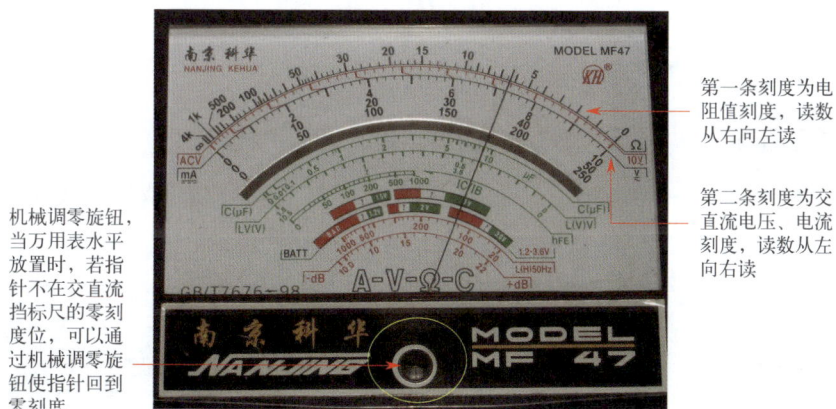

机械调零旋钮，
当万用表水平
放置时，若指
针不在交直流
挡标尺的零刻
度位，可以通
过机械调零旋
钮使指针回到
零刻度

第一条刻度为电
阻值刻度，读数
从右向左读

第二条刻度为交
直流电压、电流
刻度，读数从左
向右读

图1-8 指针万用表表盘

（2）调整指针万用表的量程实战

使用指针万用表测量时，要选择合适的量程，这样才能测量得准确。
指针万用表量程的选择方法如图1-9所示。

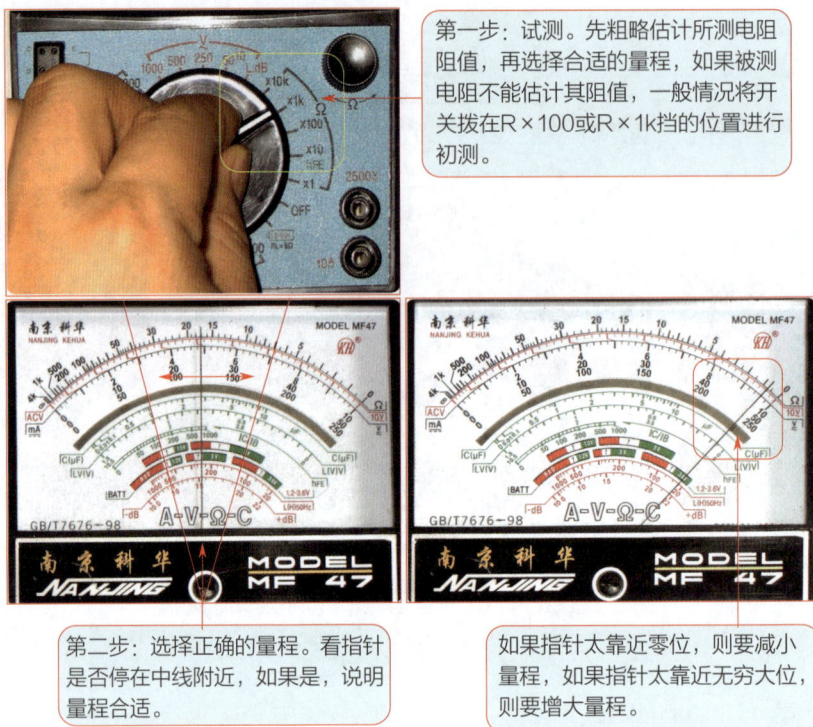

第一步：试测。先粗略估计所测电阻阻值，再选择合适的量程，如果被测电阻不能估计其阻值，一般情况将开关拨在R×100或R×1k挡的位置进行初测。

第二步：选择正确的量程。看指针是否停在中线附近，如果是，说明量程合适。

如果指针太靠近零位，则要减小量程，如果指针太靠近无穷大位，则要增大量程。

图1-9　指针万用表量程的选择方法

（3）指针万用表欧姆调零实战

量程选准以后，在正式测量之前必须进行欧姆调零，如图1-10所示。

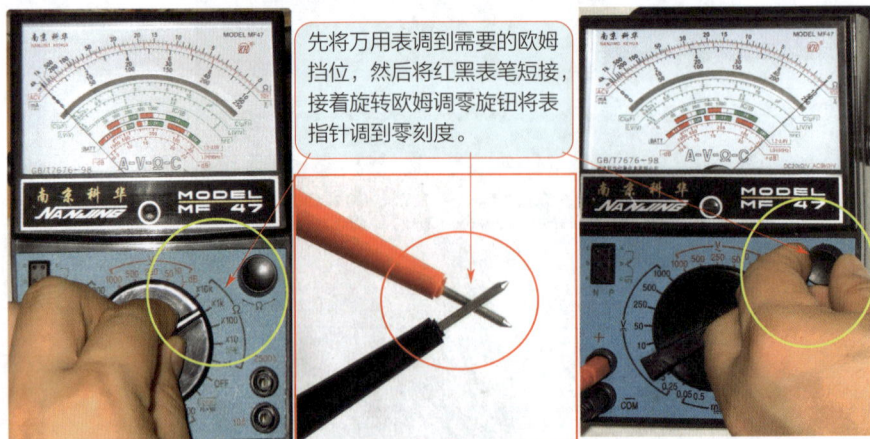

先将万用表调到需要的欧姆挡位，然后将红黑表笔短接，接着旋转欧姆调零旋钮将表指针调到零刻度。

图1-10　指针万用表的欧姆调零

注意： 如果换挡，在测量之前必须重新调零一次。

（4）指针万用表测电阻实战

用指针万用表测电阻的方法如图 1-11 所示。

①根据待测电阻的标称阻值，将指针万用表的挡位调到相应的欧姆挡。比如待测电阻的阻值为17kΩ，就将挡位调到欧姆挡R×1k挡。接着进行调零，将红黑两只表笔短接，并旋转欧姆调零旋钮将表指针调到零刻度。

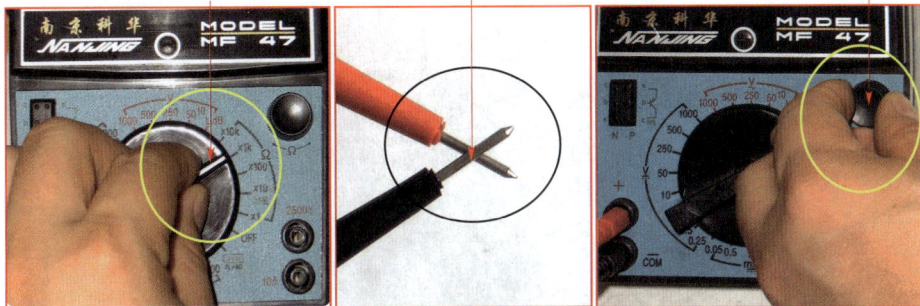

②开始测量，将两只表笔分别接触待测电阻的两端（要求接触稳定）。

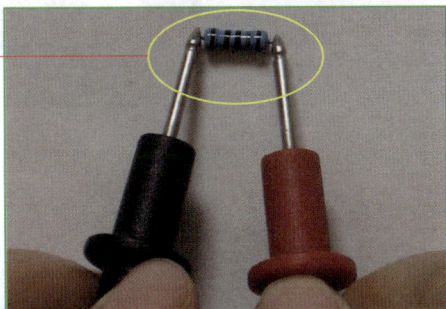

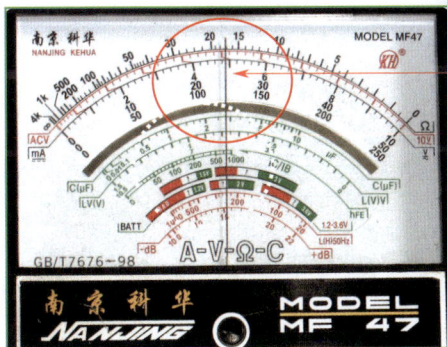

③观察指针偏转情况。如果指针太靠左，那么需要换一个稍大的量程。如果指针太靠右，那么需要换一个较小的量程，直到指针落在表盘的中部（因表盘中部区域测量更精准）。

④读取表针读数，然后将表针读数乘以所选量程倍数，如选用R×1k挡测量，指针指示17，则被测电阻值为17×1k＝17kΩ。

图 1-11　用指针万用表测电阻的方法

（5）指针万用表测量直流电压实战

测量电路的直流电压时，选择万用表的直流电压挡，并选择合适的量程。当被测电压数值范围不清楚时，可先选用较高的量程挡，不合适时再逐步选用低量程挡，使指针停在满刻度的 2/3 处附近为宜。

指针万用表测量直流电压方法如图 1-12 所示。

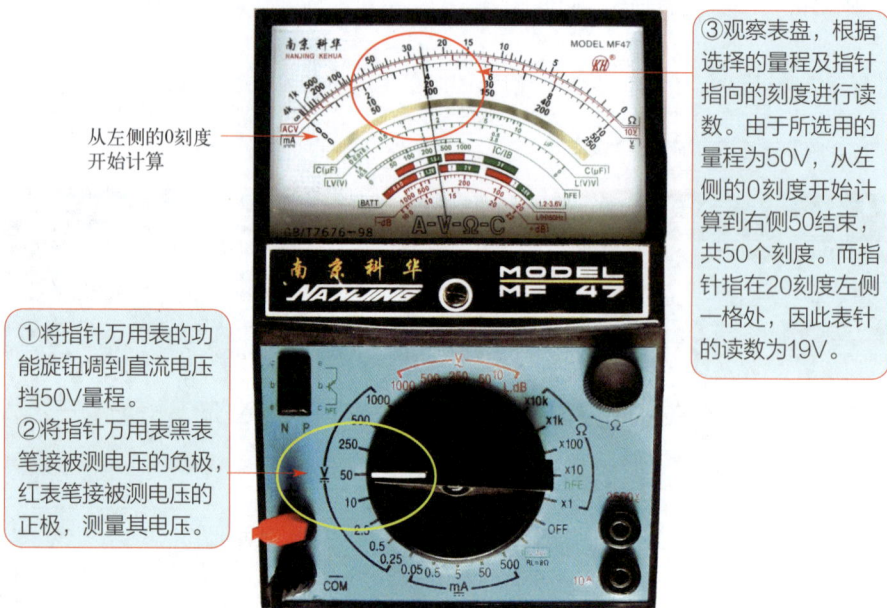

从左侧的0刻度开始计算

③观察表盘，根据选择的量程及指针指向的刻度进行读数。由于所选用的量程为50V，从左侧的0刻度开始计算到右侧50结束，共50个刻度。而指针指在20刻度左侧一格处，因此表针的读数为19V。

①将指针万用表的功能旋钮调到直流电压挡50V量程。
②将指针万用表黑表笔接被测电压的负极，红表笔接被测电压的正极，测量其电压。

图 1-12　指针万用表测量直流电压的方法

1.2　电路图读图基础

用各种图形符号表示电阻器、电容器、开关、集成电路等元器件，用线条把元器件和单元电路按工作原理的关系连接起来，就形成了电路图。

日常维修中经常用到的电路图主要是电路原理图，电路原理图是用来体现电子电路的工作原理的一种电路图。电路原理图用符号代表各种电子元器件，还给出了每个元器件的具体参数，为检测和更换元器件提供依据。另外，它给出了产品的电路结构、各单元电路的具体形式和连接方式。

1.2.1　电路图的组成

电路图主要由元器件符号、连线、结点、注释四大部分组成。如图 1-13 所示。

此处连线相交但没有圆点，说明实际线路中没有相连。

②连线表示的是实际电路中的导线，在原理图中虽然是一根线，但在常用的印刷电路板中往往不是线而是各种形状的铜箔块。

此结点表示电阻R10与芯片IC4第2脚和电容C16相连。

④注释被用来说明元件的参数及名称等。如R98为名称，7mR为参数。

IC2
78L05
VV+ 2 Vin   Vout 3
        GND
+ C18
   33u
+5V
IC4
1   8
2   7
3   6
4   5
A7860L
V′ R10 100R
R98 7mR
C16 CAP
V

①元器件符号的形状与实际的元器件不一定相似，甚至可能完全不一样。图中C16为电容器，R98为电阻器。

③结点（一般用圆点表示）表示几个元器件引脚或几条导线之间的连接关系。所有和结点相连的元器件引脚、导线，不论数目多少，都是导通的。

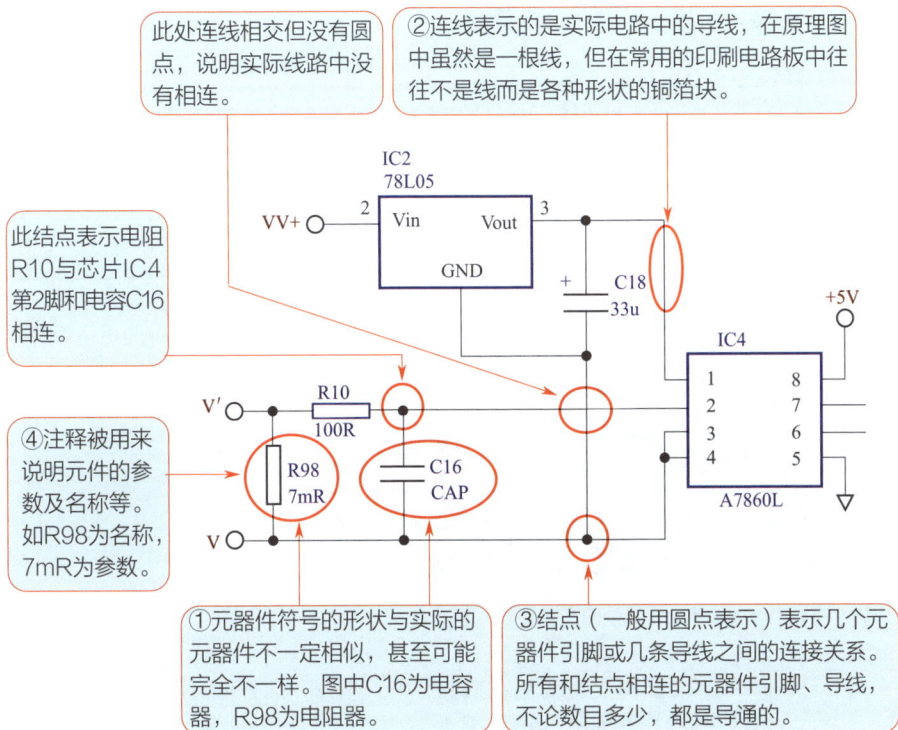

图1-13 电路图组成元素

① 元器件符号表示实际电路中的元器件，它的形状与实际的元器件不一定相似，甚至可能完全不一样。但是它一般都表示出了元器件的特点，而且引脚的数目都和实际元器件保持一致。

② 连线表示的是实际电路中的导线，在原理图中虽然是一根线，但在常用的印刷电路板中往往不是线而是各种形状的铜箔块，就像收音机原理图中的许多连线在印刷电路板中并不一定都是线形的，也可以是一定形状的铜膜。还要注意，在电路原理图中，总线的画法经常是采用一条粗线，在这条粗线上再分支出若干支线连到各处。

③ 结点表示几个元器件引脚或几条导线之间的连接关系。所有和结点相连的元器件引脚、导线，不论数目多少，都是导通的。不可避免地，在电路中肯定会有交叉的现象，为了区别交叉相连和不连接，一般在电路图制作时，给相连的交叉点加实心圆点表示，不相连的交叉点不加实心圆点或绕半圆表示，也有个别的电路图是用空心圆来表示不相连的。

④ 注释在电路图中是十分重要的，电路图中所有的文字都可以归入注释一类。细看图1-13就会发现，在电路图的各个地方都有注释存在，它们被用来说明元器件的名称、型号、参数等。

1.2.2　在电路图中查找故障元器件实战

在维修电路时，当根据故障现象检查电路板上的疑似故障元器件后（如有元器件发热较严重或外观有明显故障现象），接下来需要进一步了解元器件的功能，这时通常需要先查到元器件的编号，然后根据元器件的编号，结合电路原理图了解到元器件的功能和作用，进一步找到具体故障元器件。

具体查找方法如下。

① 找出电路板中疑似故障元器件，并记下电路板上元器件的文字标号（如图中的 N9）。如图 1-14 所示。

查看电路板中故障元器件的文字标号

图 1-14　查看电路板中故障元器件的文字标号

② 打开电路原理图的 PDF 文件，在搜索栏中输入元器件的文字标号（N9），搜索元器件的电路图。如图 1-15 所示。

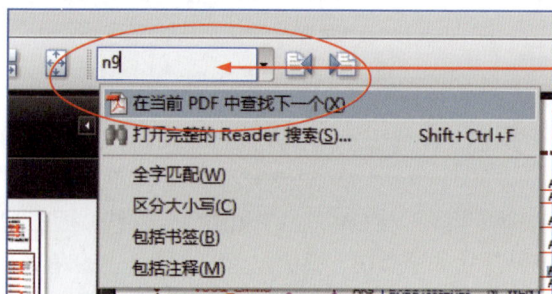

在电路原理图的搜索栏中输入元器件的文字标号(N9)，搜索元器件的电路图

图 1-15　搜索元器件的电路图

③ 软件会自动跳到搜到的页面，可以看到 N9 元器件的电路原理图。根据该元器件周围线路标识，如图 1-16 中标有 SYSTEM EEPROM 和 SYSTEM_EEPROM_WP，可以判断此芯片是负责存储的，是一个存储系统程序的芯片。

1.2.3　根据电路原理图查找单元电路元器件实战

根据电路原理图找到故障相关电路元器件的编号（如无法开机，就查找电源电路的相关元器件），然后再在电路板上找相应元器件进行检测，方法如下。

① 根据电路原理图的目录页（一般在第 1 页）查找相关电路的关键词。如供电电路就查找 SYSTEM POWER，对应的页数为 14 页。如图 1-17 所示。

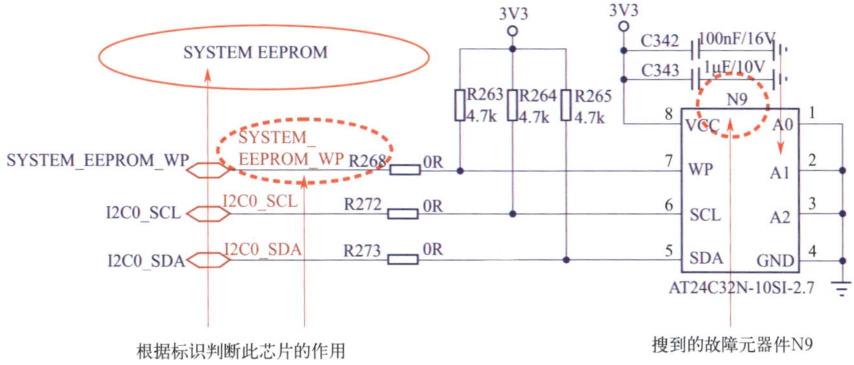

SYSTEM EEPROM

3V3   3V3

C342 100nF/16V

C343 1μF/10V

N9

R263 R264 R265
4.7k 4.7k 4.7k

SYSTEM_EEPROM_WP

SYSTEM_EEPROM_WP R268   0R

8 VCC A0 1

7 WP A1 2

I2C0_SCL I2C0_SCL R272 0R   6 SCL A2 3

I2C0_SDA I2C0_SDA R273 0R   5 SDA GND 4

AT24C32N-10SI-2.7

根据标识判断此芯片的作用   搜到的故障元器件N9

图 1-16　判断故障元器件功能

9	11	SOC:OWL
10	12	SOC:POWER (1/3)
11	13	SOC:POWER (2/3)
12	15	SOC:POWER (3/3)
13	20	NAND
14	21	SYSTEM POWER:PMU (1/3)
15	22	SYSTEM POWER:PMU (2/3)
16	23	SYSTEM POWER:PMU (3/3)
17	24	SYSTEM POWER:CHARGER
18	30	SYSTEM POWER:BATTERY CONN
19	31	SENSORS:MOTION SENSORS

要查找的供电电路

图 1-17　查找相关电路（一）

②　打开第 14 页可以看到电源有关的电路。N89 为电源管理芯片的标号，TPS56220 为管理芯片的型号。然后在电路板中找电源电路中的元器件进行检测查找故障。如图 1-18 所示。

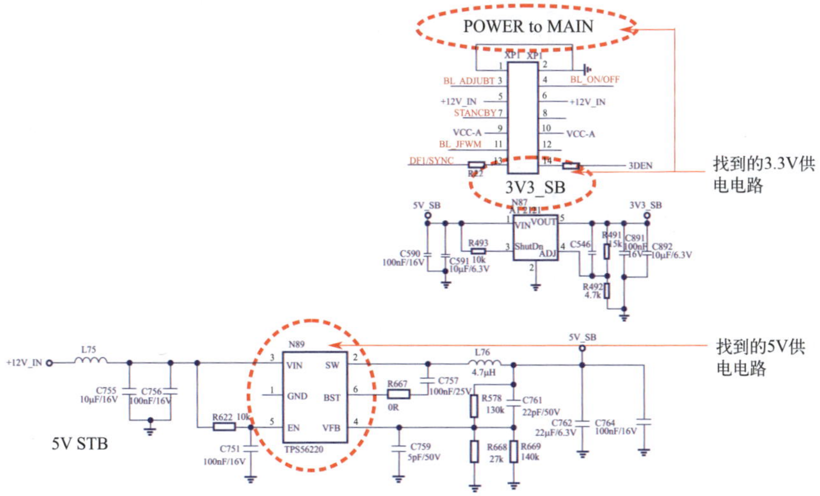

POWER to MAIN

XP1 XP1

BL_ADJUBT 3   4 BL_ON/OFF

+12V_IN 5   6 +12V_IN
STANCBY 7

VCC-A 9   10 VCC-A

BL_JFWM 11   12

DF1/SYNC   3DEN

找到的3.3V供电电路

3V3_SB

N87

5V_SB   3V3_SB

VIN VOUT

R491 C891
5k 100nF/16V

C590 R493 ShutDn C546   C892
100nF/16V 10k   ADJ   16V 10μF/6.3V
        C591 10k
        10μF/6.3V   R492
                     4.7k

找到的5V供电电路

5V_SB

+12V_IN L75   N89   L76

VIN SW   4.7μH

C755 C756   R667 C757 R578 C761
10μF/16V 100nF/16V GND BST 0R 100nF/25V 130k 22pF/50V
        R622 10k   C762 C764
               EN VFB   22μF/6.3V 100nF/16V

5V STB   C751   C759 R668 R669
        100nF/16V TPS56220 5pF/50V 27k 140k

图 1-18　查找相关电路（二）

1.3 看懂电路原理图中的各种标识

读懂电路原理图首先应建立图形符号与电气设备或部件的对应关系以及明确文字标识的含义，才能了解电路图所表达的功能、连接关系等。如图 1-19 所示。

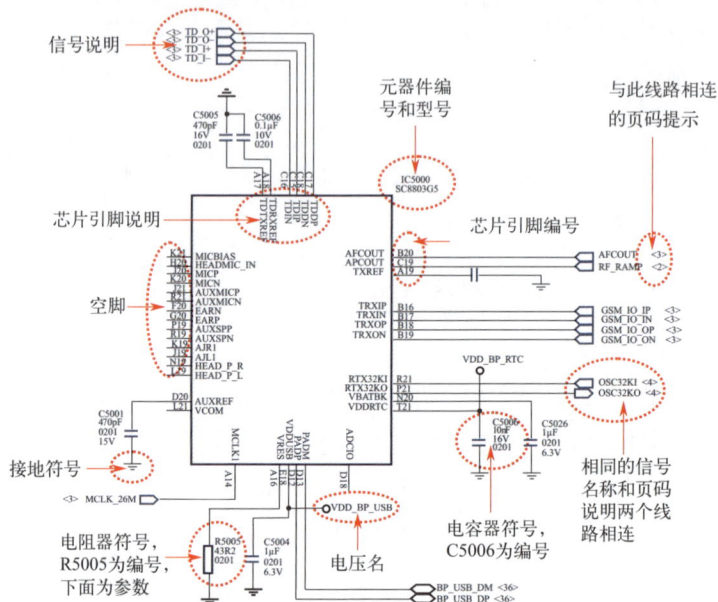

图 1-19 电路原理图中的各种标识

1.3.1 看懂线路连接页号提示

为了方便用户查找，在每一条非终端的线路上会标识与之连接的另一端信号的页码。根据线路信号的连接情况，可以了解电路的工作原理。如图 1-20 所示。

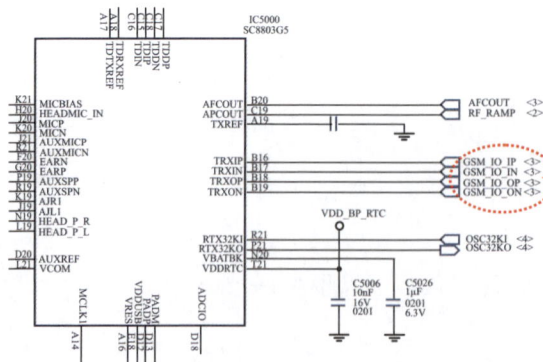

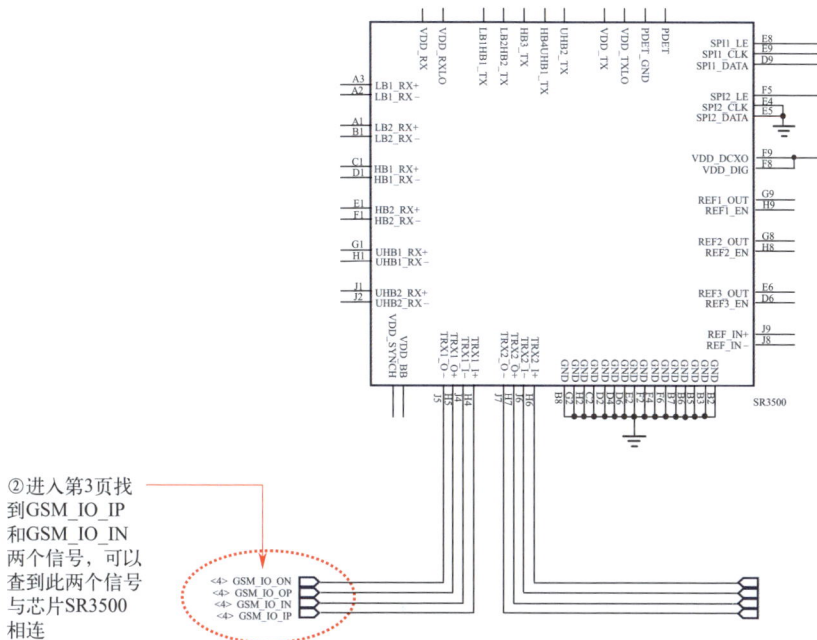

②进入第3页找到GSM_IO_IP和GSM_IO_IN两个信号，可以查到此两个信号与芯片SR3500相连

图1-20　线路连接页号提示

1.3.2　认识电路图中的接地点

电路图中的接地点如图1-21所示。

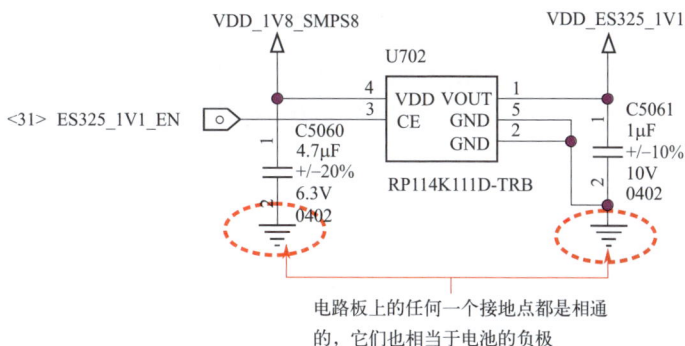

电路板上的任何一个接地点都是相通的，它们也相当于电池的负极

图1-21　电路图中的接地点

1.3.3　看懂电路图中的信号说明

信号说明是对该线路传输的信号进行描述。信号说明如图1-22所示。

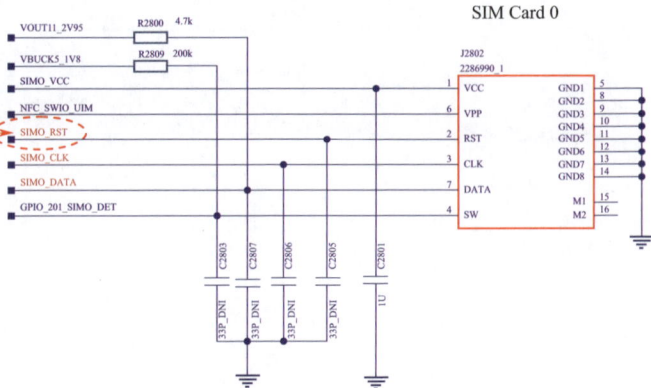

如图，SIM0_RST
说明此信号是SIM
卡复位信号

图1-22　信号说明

1.3.4　看懂线路化简标识

线路化简标识一般用于批量线路走线时。线路化简标识如图1-23所示。

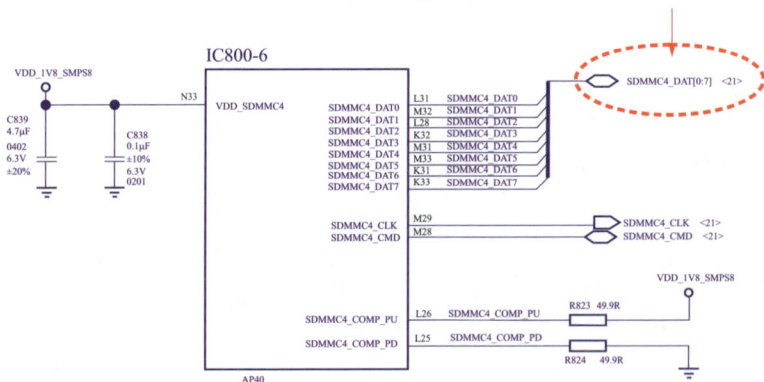

图1-23　线路化简标识

1.3.5　看懂电路图中的元器件

（1）电路图中的电阻器

电阻器一般用字母R表示，其在电路图中的符号如图1-24所示。

（2）电路图中的电容器

电容器一般用字母C表示，其在电路图中的符号如图1-25所示。

全彩图解
开关电源芯片级维修

图中矩形框为电阻器在电路图中的图形符号。"R5030"中的R为电阻器的文字符号，即R表示电阻器，5030是其编号，100k为其阻值，表示100kΩ，±5%为其精度，0201为其尺寸规格，表示尺寸为0.6mm×0.3mm。贴片电阻器有多种尺寸，如0603、0805等。

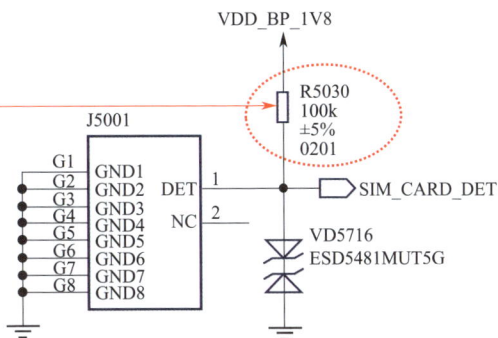

VDD_BP_1V8

R5030
100k
±5%
0201

J5001

G1 GND1
G2 GND2
G3 GND3
G4 GND4
G5 GND5
G6 GND6
G7 GND7
G8 GND8

DET 1
NC   2

SIM_CARD_DET

VD5716
ESD5481MUT5G

图 1-24　电路图中的电阻器

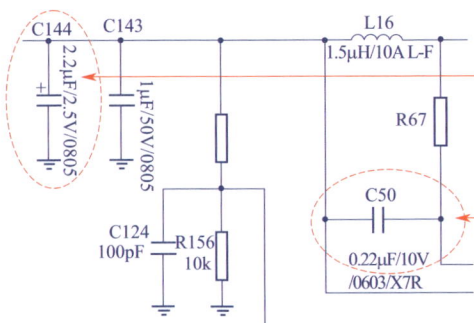

C144　C143

L16
1.5μH/10A L-F

R67

2.2μF/2.5V/0805

1μF/50V/0805

C124
100pF

R156
10k

C50

0.22μF/10V
/0603/X7R

①图中的符号为极性电容器在电路图中的图形符号。C144中的C为电容器的文字符号，即C表示电容器，144是其编号，下边的数字为参数。其中2.2μF为其容量，2.5V为其耐压参数，0805为其封装尺寸。

②图中的符号为电容器在电路图中的图形符号，C50为电容器的文字符号和编号，下边的数字为参数。其中0.22μF为其容量，10V为其耐压参数，0603为其封装尺寸，X7R表示介质材料。

图 1-25　电路图中的电容器

（3）电路图中的电感器

电感器一般用字母 L 表示，其在电路图中的符号如图 1-26 所示。

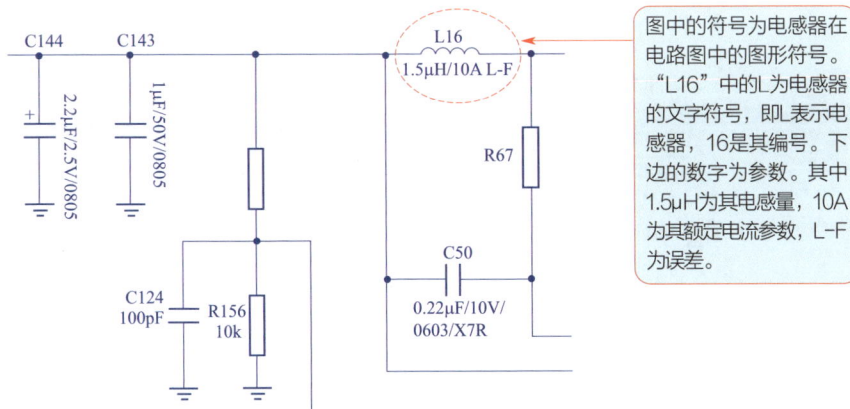

C144　C143

L16
1.5μH/10A L-F

R67

2.2μF/2.5V/0805

1μF/50V/0805

C124
100pF

R156
10k

C50

0.22μF/10V/
0603/X7R

图中的符号为电感器在电路图中的图形符号。"L16"中的L为电感器的文字符号，即L表示电感器，16是其编号。下边的数字为参数。其中1.5μH为其电感量，10A为其额定电流参数，L-F为误差。

图 1-26　电路图中的电感器

（4）电路图中的二极管

二极管一般用字母 VD 表示，其在电路图中的符号如图 1-27 所示。

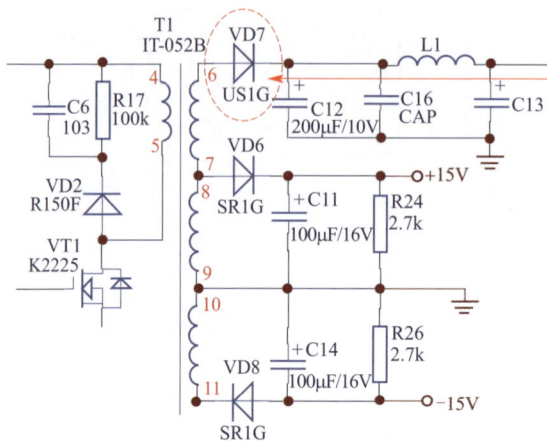

> 图中的符号为二极管在电路图中的图形符号。"VD7"中的VD为二极管的文字符号，即VD表示二极管，7是其编号。"US1G"为其型号。

图 1-27　电路图中的二极管

（5）电路图中的三极管

三极管一般用字母 VT 表示，其在电路图中的符号如图 1-28 所示。

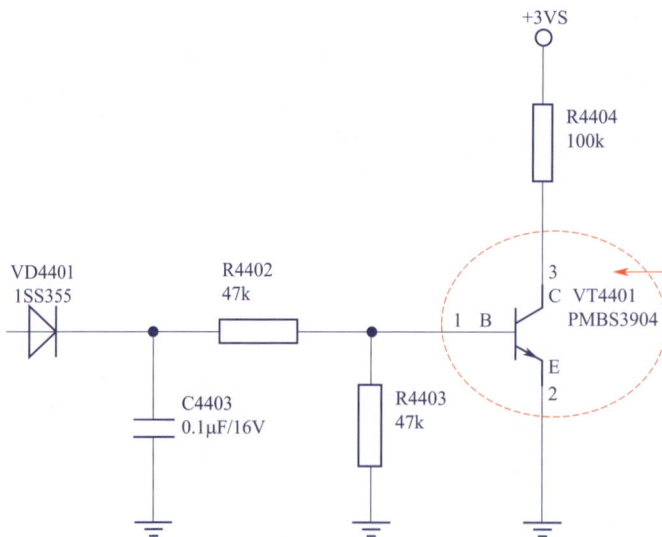

> 图中的符号为NPN型三极管在电路图中的图形符号。"VT4401"中的VT为三极管的文字符号，4401为其编号，下边的PMBS3904为其型号。通过型号可以查询到三极管的具体参数。

全彩图解
开关电源芯片级维修

图中的符号为PNP型三极管在电路图中的图形符号。VT104为其文字符号和编号，上边的DTA144EUA为其型号，SC70-3为封装形式。

VIN

VT101
SI4835BDY-T1-E3

R101
47k

C107
47pF

R107
47k

DTA144EUA_SC70-3
VT104

VT105
DTC115EUA_SC70-3

C106
0.47μF

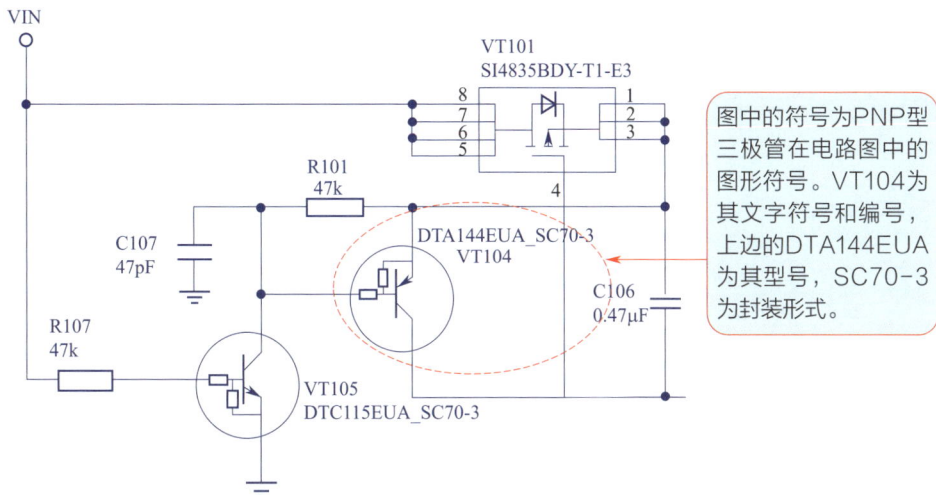

图 1-28　电路图中的三极管

（6）电路图中的场效应管

场效应管一般用字母 VT 表示，其在电路图中的符号如图 1-29 所示。

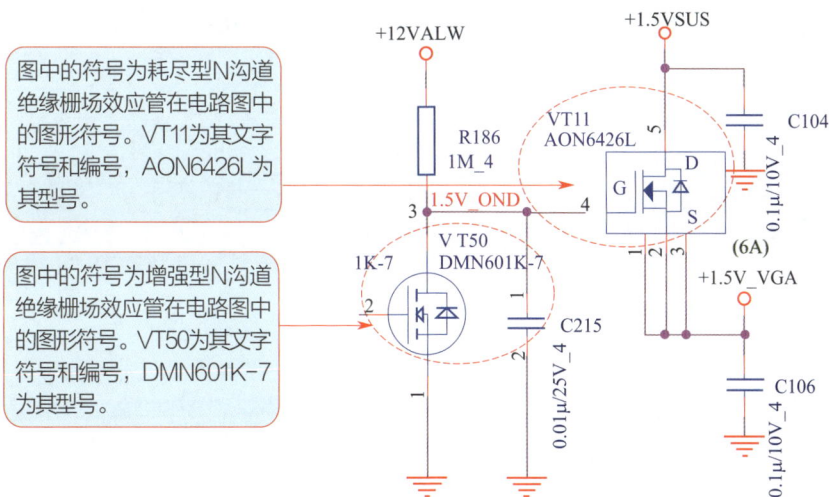

图中的符号为耗尽型N沟道绝缘栅场效应管在电路图中的图形符号。VT11为其文字符号和编号，AON6426L为其型号。

图中的符号为增强型N沟道绝缘栅场效应管在电路图中的图形符号。VT50为其文字符号和编号，DMN601K-7为其型号。

+12VALW

R186
1M_4

1.5V_OND

VT50
DMN601K-7

1K-7

C215
0.01μ/25V_4

+1.5VSUS

VT11
AON6426L

C104
0.1μ/10V_4

(6A)

+1.5V_VGA

C106
0.1μ/10V_4

图 1-29　电路图中的场效应管

（7）电路图中的变压器

变压器一般用字母 T 表示，其在电路图中的符号如图 1-30 所示。

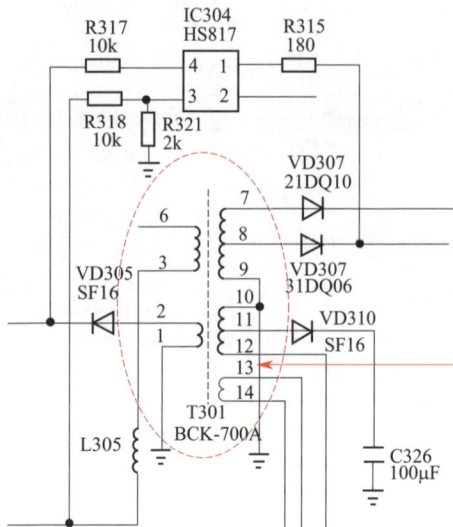

①图中的符号为开关变压器在电路图中的图形符号。图中的"T301"中的T为变压器的文字符号，即T表示变压器，301是其编号。"BCK-700A"为其型号。

②图中，变压器中间的虚线表示变压器初级线圈和次级线圈之间设有屏蔽层。变压器的初级有2组线圈可以输入2种交流电压，次级有3组线圈，并且其中2组线圈中间还有抽头，可以输出5种电压。

图1-30　电路图中的变压器

（8）电路图中的晶振

晶振一般用字母 X 或 Y 表示，其在电路图中的符号如图 1-31 所示。

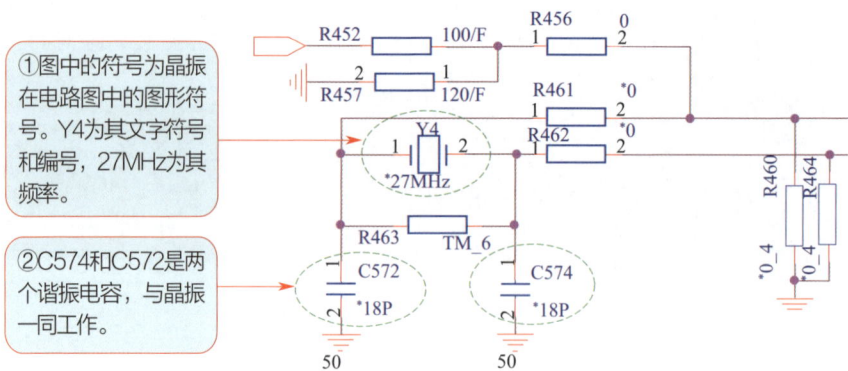

①图中的符号为晶振在电路图中的图形符号。Y4为其文字符号和编号，27MHz为其频率。

②C574和C572是两个谐振电容，与晶振一同工作。

图1-31　电路图中的晶振

（9）电路图中的集成电路

集成电路一般用字母 IC 表示，其在电路图中的符号如图 1-32 所示。

（10）电路图中的继电器

继电器一般用字母 K 表示，其在电路图中的符号如图 1-33 所示。

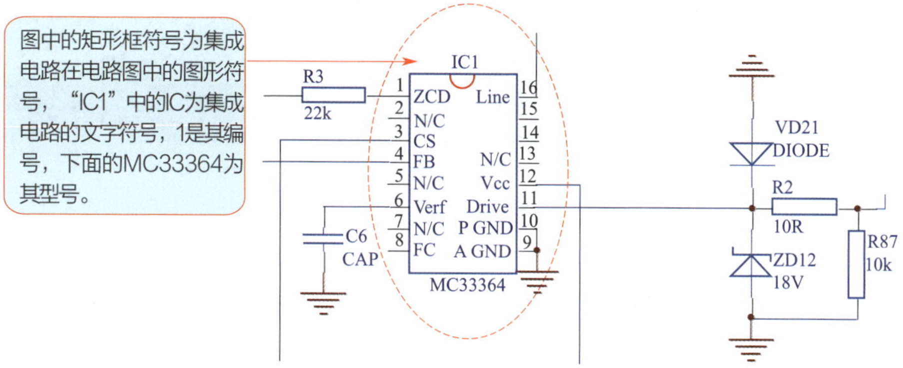

图中的矩形框符号为集成电路在电路图中的图形符号，"IC1"中的IC为集成电路的文字符号，1是其编号，下面的MC33364为其型号。

图 1-32　电路图中的集成电路

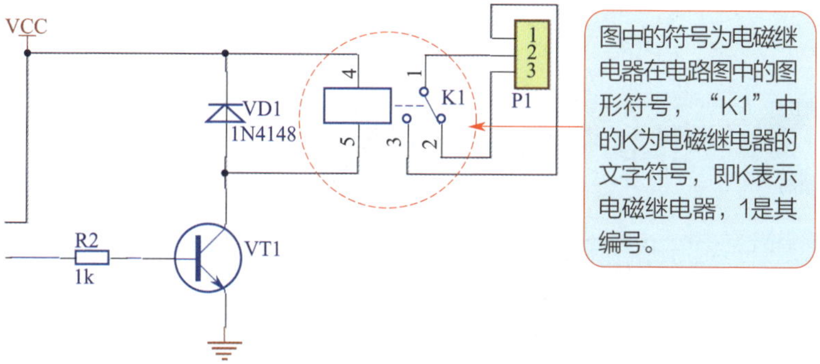

图中的符号为电磁继电器在电路图中的图形符号，"K1"中的K为电磁继电器的文字符号，即K表示电磁继电器，1是其编号。

图 1-33　电路图中的继电器

第 2 章

图解开关电源电路
运行原理

所有电子设备内部控制电路都需要低压直流工作电源，而电源的好坏直接影响到电子设备运行的稳定性，因此电子设备通常都采用输出更加稳定的开关电源电路来提供直流工作电源。本章重点讲解开关电源电路的运行原理。

2.1 图解开关电源电路

什么是开关电源呢？开关电源是用半导体开关管作为开关，通过控制开关管开通和关断的时间比率，维持稳定输出电压的一种电源。开关电源又分为 AC/DC（交流转直流）开关电源和 DC/DC（直流转直流）开关电源。大多数设备中的开关电源电路都是将 220V 交流电转换为直流电。下面将重点讲解交流转直流开关电源电路。

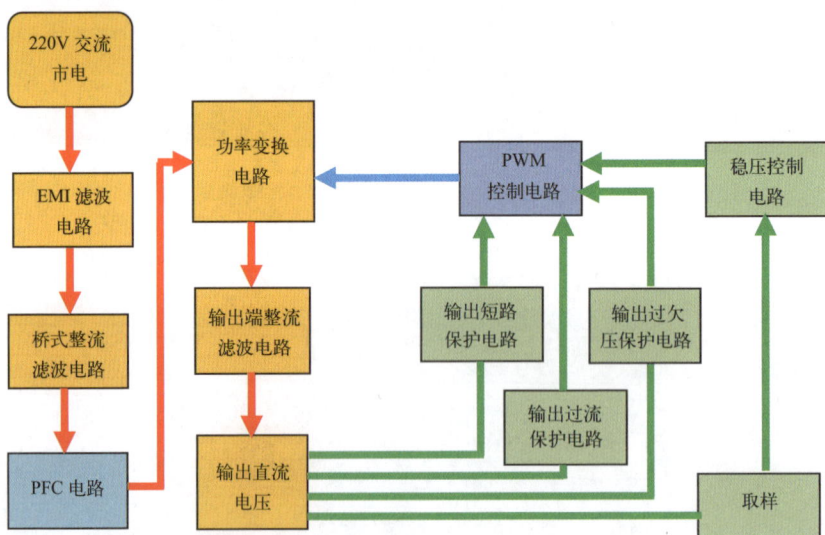

图 2-1　开关电源电路的组成框图

AC/DC 开关电源电路主要由输入电磁干扰滤波电路（EMI）、桥式整流滤波电路、功率变换电路、PFC（功率因数校正）电路、PWM（脉冲宽度调制）控制电路、输出端整流滤波电路、辅助电路等组成。辅助电路有：稳压控制电路、输出过欠压保护电路、输出过流保护电路、输出短路保护电路等。

开关电源电路的组成框图如图 2-1 所示。

AC/DC 开关电源电路工作时，220V 交流电压经 EMI 滤波电路滤波及整流滤波电路整流滤波后，变成含有一定脉动成分的直流电压，该直流电压进入高频开关变换电路，被转换成低压脉动直流电压，最后再经过输出整流滤波电路整流滤波后变为负载需要的低压直流电压。如图 2-2 所示（注：部分电路图中以 "U" 和 "u" 表示 "μ"，以 "K" 表示 "k"，以 "P" 表示 "p"，后文同）。

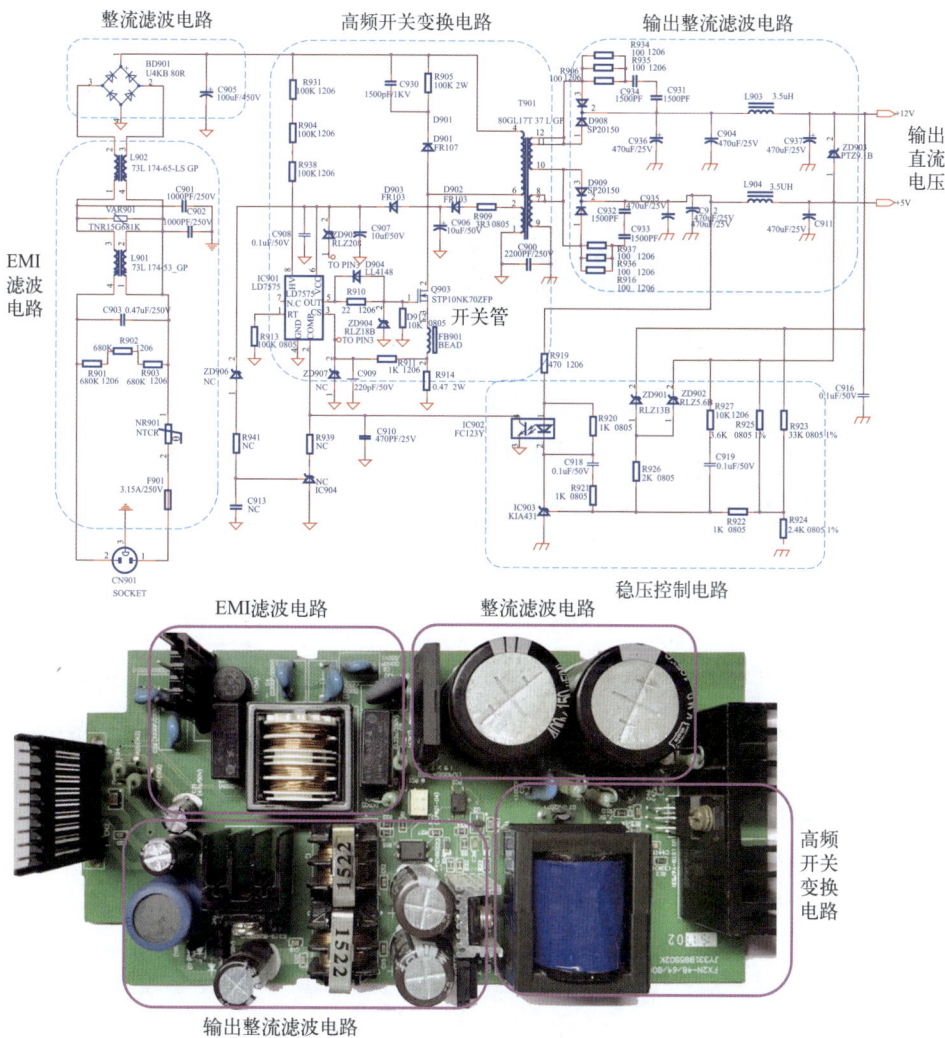

图 2-2 开关电源电路

2.2 ▶ 开关电源电路运行原理

AC/DC 开关电源电路中主要包括：防雷击浪涌电路、EMI 电路（交流电源输入电路）、整流滤波电路、功率变换电路、输出端整流滤波电路、稳压电路、保护电路、PFC 电路等。下面详细分析这些电路的工作原理。

2.2.1 防雷击浪涌电路组成及运行原理

防雷击浪涌电路主要应用在交流电源输入部分电路，其作用是防雷击保护（过流和过压保护）。

防雷击浪涌电路主要用来防止电路被雷击时产生瞬间巨大电涌损坏开关电源，起到保护开关电路的作用。防雷击浪涌电路主要由保险管（保险电阻、熔断电阻）、热敏电阻（NTC）、压敏电阻（MOV）等组成。如图 2-3 所示。

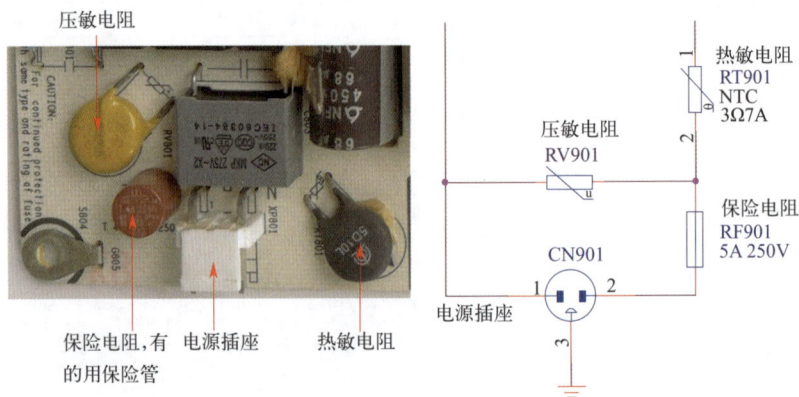

图 2-3　防雷击浪涌电路实物图和电路图

（1）保险电阻（保险管、熔断电阻）

保险电阻是一种安装在电路中，保证电路安全运行的元器件，是一种过电流保护器。保险电阻主要由熔体和熔管以及外加填料等部分组成。使用时，将保险电阻串联于被保护电路中，当被保护电路的电流超过规定值，并经过一定时间后，由熔体自身产生的热量熔断熔体，使电路断开，从而起到保护的作用。在开关电源电路中，保险电阻有长形的，也有圆形的，通常用字母"RF"文字符号来表示。如图 2-4 所示。

保险电阻的参数

保险电阻的图形符号

在开关电源电路中，保险电阻主要进行短路保护或严重过载保护。当开关电源电路发生故障后，电路中的电流会不断升高，可能会烧坏电路中的某些重要元器件或电路。为了保护这些重要元器件和电路，当电路中的电流异常升高到一定的强度时，保险电阻自动熔断切断电流，从而起到保护电路的作用。

图 2-4　保险电阻及其符号

（2）压敏电阻

压敏电阻对电压较敏感，当电压达到一定数值时，其阻值迅速减小。压敏电阻在电路中，常用于电源过压保护和稳压。如图 2-5 所示为开关电源电路中的压敏电阻。

①在开关电源电路中，压敏电阻一般并联在电路中使用。在外部输入电压很大的时候压敏电阻的阻值急剧变小，呈现短路状态，将串联在电路上的电流保险电阻熔断，起到保护电路的作用。

②在开关电源电路中，压敏电阻通常为扁圆形的，通常用"RV"文字符号表示。

图 2-5　压敏电阻

（3）热敏电阻

热敏电阻的特点是对温度敏感，不同的温度下表现出不同的电阻值。热敏电阻分为正温度系数热敏电阻（PTC）和负温度系数热敏电阻（NTC）。正温度系数热敏电阻（PTC）在温度越高时电阻值越大，负温度系数热敏电阻（NTC）在温度越高时电阻值越小。如图 2-6 所示为热敏电阻。

①在开关电源电路中，通常将一个功率型NTC热敏电阻串接在开关电源电路中，用来有效地抑制开机时的浪涌电流。当浪涌电流很大时，热敏电阻内部的温度保险丝会自动熔断，以切断电路，阻止电流继续流向后端电路。

②在开关电源电路中，热敏电阻通常为扁圆形的，用"NR"或"TR"文字符号表示。

图 2-6　热敏电阻

（4）防雷击浪涌电路工作原理

防雷击浪涌电路工作原理如图2-7所示。

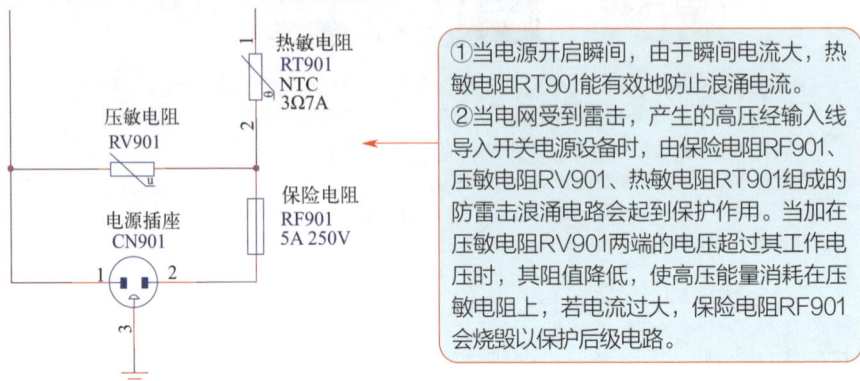

① 当电源开启瞬间，由于瞬间电流大，热敏电阻RT901能有效地防止浪涌电流。
② 当电网受到雷击，产生的高压经输入线导入开关电源设备时，由保险电阻RF901、压敏电阻RV901、热敏电阻RT901组成的防雷击浪涌电路会起到保护作用。当加在压敏电阻RV901两端的电压超过其工作电压时，其阻值降低，使高压能量消耗在压敏电阻上，若电流过大，保险电阻RF901会烧毁以保护后级电路。

图2-7　防雷击浪涌电路工作原理

2.2.2　EMI滤波电路组成及运行原理

　　EMI滤波电路同样应用在交流电源输入部分电路，其作用是过滤外接市电中的高频干扰（电源噪声），避免市电电网中的高频干扰影响电路的正常工作，同时也减少开关电源电路本身对外界的电磁干扰。

　　开关电源电路中的高频干扰属于射频干扰（RFI）。其中两条电源线（线对线）之间产生的干扰信号称为差模干扰；两条电源线与地线之间产生的干扰信号称为共模干扰。EMI滤波电路实际主要过滤差模干扰信号和共模干扰信号这两种干扰信号。

　　EMI滤波电路主要由电容器和电感器等元器件组成。如图2-8所示。

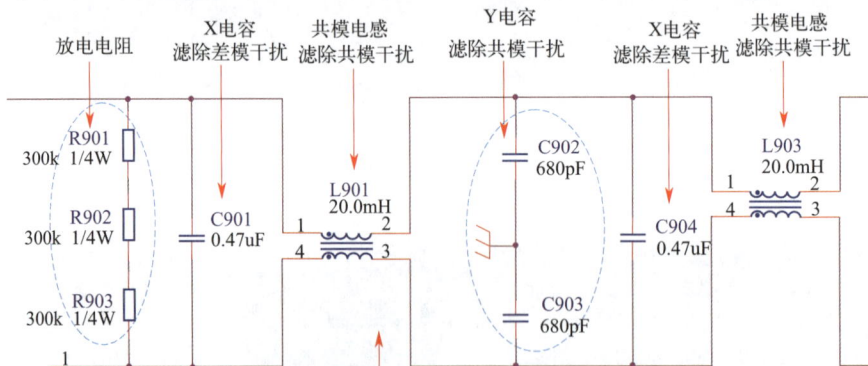

图中，共模电感L901对差模干扰不起作用，但当出现共模干扰时，由于两个线圈的磁通方向相同，经过耦合后总电感量迅速增大，对共模信号有很大的阻抗，使其不易通过。两个X电容C901和C904采用薄膜电容器，容值范围大概为0.01~0.47μF（图中以u表示μ），主要用来滤除差模干扰；两个Y电容C902和C903跨接在输出端，并将电容器的中点接大地，能有效抑制共模干扰。电容C901~C904的耐压值为DC 630V或AC 250V。

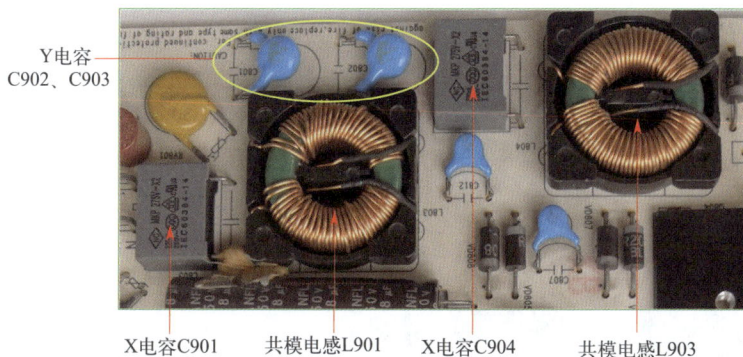

Y电容
C902、C903

X电容C901　　共模电感L901　　X电容C904　　共模电感L903

图2-8　EMI滤波电路

（1）X电容

X电容是一种安规电容，它跨接在火线与零线之间，即"L—N"之间。X电容能够抑制差模干扰，通常采用金属化薄膜电容器，容量是μF级。如图2-9所示。

X电容多数是方型，也就是类似于盒子的形状，在它的表面一般都标有安全认证标志、耐压值（一般为AC 300V或AC 275V）、依靠标准等信息。

图2-9　X电容

（2）Y电容

Y电容也是一种安规电容，它跨接在电力线两线和地之间，即"L—E"和"N—E"之间，一般是成对出现。Y电容通常都是陶瓷类电容器，能够抑制共模干扰。Y电容的容量是μF级，基于漏电流的制约，其容量不可以很大。如图2-10所示。

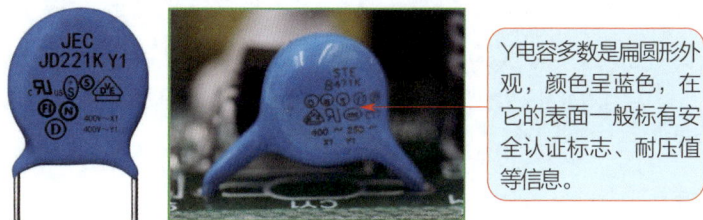

Y电容多数是扁圆形外观，颜色呈蓝色，在它的表面一般标有安全认证标志、耐压值等信息。

图2-10　Y电容

27

（3）共模电感

共模电感也叫共模扼流圈，常用于开关电源中过滤共模的电磁干扰信号。共模电感由两个尺寸相同、匝数相同的线圈对称绕制在同一个铁氧体环形磁芯上，形成一个四引脚的元器件。其对于共模信号呈现出大电感，具有抑制作用，而对于差模信号呈现出很小的漏电感，几乎不起作用。如图 2-11 所示为共模电感。

①共模电感的原理：当电感中流过共模电流时，电感磁环中的磁通相互叠加，从而具有相当大的电感量，对共模电流起到抑制作用；而当两线圈流过差模电流时，磁环中的磁通相互抵消，几乎没有电感量，所以差模电流可以无衰减地通过。因此共模电感在平衡线路中能有效地抑制共模干扰信号，而对线路正常传输的差模信号无影响。
②由于共模电感的电感量不大，所以共模电感对于正常的220V交流电感抗很小，不影响220V交流电对开关电源的供电。

图 2-11　共模电感

（4）差模电感

差模电感也叫差模扼流圈，常用于开关电源中。差模电感一般与 X 电容一起过滤电路中的差模高频干扰信号。如图 2-12 所示。

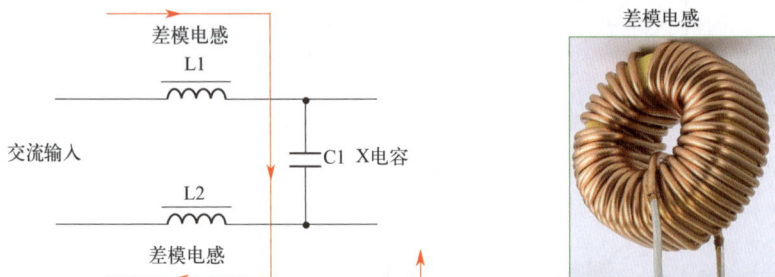

图中，差模电感L1、L2与X电容串联构成回路，因为L1、L2对差模高频干扰的感抗大，而X电容C1对高频干扰的容抗小，所以能将差模干扰噪声滤除，使其不能加到后面的电路中，达到抑制差模高频干扰噪声的目的。

图 2-12　差模电感

提示　　差模电感有两个引脚，共模电感有四个引脚，这是差模电感和共模电感的一个区别。

（5）EMI 滤波电路工作原理

EMI 滤波电路工作原理如图 2-13 所示。

①当交流输入电压经过防雷击浪涌电路之后，进入到由X电容C906和C907、共模电感L901、Y电容C901和C902组成的EMI滤波电路。

②由共模电感L901的1、2线圈与Y电容C901，共模电感L901的3、4线圈与Y电容C902分别构成的交流进线上两对独立端口之间的低通滤波电路，过滤交流进线上存在的共模干扰噪声，阻止其进入电源设备。

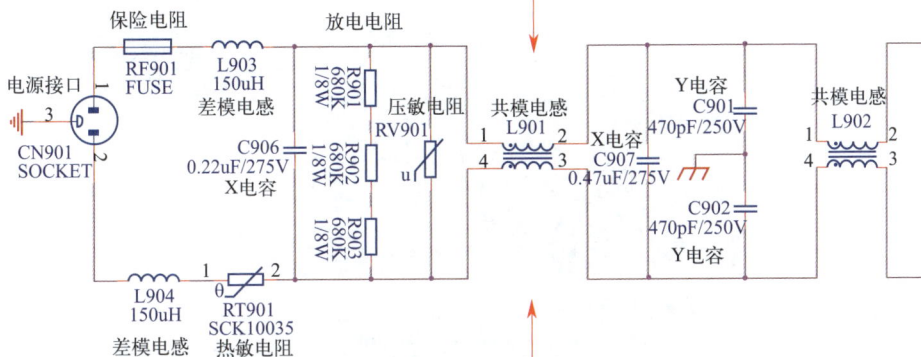

③由X电容C906和C907组成的交流进线独立端口间的低通滤波电路，过滤交流进线上的差模干扰噪声，防止电源设备受其干扰。经过滤波之后的交流电为下一级整流滤波电路提供纯净的输入电源。

图 2-13　EMI 滤波电路工作原理

注：图中以 u 表示 μ，后文部分图中也采用类似表示方法。

2.2.3　桥式整流滤波电路组成及运行原理

桥式整流滤波电路主要负责将经过滤波后的 220V 交流电进行全波整流，转变为直流电压，再经过滤波后将电压变为市电电压的 $\sqrt{2}$（1.414）倍，即 310V 直流电压。

开关电源电路中的桥式整流滤波电路，主要由整流二极管（或整流桥堆）、高压滤波电容等组成，如图 2-14 所示。

（1）整流桥堆

整流桥堆的主要作用是将 220V 交流电压整流输出为约 310V 的直流电压。整流桥堆的内部是由 4 只二极管构成的。如图 2-15 所示为整流桥堆及其内部结构图。

29

整流桥堆
BD901
2A 800V

3

2

4

滤波电容
C907
100uF/450V

EMI滤波电路

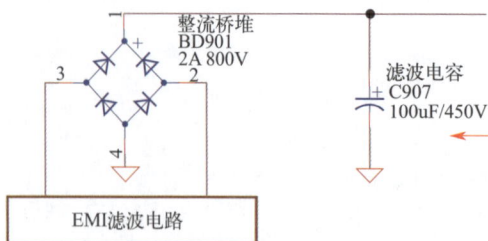

图中，BD901是由4个二极管组成的整流桥堆，C907为高压滤波电容，它们组成了桥式整流滤波电路。桥式整流滤波电路的工作特点是：脉冲小，电源利用率高。220V交流电进入整流桥堆进行全波整流，之后转变为310V左右的直流电压输出。

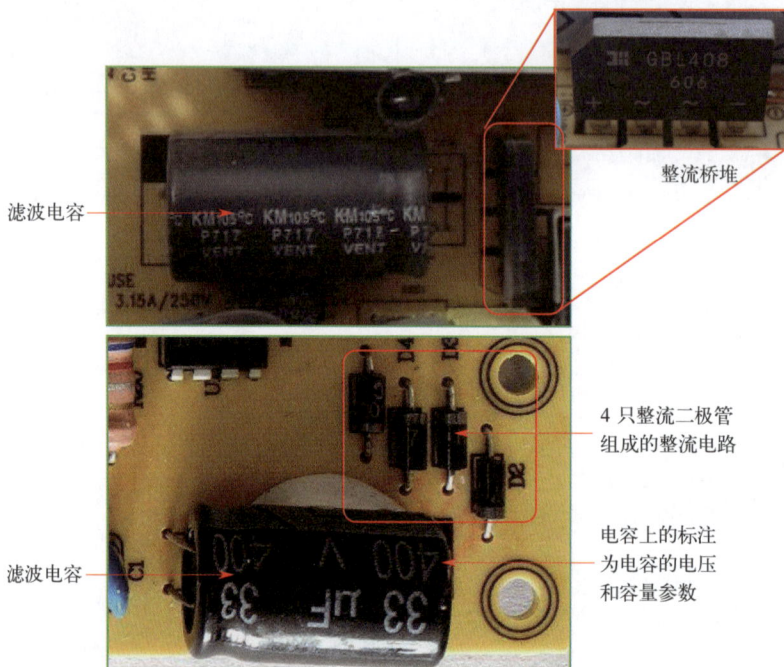

滤波电容

整流桥堆

4 只整流二极管组成的整流电路

滤波电容

电容上的标注为电容的电压和容量参数

图 2-14　桥式整流滤波电路

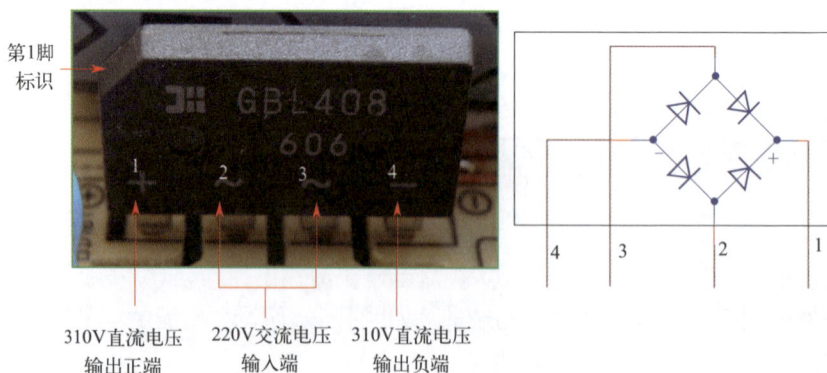

第1脚标识

310V直流电压输出正端

220V交流电压输入端

310V直流电压输出负端

4　3　2　1

图 2-15　整流桥堆及其内部结构图

如图 2-15，整流桥堆的 4 个引脚中，中间 2 个引脚为交流电压输入端，两边 2 个引脚为直流电压输出端。

（2）滤波电容

滤波电容主要用于对整流桥堆送来的 310V 直流电压进行滤波，滤波后输出 310V 左右的直流电压。由于桥式整流电路输出的电压达到 310V 左右，因此滤波电路中采用的滤波电容耐压通常达到 450V 左右。此滤波电容非常好识别，它是开关电源电路板中体积最大的电容。如图 2-16 所示。

电容上的标注为电容的电压和容量

有白道一端的引脚为负极

图 2-16　滤波电容

（3）桥式整流滤波电路工作原理

桥式整流滤波电路工作原理如图 2-17 所示。

①桥式整流滤波电路由桥式整流电路和电容滤波电路组成。其中桥式整流电路由四只整流二极管两两对接连接成电桥形式（如图中的VD805~VD808），利用整流二极管的单向导通性进行整流，将交流电转变为直流电。

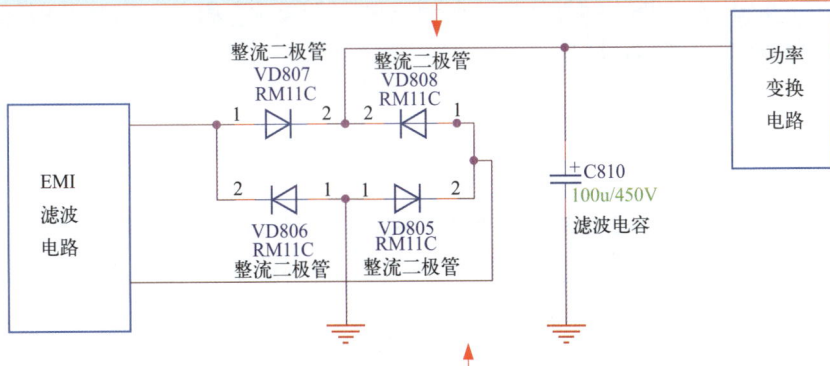

②桥式整流电路每个整流二极管上流过的电流是负载电流的一半，当在交流电源的正半周时，整流二极管VD807和VD805导通，VD808和VD806截止，输出正的半波整流电压；当在交流电源的负半周时，整流二极管VD808和VD806导通，VD807和VD805截止，由于VD808和VD806这两只整流二极管是反接的，所以还是输出正的半波整流电压。

图 2-17

③上图中的C810为电容滤波电路，它是并联在整流电源电路输出端，用以降低交流脉动波纹系数、平滑直流输出的一种储能元器件。

④滤波电路利用电容的充放电原理达到滤波的作用。在脉动直流波形的上升段，电容C810充电，由于充电时间常数很小，所以充电速度很快；在脉动直流波形的下降段，电容C810放电，由于放电时间常数很大，所以放电速度很慢，在C810还没有完全放电时再次开始进行充电。这样通过电容C810的反复充放电，实现了滤波作用。

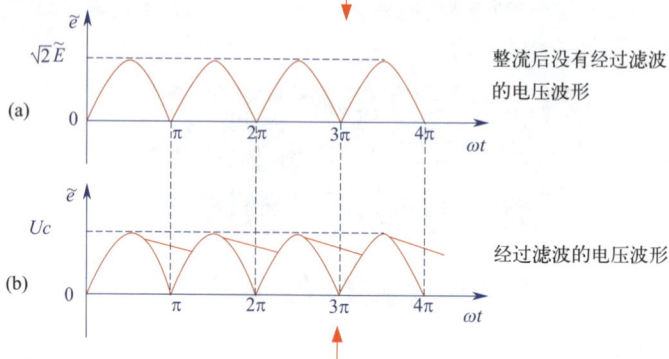

⑤桥式整流滤波电路中的滤波电容C810不仅使电源直流输出平滑稳定，降低了交变脉动电流对电子电路的影响，同时还可吸收电子电路工作过程中产生的电流波动和经由交流电源串入的干扰，使得电子电路的工作性能更加稳定。

图 2-17　桥式整流滤波电路工作原理

2.2.4　高压启动电路组成及运行原理

高压启动电路的功能主要是为 PWM 控制芯片提供安全稳定的启动电压。启动电路分常规启动电路和受控式启动电路两种形式。

（1）常规启动电路

常规启动电路的工作原理如图 2-18 所示。

① 图中，启动电路由启动电阻 R931、R904 和 R938 组成。

② 当接通电源开关后，市电电压经过防雷击浪涌电路及 EMI 滤波电路，再经桥式整流滤波电路整流滤波后，输出约 310V 的直流电压。此电压的一路经开关变压器 T901 的初级绕组（4—6）送到开关管 VT903 的漏极；另一路经电阻 R931、R904 和 R938 分压后，为 PWM 控制芯片的振荡电路供电。然后 PWM 控制芯片输出脉冲控制开关管 VT903 工作。

③ 当开关电源正常工作后，开关变压器 T901 绕组（2—1）上感应的脉冲电压经整流二极管 VD902、VD903 和电容 C906、C908 整流滤波后产生直流电压，将取代启动电路的电压，为 PWM 控制芯片的供电端供电。

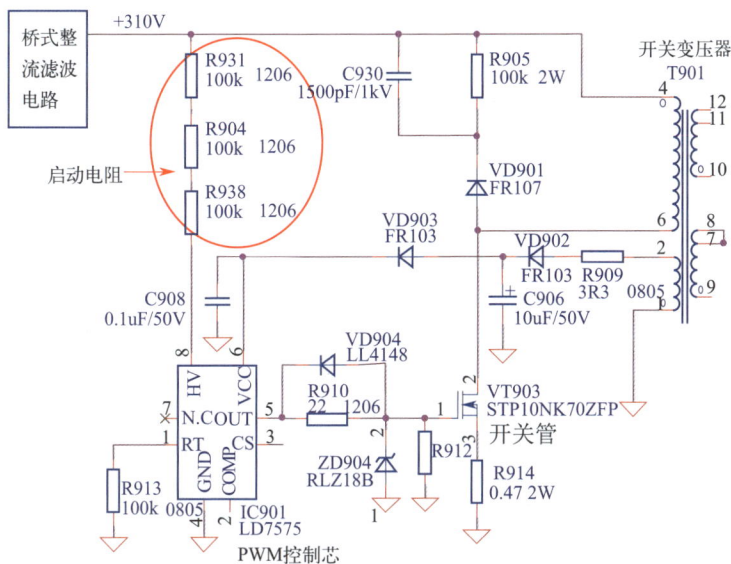

图 2-18 常规启动电路

（2）受控式启动电路

受控式启动电路和常规启动电路相比，增加了一个可控开关（一般由三极管、场效应管、晶闸管等组成），可控开关的控制信号一般取自开关变压器的反馈绕组。可控开关在启动时接通，启动后断开，然后由整流滤波电路产生电压接替启动电路工作。如图 2-19 所示。

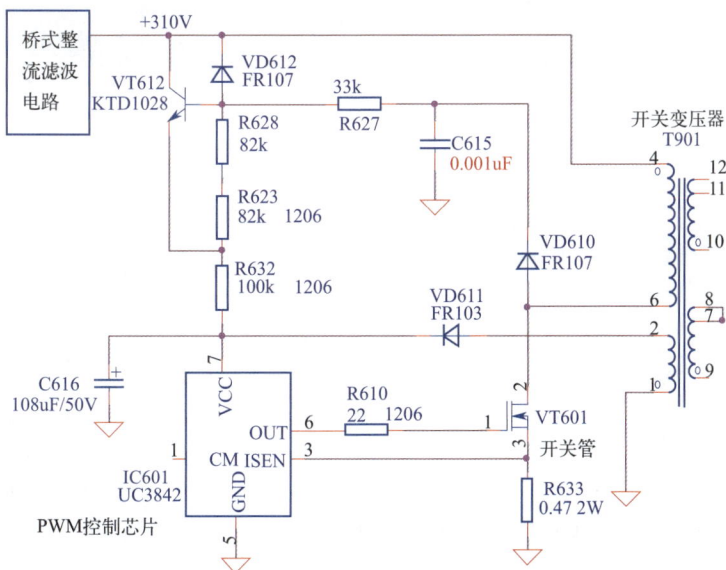

图 2-19 受控式启动电路

① 开机后，NPN 三极管 VT612 导通，接着桥式整流滤波电路输出的 +310V 电压经三极管 VT612、电阻 R632 在电容器 C616 两端建立启动电压，加到 PWM 控制芯片 UC3842 的第 7 脚，为 UC3842 芯片提供启动电压。

② 当 UC3842 芯片启动后，开关电源工作，开关变压器 T901 的绕组（6—4）感应的脉冲（叠加有直流 +310V）经二极管 VD610、电容 C615 整流滤波后，经电阻 R627 加到三极管 VT612 的基极，基极变为高电平，致使三极管 VT612 截止，启动电路关断。

③ 当开关电源正常工作后，开关变压器 T901 绕组（2—1）上感应的脉冲电压经整流二极管 VD611、电容 C616 整流滤波后产生直流电压，将取代启动电路的电压，为 PWM 控制芯片的供电端供电。

如图 2-20 所示为另一种形式的受控式启动电路。

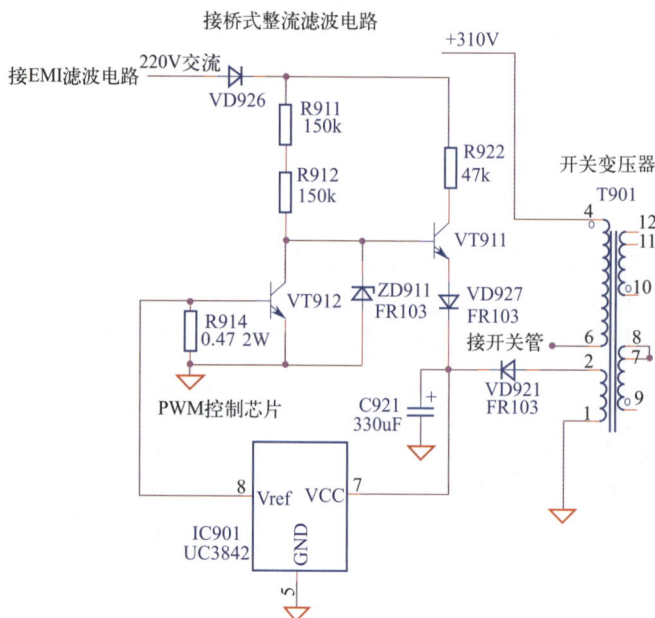

图 2-20　另一种形式的受控式启动电路

① 开机后，NPN 三极管 VT911 导通。经 EMI 滤波电路滤波后的 220V 交流电压经二极管 VD926 整流、电阻 R922 分压、三极管 VT911、二极管 VD927 整流后，在电容 C921 两端建立启动电压，加到 PWM 控制芯片 UC3842 的第 7 脚，为 UC3842 芯片提供启动电压。

② 当 UC3842 芯片启动后，开关电源工作，UC3842 芯片的第 8 脚输出 5V 基准电压，使 NPN 三极管 VT912 导通，电流流过 R911、R912、VT912，使三极管 VT911 基极电压变为高电平，致使三极管 VT911 截止，启动电路关断。

③ 当开关电源正常工作后，开关变压器 T901 绕组（2—1）上感应的脉冲电压经整流二极管 VD921、电容 C921 整流滤波后产生直流电压，将取代启动电路的电压，为 PWM 控制芯片的供电端供电。

2.2.5　开关振荡电路组成及运行原理

开关振荡电路是开关电源中的核心电路，它可以产生高频脉冲电压，并通过开关变压器次级输出所需要的电压。

开关振荡电路主要通过 PWM 控制器输出的矩形脉冲信号，控制开关管不断开启／关闭，即处于开关振荡状态，从而使开关变压器的初级线圈产生开关电流，使开关变压器处于工作状态，在次级线圈中产生感应电流，经过处理后输出主电压。

开关振荡电路主要由开关管、PWM 控制器、开关变压器等组成，如图 2-21 所示。

图中，IC901（L6599D）为 PWM 控制器，它是开关电源的核心，能产生频率固定而脉冲宽度可调的驱动信号，控制开关管的通断状态，从而调节输出电压的高低，达到稳压的目的。VT920 和 VT919 为开关管，T905 为开关变压器。

（1）开关管

在开关电源电路中，开关管的作用是将直流电流变成脉冲电流。它与开关变压器一起构成一个自励（或他励）式的间歇振荡器，从而把输入直流电压调制成一个高频脉冲电压，起到能量传递和转换作用。

目前使用最广泛的开关管是绝缘栅场效应管（MOS 管），有些开关电源也使用三极管作为开关管。如图 2-22 所示。

三极管和 MOS 管作为开关管的区别：

① 三极管是电流型控制元器件，而 MOS 管是电压型控制元器件，三极管导通所需的控制端的输入电压要求较低，一般 0.4 ~ 0.6V 就可以实现三极管导通，只需改变基极限流电阻即可改变基极电流。而 MOS 管为电压控制，导通所需电压一般为 4 ~ 10V 左右，且达到饱和时所需电压一般为 6 ~ 10V 左右。在控制电压较低的场合一般使用三极管作为开关管，或使用三极管作为缓冲控制 MOS 管。

② MOS 管内阻很小，所以在小电流场合使用 MOS 管比较多。

③ MOS 管的输入阻抗大，所以 MOS 管要比三极管快一些，稳定性好一些。

（2）PWM 控制芯片

PWM（脉宽调制）控制芯片是用来控制和调节脉冲占空比的芯片。PWM 控制芯片的作用是输出开关管的控制驱动信号，驱动控制开关管导通和截止，然后通过将输出直流电压取样，来控制开关管开通和关断的时间比率，从而维持稳定输出电压。

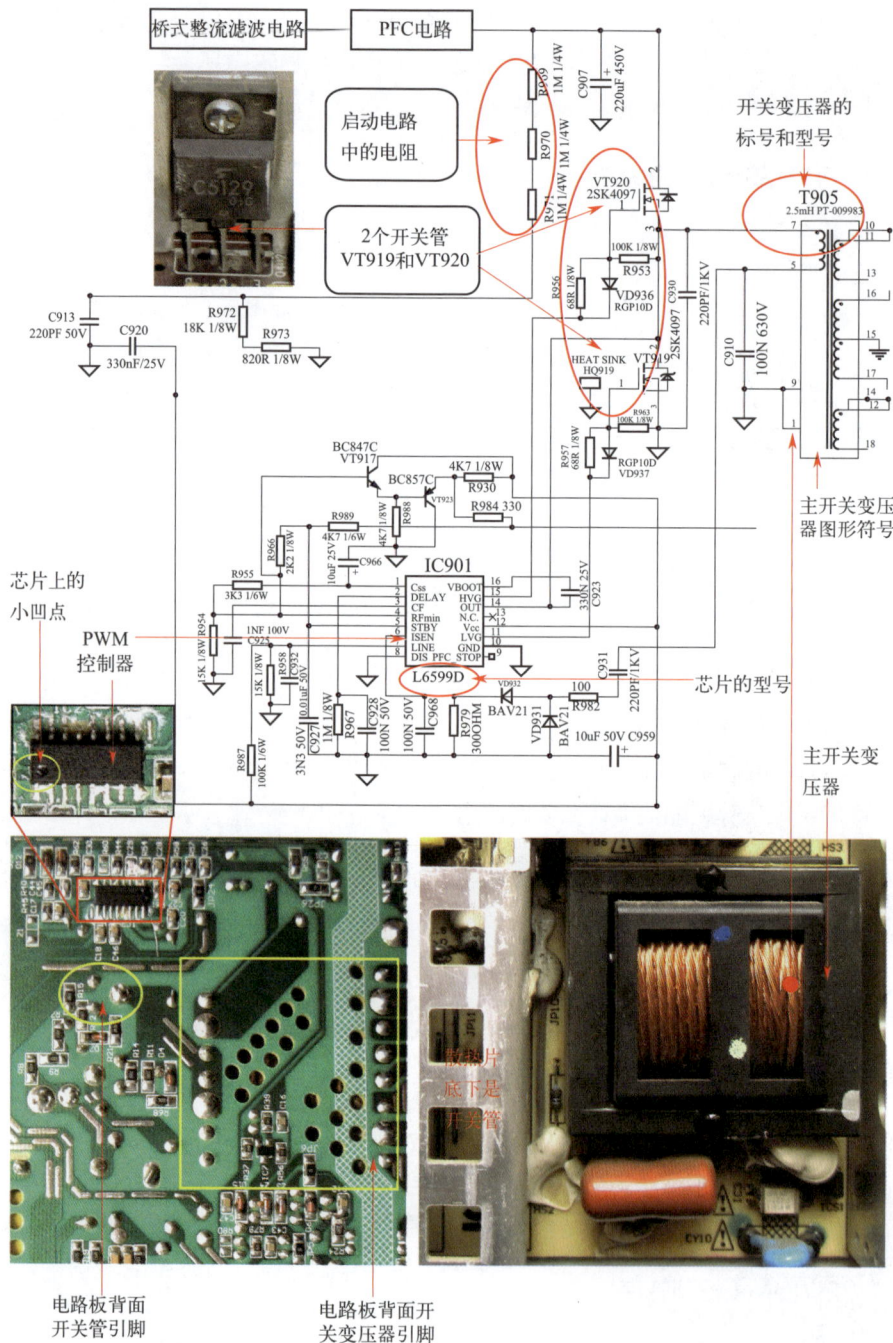

图 2-21 开关振荡电路

注：图中电阻中的 K 应为 k。后文部分图中类似。

由于开关管工作在高电压和大电流的环境下，发热量较大，因此一般会安装一个散热片。

开关管的型号

图 2-22　电源电路中的开关管

如图 2-23 所示为开关电源中部分常用 PWM 控制芯片的引脚功能。

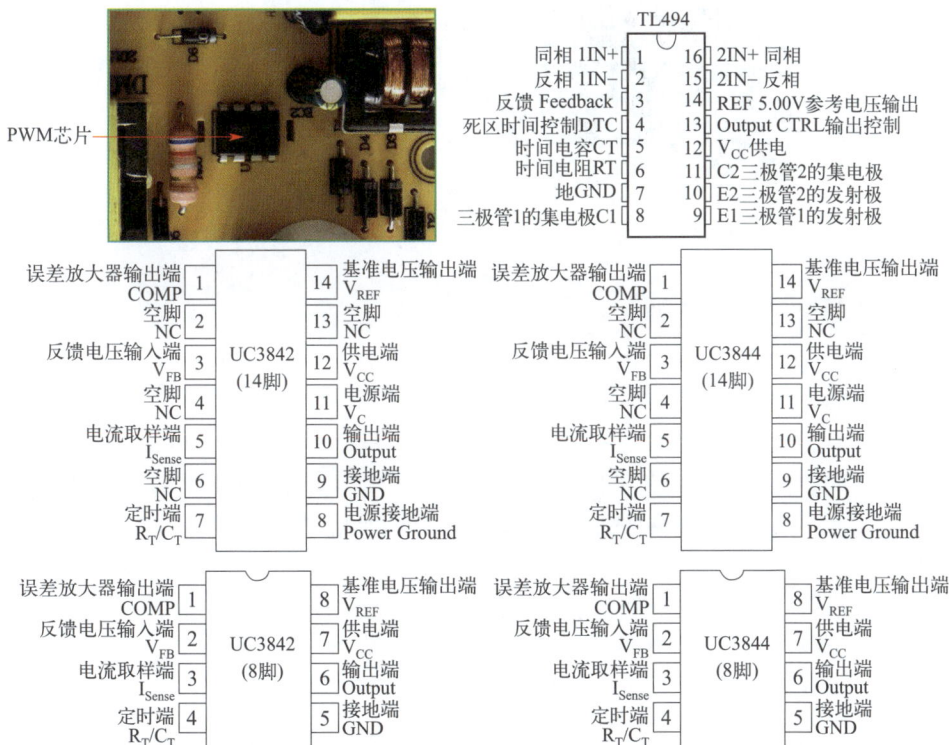

PWM芯片

TL494		
同相 1IN+	1	16　2IN+ 同相
反相 1IN–	2	15　2IN– 反相
反馈 Feedback	3	14　REF 5.00V参考电压输出
死区时间控制DTC	4	13　Output CTRL输出控制
时间电容CT	5	12　V_{CC}供电
时间电阻RT	6	11　C2三极管2的集电极
地GND	7	10　E2三极管2的发射极
三极管1的集电极C1	8	9　E1三极管1的发射极

	UC3842（14脚）	
误差放大器输出端 COMP	1	14　基准电压输出端 V_{REF}
空脚 NC	2	13　空脚 NC
反馈电压输入端 V_{FB}	3	12　供电端 V_{CC}
空脚 NC	4	11　电源端 V_C
电流取样端 I_{Sense}	5	10　输出端 Output
空脚 NC	6	9　接地端 GND
定时端 R_T/C_T	7	8　电源接地端 Power Ground

	UC3844（14脚）	
误差放大器输出端 COMP	1	14　基准电压输出端 V_{REF}
空脚 NC	2	13　空脚 NC
反馈电压输入端 V_{FB}	3	12　供电端 V_{CC}
空脚 NC	4	11　电源端 V_C
电流取样端 I_{Sense}	5	10　输出端 Output
空脚 NC	6	9　接地端 GND
定时端 R_T/C_T	7	8　电源接地端 Power Ground

	UC3842（8脚）	
误差放大器输出端 COMP	1	8　基准电压输出端 V_{REF}
反馈电压输入端 V_{FB}	2	7　供电端 V_{CC}
电流取样端 I_{Sense}	3	6　输出端 Output
定时端 R_T/C_T	4	5　接地端 GND

	UC3844（8脚）	
误差放大器输出端 COMP	1	8　基准电压输出端 V_{REF}
反馈电压输入端 V_{FB}	2	7　供电端 V_{CC}
电流取样端 I_{Sense}	3	6　输出端 Output
定时端 R_T/C_T	4	5　接地端 GND

图 2-23　常用 PWM 控制芯片的引脚功能

（3）开关变压器

开关变压器是利用电磁感应的原理来改变电压的装置，其主要构件是初级线圈、次级线圈和铁芯（磁芯）。在开关电源电路中，开关变压器和开关管一起构成一个自激（或他激）式的间歇振荡器，从而把输入直流电压调制成一个高频脉冲电压，起到能量传递和转换作用。如图2-24所示为开关变压器。

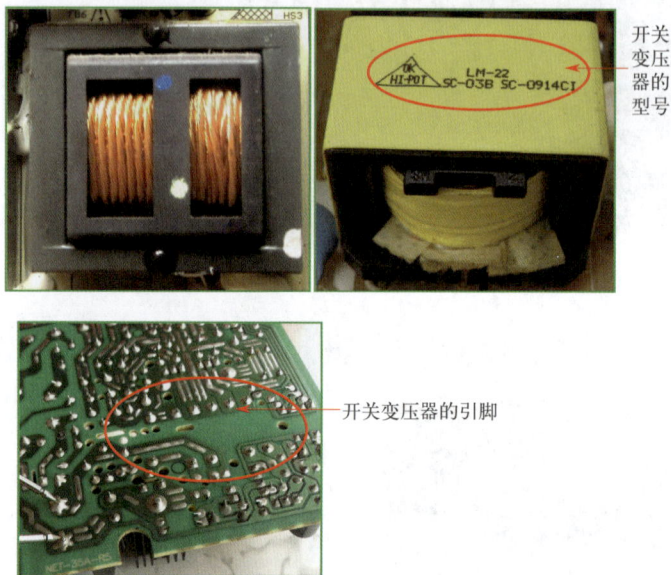

图2-24　开关变压器

（4）振荡电路工作原理

如图2-25所示为一个单端反激式开关振荡电路，它由PWM控制器IC901、开关管VT901、开关变压器T901等组成。

① PWM控制器启动：当310V直流电压经启动电阻R904、R905、R906分压后，加到PWM控制器IC901的第3脚，为其提供启动电压。IC901启动后，其内部电路开始工作，从第8脚输出高电平脉冲控制信号到开关管VT901的栅极，使其导通。此时电流流过开关变压器T901的初级绕组（4—6），并在绕组（1—3）产生感应脉冲。此感应脉冲由VD901、C908整流滤波，产生15V直流电压并加到IC901的第7引脚的VCC端，为PWM控制器供电，取代启动电路的电压，维持电源正常振荡。

② 当电流流过开关变压器T901的绕组（4—6）、开关管VT901、电感L903、电阻R914，在开关变压器T901的初级绕组产生上正下负的电压；同时，开关变压器T901的次级产生下正上负的感应电动势，这时变压器次级上的整流二

极管截止，此阶段为储能阶段。

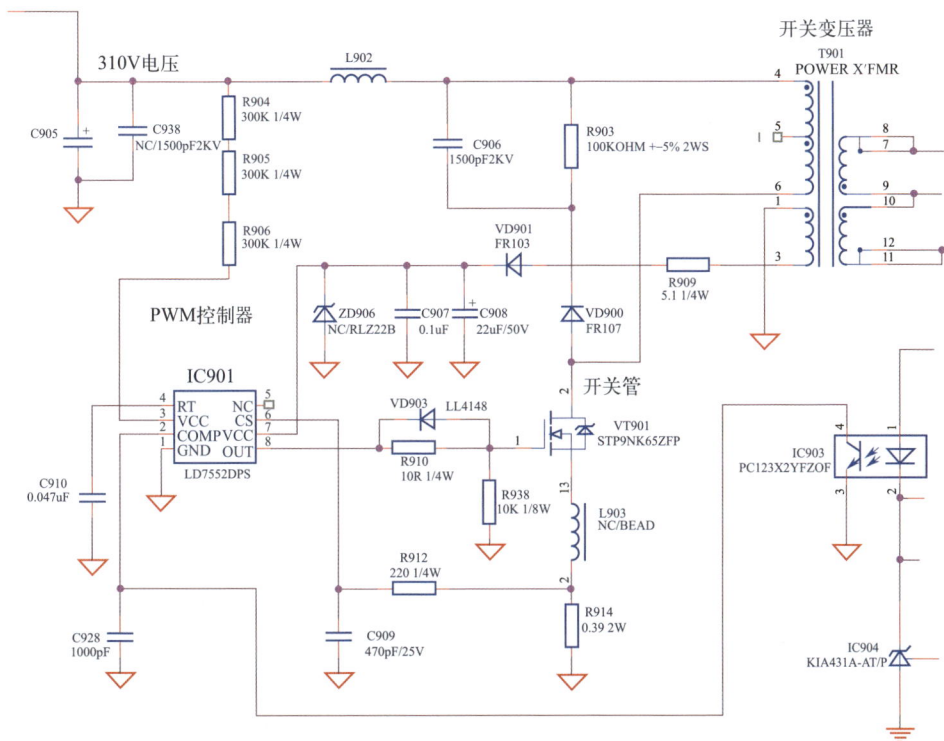

图 2-25　单端反激式开关振荡电路

③ 此时，电流经电阻 R912 给电容 C909 充电并加到 PWM 控制器 IC901 的第 6 引脚的 PWM 比较器同相输入端。当 C909 上的电压上升到 PWM 控制器内部的比较器反相端的电压时，比较器控制 RS 锁存器复位，PWM 芯片的第 8 引脚输出低电平到开关管 VT901 的栅极，开关管 VT901 截止。此时开关变压器 T901 初级绕组上的电流在瞬间变为 0，初级的电动势为下正上负，在次级上感应出上正下负的电动势，此时变压器次级的整流二极管导通，开始为负载输出电压。

④ 就这样 PWM 控制器控制开关管不断导通和关闭，开关变压器 T901 的次级就会不断地输出直流电压。

如图 2-26 所示为一个双管正激式开关振荡电路，它由 PWM 控制芯片 IC1、开关管 VT6 和 VT7、开关变压器 T1 等组成。该电路的特点是两个开关管 VT6 和 VT7 同时导通和关闭，由于双开关管的架构只需要承受一倍的开关电压，比单管正激的开关管要承受的双倍电压更为安全，因此双管正激电路更适合用在高功率电源上。

开关
变压器 T1

整流滤波电路

开关管

开关管

VD4 UF1007

VT6 2SK249 VT7

VD2 1N4148

VD24 PWM-JS

VT1 VT3 VCC

VT4 VD3

R5

C19

C5

PWM控制芯片

IC1 3843 PWM-JS

VD5 VD22

R14 R74

C6 VD6

R17 C7 R15

R16

IC2 PC817

VT2

C4

R6

IC3 PC817

① 当PWM控制芯片IC1启动后，从第6脚输出驱动控制信号，控制开关管VT6和VT7同时导通和关闭。当开关管VT6和VT7同时导通时，电流流过开关变压器T1的初级绕组产生上正下负的电压；同时，开关变压器T1的次级产生下正上负的感应电动势，这时变压器次级上的整流二极管截止，此阶段为储能阶段。

② 开关管VT6和VT7同时关闭时，开关变压器T1初级绕组上的电流在瞬间变为0，初级的电动势为下正上负，在次级上感应出上正下负的电动势，此时变压器次级的整流二极管导通，开始为负载输出电压。

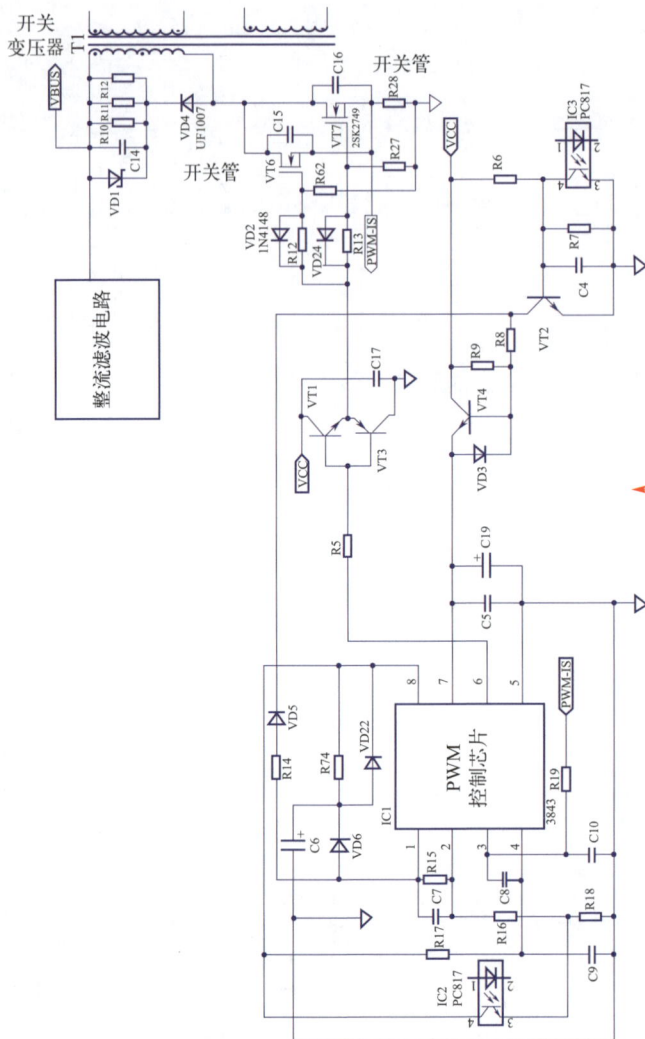

图 2-26　双管正激式开关振荡电路

2.2.6　输出端整流滤波电路组成及运行原理

　　输出端整流滤波电路的作用是将开关变压器次级端输出的电压进行整流与滤波，形成稳定的直流电压输出。因为开关变压器的漏感和输出二极管的反向恢复电流造成的尖峰都形成了潜在的电磁干扰，所以开关变压器输出的电压必须经过整流滤波处理后，才能输送给其他电路。

　　整流滤波输出电路主要由整流二极管、滤波电阻、滤波电容、滤波电感等组成，如图 2-27 所示为整流滤波电路。

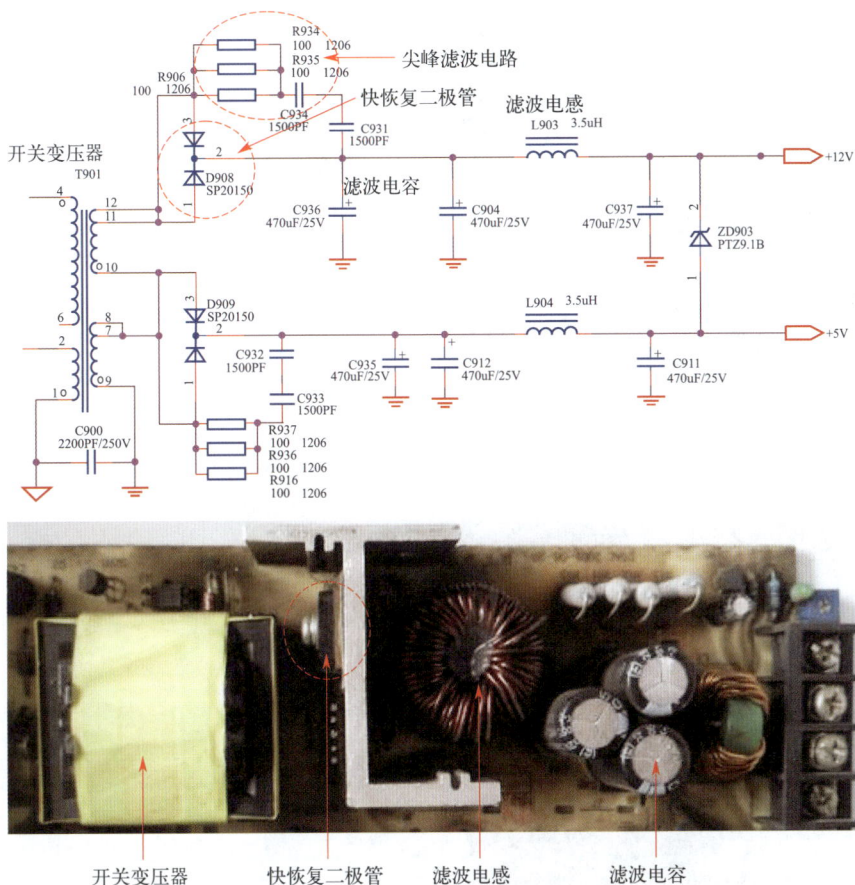

图 2-27 整流滤波电路

（1）快恢复二极管

快恢复二极管是指反向恢复时间很短（5μs 以下）的二极管，由于开关电源中次级整流电路属于高频整流电路（频率较高），所以只能使用快恢复二极管整流，否则二极管损耗太大会造成电源整体效率降低，严重时会烧毁二极管。如图 2-28 所示为快恢复二极管。

（2）肖特基二极管

肖特基二极管是以金属和半导体接触形成的势垒为基础的二极管，具有正向压降低（0.4 ~ 0.5V）、反向恢复时间很短（10 ~ 40ns）、反向漏电流较大、耐压低等特点，多用于低电压场合。如图 2-29 所示。

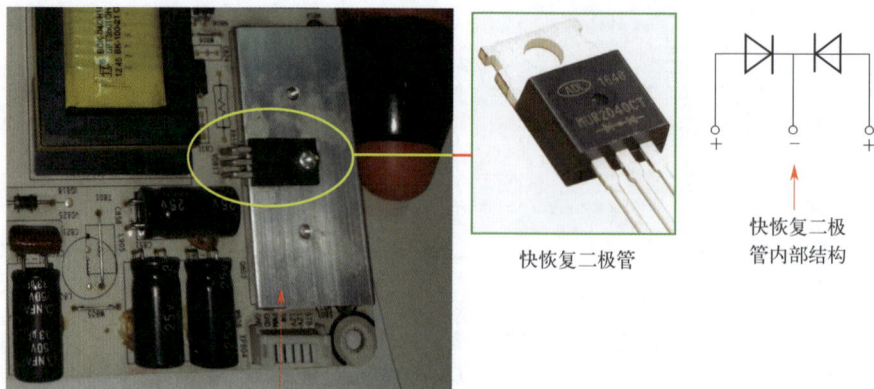

快恢复二极管

快恢复二极
管内部结构

①快恢复二极管（简称FRD）是一种具有开关特性好、反向恢复时间短、反向击穿电压（耐压值）较高等特点的半导体二极管。它的正向导通压降为0.8~1.1V，反向恢复时间为35~85ns。
②当输出电压＞8V时，一般选用快恢复二极管来整流，它的反向耐压可达到数百伏。同时，二极管的电流平均值应大于输出电流。

图2-28　快恢复二极管

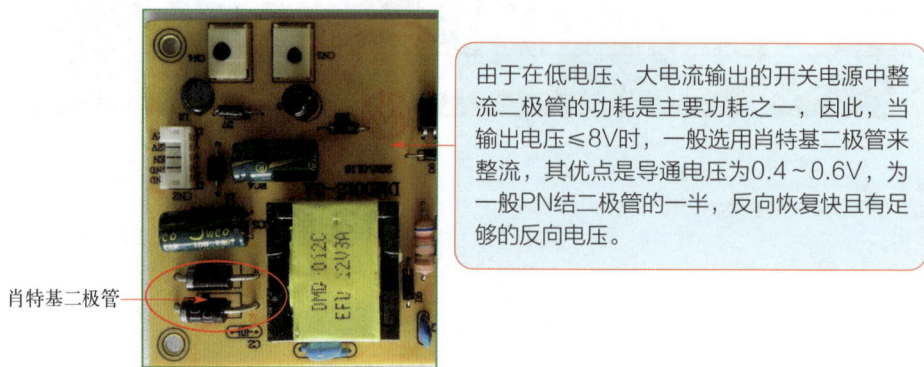

由于在低电压、大电流输出的开关电源中整流二极管的功耗是主要功耗之一，因此，当输出电压≤8V时，一般选用肖特基二极管来整流，其优点是导通电压为0.4～0.6V，为一般PN结二极管的一半，反向恢复快且有足够的反向电压。

肖特基二极管

图2-29　肖特基二极管

（3）滤波电感

在电子线路中，电感线圈对交流有限流作用，另外，电感线圈还有通低频、阻高频的作用，这就是电感的滤波原理。

电感在电路最常见的作用就是与电容一起，组成LC滤波电路或π型滤波电路。由于电感有"通直流、阻交流，通低频、阻高频"的功能，而电容有"阻直流、通交流"的功能，因此在整流滤波输出电路中使用LC滤波电路或π型滤波电路，可以利用电感吸收大部分交流干扰信号，将其转化为磁感和热能，剩下的干扰信号大部分被电容旁路到地。这样就可以抑制干扰信号，在输出端获得比较纯净的直流电流。如图2-30所示为整流滤波输出电路中的电感。

在开关电源电路中，整流滤波输出电路中的电感一般是由线径非常粗的漆包线环绕在涂有各种颜色的圆形磁芯上制成的。而且附近一般有几个高大的滤波铝电解电容，这二者组成的就是LC滤波电路或π型滤波电路。

电感外的黑套是为了防止干扰

图 2-30　整流滤波输出电路中的电感

（4）正激整流滤波电路工作原理

如图 2-31 所示为正激整流滤波电路，其中，T901 为开关变压器，VD908 为整流二极管，VD907 为续流二极管，电阻 R934 和电容 C934 组成了尖峰滤波电路，电阻 R935 和电容 C935 组成了另一个尖峰滤波电路，L901 为续流电感，L902 为滤波电感，电容 C937、C938 和电感 L902 组成了 π 型滤波电路。

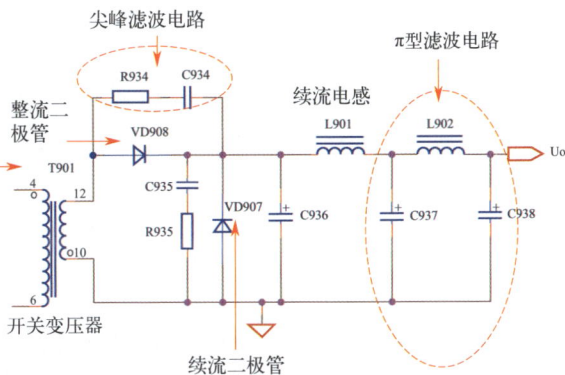

①当开关管导通时，在变压器T901初级绕组上产生的感应电压，同时在次级绕组上也感应的电压，使整流二极管VD908导通，并将输入的电能传送给电感L901和电容C936，再经过电容C937、C9038和电感L902滤波后，为负载供电。
②当开关管截止时，整流二极管VD908截止，电感L901上的电压极性反转并通过续流二极管VD907继续向负载供电。

图 2-31　正激整流滤波电路

（5）反激整流滤波电路工作原理

如图 2-32 所示为反激整流滤波电路，其中，T901 为开关变压器，VD908 为整流二极管，电阻 R934 和电容 C934 组成了尖峰滤波电路，L901 为续流电感，L902 为滤波电感，电容 C937、C938 和电感 L902 组成了 π 型滤波电路。

①当开关管导通时，在变压器T901初级绕组上产生的感应电压，同时在次级绕组上也感应电压，使整流二极管VD908处于截止状态，在开关变压器中储存能量。
②当开关管截止时，整流二极管VD908导通，存储的电能通过电感L901整流、电容C936滤波，再经过L902、C937、C938组成的π型滤波电路滤波后，向负载供电。

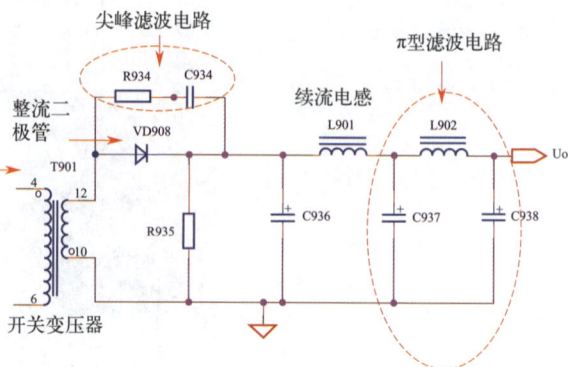

尖峰滤波电路
π型滤波电路
R934 C934
续流电感
整流二极管 VD908 L901 L902 Uo
T901 12
R935 C936 C937 C938
4 0 10
6
开关变压器

图2-32 反激整流滤波电路

（6）同步整流滤波电路工作原理

如图2-33所示为同步整流滤波电路，其中，T1为开关变压器，VT3为续流场效应管，VT2为整流场效应管，L1为续流电感，L2为滤波电感，电阻R1和电容C1组成了尖峰滤波电路，电阻R7和电容C4组成了另一个尖峰滤波电路，电容C6、C7和电感L2组成了π型滤波电路。

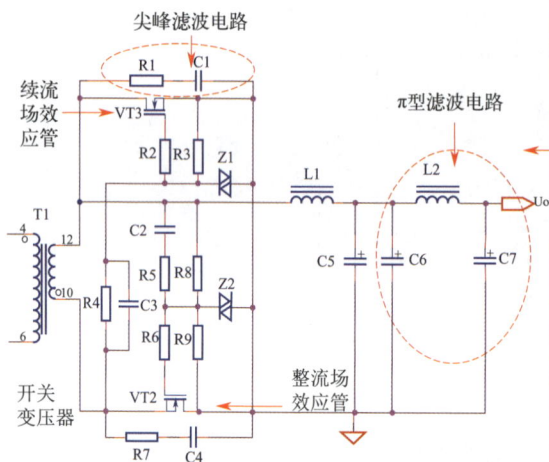

尖峰滤波电路
R1 C1
续流场效应管
VT3
π型滤波电路
R2 R3 Z1 L1 L2
C2 C5 C6 C7 Uo
T1 12
R5 R8 Z2
0 10 R4 C3
6 R6 R9
VT2
开关变压器
整流场效应管
R7 C4

①当变压器次级的感应电压为上负下正时，电流经电容C3，电阻R4、R2后接到场效应管VT3栅极，使其导通，同时场效应管VT2栅极由于处于反偏而截止。此时电能通过整流场效应管VT2传送给续流电感L1和电容C5，再经过电容C6、C7和L2滤波后，为负载供电。
②当变压器次级的感应电压为上正下负时，电流经电容C2，电阻R5、R6、R8后接到场效应管VT2栅极，使其导通，构成回路，同时此时场效应管VT3栅极由于处于反偏而截止。续流电感L1上的电压极性反转并通过续流场效应管VT3继续向负载供电。

图2-33 同步整流滤波电路

（7）输出端整流滤波电路工作原理

如图2-34所示为某显示器的开关电源电路。此电路中T901为开关变压器，

VD906 为快恢复二极管，电阻 R918、R919、R920 和电容 C912 组成了尖峰滤波电路，L904 为续流电感（注：部分电路图中以"OHM"表示 Ω，后文同）。

①当开关管导通时，开关变压器T901的初级绕组有电流流过，产生上正下负的电压；同时，开关变压器T901的次级产生下正上负的感应电动势，这时次级上的二极管VD906和VD907截止，此阶段为储能阶段。

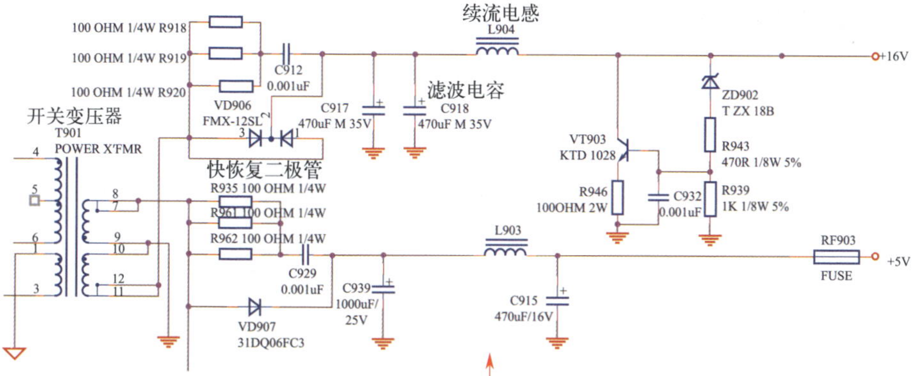

②当开关管截止时，开关变压器T901初级绕组上的电流在瞬间变为0，初级的电动势为下正上负，在次级上感应出上正下负的电动势，此时二极管VD906和VD907导通，开始输出电压。
③如果想在开关变压器次级获得不同等级的直流电压，只要增加一些绕组，并选用合适的匝数比即可。

图 2-34　输出端整流滤波电路工作原理

2.2.7　稳压控制电路组成及运行原理

由于 220V 交流市电是在一定范围内变化的，当市电升高，开关电源电路的开关变压器输出的电压也会随之升高，为了得到稳定不变的输出电压，在开关电源电路中一般都会设计一个稳压控制电路，用于稳定开关电源输出的电压。

稳压控制电路的主要作用是在误差取样电路的作用下，通过控制开关管激励脉冲的宽度或周期，控制开关管导通时间的长短，使输出电压趋于稳定。

稳压控制电路主要由电源控制芯片（芯片内部有误差放大器、电流比较器、锁存器等）、精密稳压器（TL431）、光耦合器、取样电阻等组成，如图 2-35 所示为稳压控制电路。

（1）光耦合器

光耦合器的主要作用是将开关电源输出电压的误差反馈到电源控制芯片上。当稳压控制电路工作时，在光耦合器输入端加电信号驱动发光二极管（LED），使之发出一定波长的光，被光探测器接收而产生光电流，再经过进一步放大后输出。这就完成了电—光—电的转换，从而起到输入、输出、隔离的作用。如图2-36所示。

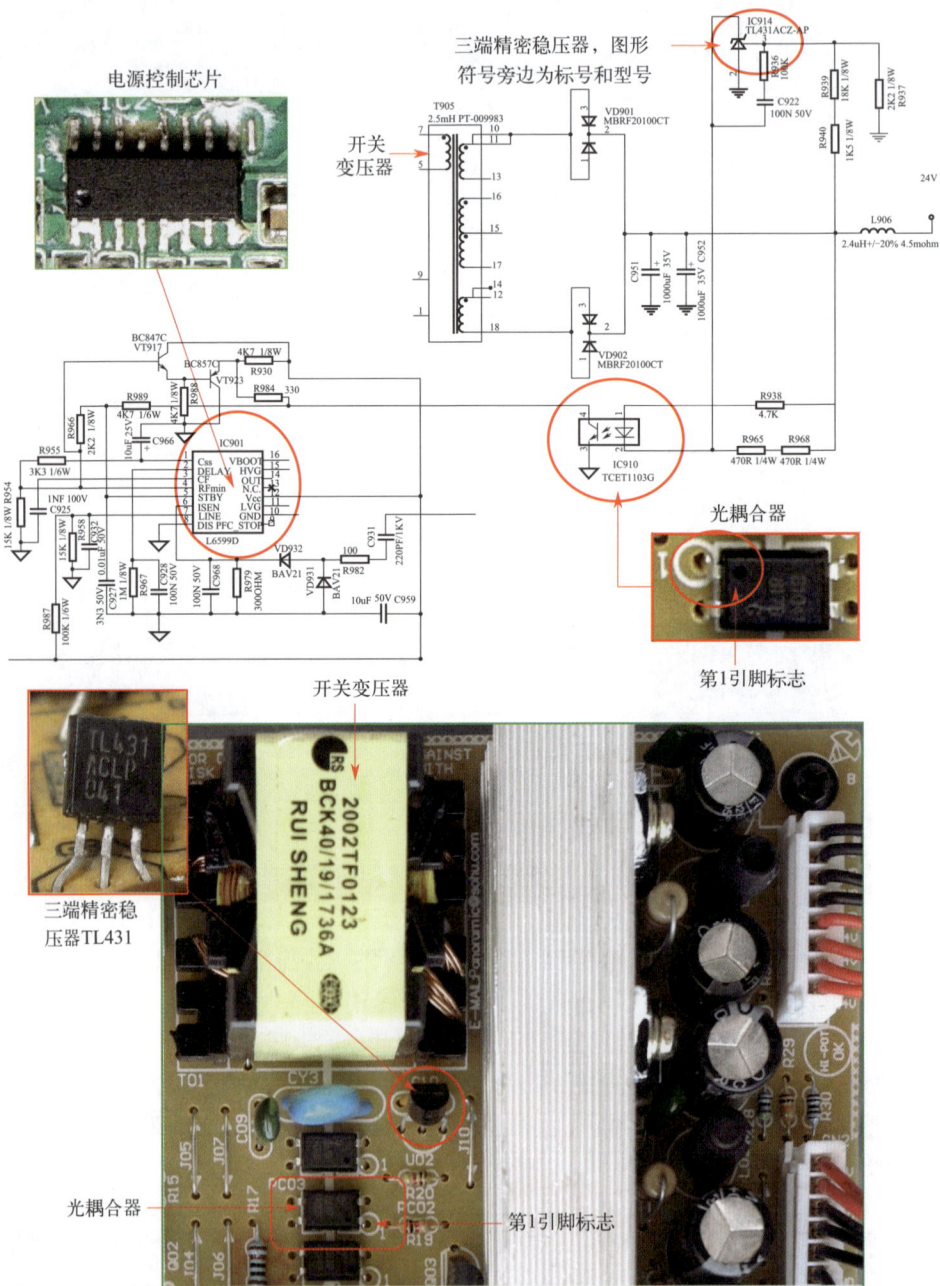

图 2-35　稳压控制电路

表面的小凹点和电路板上的小圆圈是第1引脚标志。

图 2-36　光耦合器及内部结构图

光耦合器内部结构

（2）精密稳压器

精密稳压器是一种可控精密电压比较稳压器件，相当于一个稳压值在 2.5 ～ 36V 间可变的稳压二极管。常用的精密稳压器有 TL431 等。精密稳压器的外形、符号、内部结构及实物如图 2-37 所示，其中，A 为阳极，K 为阴极，R 为控制极。精密稳压器的内部有一个电压比较器，该电压比较器的反相输入端接内部基准电压 2.5V，同相输入端接外部控制电压，比较器的输出用于驱动一个 NPN 晶体管，使晶体管导通，电流就可以从 K 极流向 A 极。

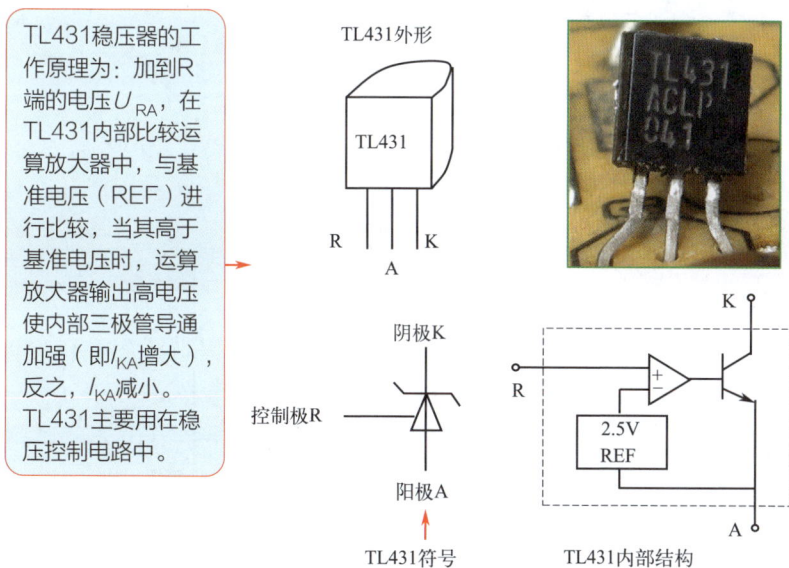

TL431稳压器的工作原理为：加到R端的电压 U_{RA}，在 TL431内部比较运算放大器中，与基准电压（REF）进行比较，当其高于基准电压时，运算放大器输出高电压使内部三极管导通加强（即 I_{KA} 增大），反之，I_{KA} 减小。TL431主要用在稳压控制电路中。

TL431外形

TL431

R　　　K
A

阴极K

控制极R

阳极A

TL431符号

K

R

2.5V
REF

A

TL431内部结构

图 2-37　TL431 精密稳压器

（3）稳压电路工作原理

开关电源稳压控制调整电路由图 2-38 中的三端精密电压源 IC904

（KIA431A-AT/P）、光耦合器 IC903（PC123X2YFZOF）和 IC901 的第 2 引脚的 COMP 接口及相关元器件组成。

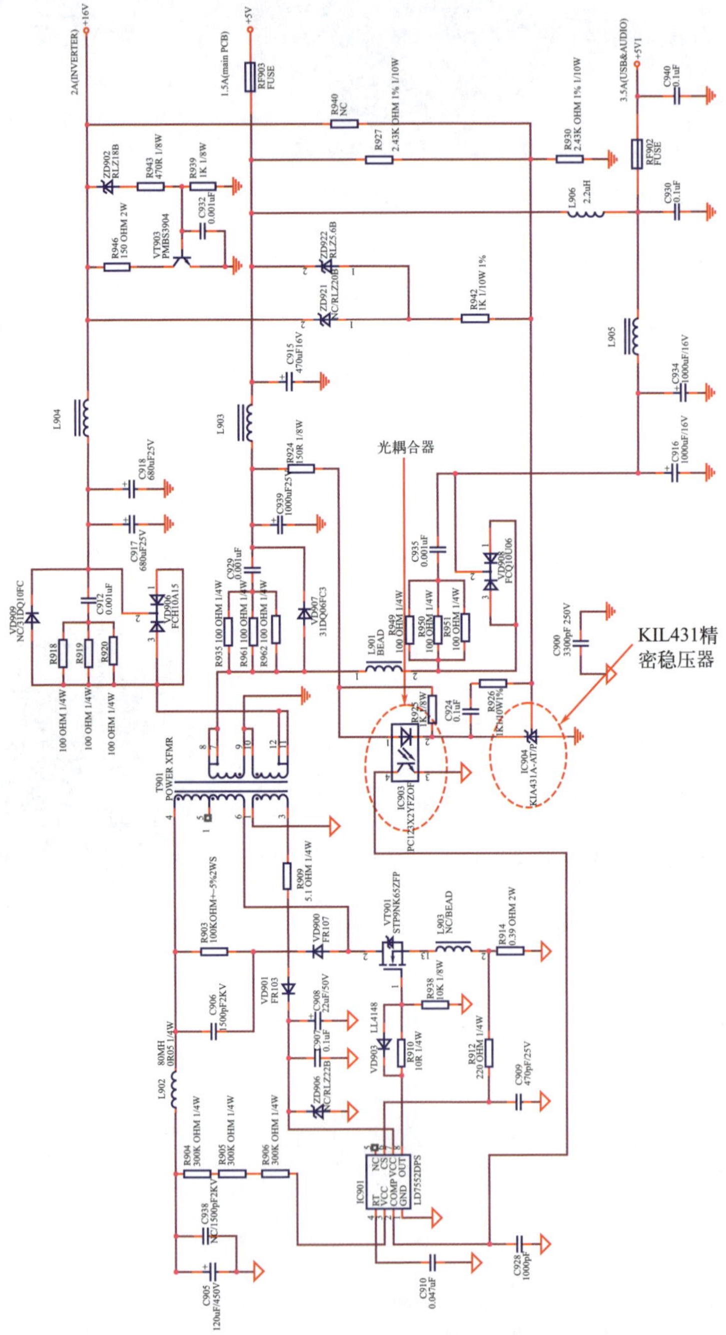

图 2-38　稳压控制电路的电路图

稳压控制电路工作原理如下：

① 当开关电源电路工作时，直流电压输出端 +16V 电压，由电阻 R940 和 R930 分压后，在 R930 上产生电压，该电压直接加到 IC904（KIA431A-AT/P）精密稳压器上的 REF 端（R 端）。由电路上的电阻参数可知，经过分压后，输入到 IC906（KIA431A-AT/P）上的 2.5V 电压正好能使 IC904（KIA431A-AT/P）导通，这样 +16V 电压就可以加到光耦合器和精密稳压器上。当电流流过光耦合器发光二极管时，光耦合器 IC903（PC123X2YFZOF）开始工作，完成电压的取样。

② 当 220V 交流市电电压升高，导致输出电压随之升高时，直流电压输出端电压将超过 16V，这时输入 IC904（KIA431A-AT/P）精密稳压器 REF 端的电压也将大于 2.5V。由于 IC904（KIA431A-AT/P）的 R 端电压升高，其内部比较器也将输出高电平，从而使 IC904（KIA431A-AT/P）内部 NPN 管导通。

③ 接着光耦合器 IC903（PC123X2YFZOF）的第 2 脚电位随之降低，显然这种变化势必会使流过光耦合器内部的发光二极管的电流有所增大，发光二极管的亮度也随之增强，光耦合器内部的光敏三极管的内阻也随之变小，这样光敏三极管端的导通程度也会加强。

④ 由于光耦合器 IC903（PC123X2YFZOF）的 CTR（电流传感系数，即流过发光二极管的电流与流过光敏三极管的电流的比值）≈ 1，使从 PC123X2YFZOF 中的光敏三极管的第 4 脚流过的电流也有所增大。

⑤ 电流增大将导致电源控制芯片 IC901（LD7552DPS）的第 2 脚（COMP 端）电压降低，由于该电压加到 IC901 内部误差放大器的反相输入端，于是 IC901 的第 6 脚（CS 端）的输出脉冲占空比变小。接着开关变压器 T901 的次级输出电压也会降低，从而达到降压的目的。这样就构成了过压输出反馈回路，起到稳定输出的作用。

同理，当 220V 交流市电电压降低时，直流输出端电压将低于 16V，这时输入 IC904（KIA431A-AT/P）精密稳压器 REF 端的电压也将小于 2.5V。精密稳压器 IC904（KIA431A-AT/P）内部比较器输出低电平，使内部的 NPN 管截止，从而使流过光耦合器的发光二极管的电流减小，导致 IC901 第 2 脚（COMP 端）的电压升高，于是 IC901 的第 6 脚（CS 端）的输出脉冲占空比变大，致使开关变压器次级输出电压升高，输出端电压上升。

此外，与精密稳压器相连的电阻 R926 和电容 C924 共同组成了阻抗匹配电路，起到高频补偿作用。

2.2.8　短路保护电路的原理及常见短路保护电路

开关电源同其他电子装置一样，短路是最严重的故障。短路保护是否可靠，是影响开关电源可靠性的重要因素。

（1）小功率开关电源短路保护电路

如图 2-39 所示为小功率开关电源短路保护电路。图中，短路保护电路主要由光耦合器 IC910、电源控制芯片 IC901 等组成。

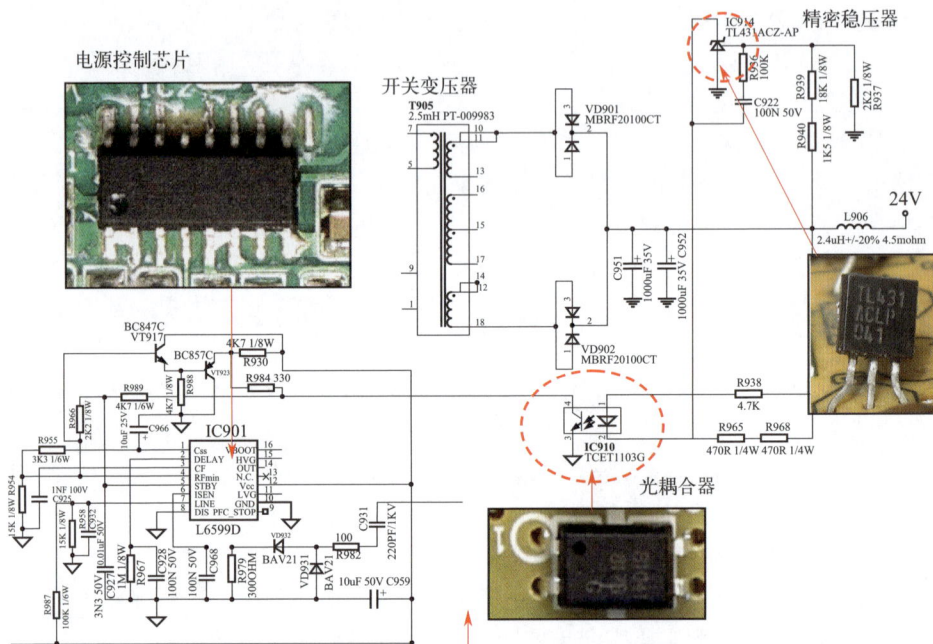

① 当输出电路短路，输出电压消失，光耦合器IC910不导通，反馈电压变为0，IC901（L6599D）第5脚检测到低于1.25V的电压后，将电源控制芯片IC901设置为待机模式，从而起到保护电路的作用。

② 当短路现象消失后，输出给IC901（L6599D）第5脚的电压升高，电路可以自动恢复成正常工作状态。

图 2-39 小功率开关电源短路保护电路

如图 2-40 所示的短路保护电路由开关变压器 T901 初级绕组、电阻 R937、电源控制芯片 IC930 等组成。

（2）中大功率开关电源短路保护电路

中大功率开关电源短路保护电路如图 2-41 所示。

2.2.9 过压保护电路的原理及常见过压保护电路

输出过压保护电路的作用：当输出电压超过设计值时，把输出电压限定在安全范围内。当开关电源内部稳压环路出现故障或由于用户操作不当引起输出过压现象时，过压保护电路进行保护以防止损坏后级用电设备。

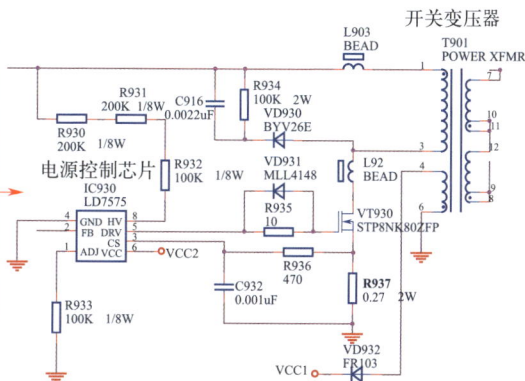

①当输出电路短路或过流时，开关变压器T901初级绕组中的电流增大，使电阻R937两端电压降增大，同时电源控制芯片IC930的第3脚电压升高。
②电源控制芯片IC930内部的电路会调整第5脚输出驱动控制信号的占空比。当第3脚的电压超过1V时，电源控制芯片IC930关闭内部电路停止输出驱动控制信号，从而起到保护电路的作用。

图2-40　短路保护电路

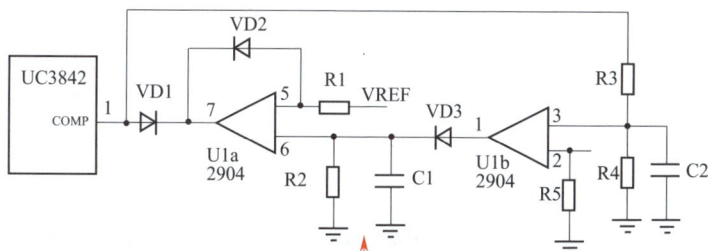

中大功率开关电源短路保护电路工作原理：当开关电源电路的输出电路短路时，电源控制芯片UC3842第1脚电压上升，比较器U1b（2904）第3脚电位高于第2脚时，比较器翻转U1第1脚输出高电平，给电容器C1充电，当电容器C1两端电压超过比较器U1a第5脚基准电压时，U1a第7脚输出低电平，芯片UC3842第1脚电压低于1V，电源控制芯片UC3842停止工作，输出电压为0。当短路消失后，电路正常工作。电阻器R2、电容器C1是用来设置短路保护触发速度的。

图2-41　中大功率开关电源短路保护电路

常用的过压保护电路有以下几种。

（1）晶闸管触发过压保护电路

晶闸管触发过压保护电路如图2-42所示。

（2）光电耦合过压保护电路

光电耦合过压保护电路如图2-43所示。

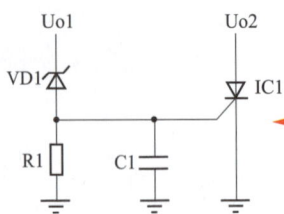

晶闸管触发过压保护电路工作原理：当Uo1输出电压升高，稳压二极管VD1击穿导通，晶闸管IC1的控制端得到触发电压，因此晶闸管导通，Uo2电压对地短路，短路保护电路就会工作，停止整个电源电路的工作。当输出过压现象排除，晶闸管的控制端触发电压通过电阻器R1对地泄放，晶闸管恢复断开状态。

图 2-42　晶闸管触发过压保护电路

当输出电压Uo有过压情况时，稳压二极管ZD1击穿导通，经光耦合器IC2和电阻器R5接地，光耦合器的发光二极管发光，从而使光耦合器的光敏三极管导通。三极管VT1的基极b得电导通，电源控制芯片UC3842的第1脚电压降低，第3脚电压降低，使电源控制芯片UC3842停止工作，输出电压变为0，起到保护电路的作用。

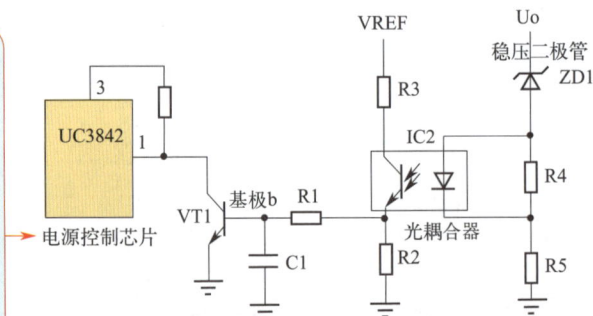

光耦合器　电源控制芯片　稳压二极管

图 2-43　光电耦合过压保护电路

2.2.10 PFC 电路的原理及常见 PFC 电路

简单来说，PFC 电路的功能主要为抑制电流波形的畸变及提高功率因数。PFC（power factor correction）即功率因数校正，功率因数指的是有效功率与总耗电量（视在功率）之间的比值，也就是有效功率除以总耗电量（视在功率）。简单说 PFC 就是用来表征电子产品对电能的利用效率的。

另外，PFC 电路还要解决因容性负载导致电流波形严重畸变而产生的电磁干扰 (EMI) 和电磁兼容 (EMC) 问题。

目前的 PFC 有两种被动式 PFC（也称无源 PFC）和主动式 PFC（也称有源 PFC）。

（1）无源 PFC 电路

所谓的无源 PFC 电路，顾名思义，就是在其电路设计的过程中并不使用晶体管等有源电子元器件，换句话说，这种 PFC 电路是由二极管、电阻、电容和电感等无源元器件组成。无源 PFC 电路是利用电感和电容组成的滤波器，对输入电流进行移相和整形，主要是增加输入电流的导电宽度，减缓其脉冲上升性，从而减小电流的谐波成分。

无源 PFC 电路有很多类型，下面介绍两种。

1）由 PFC 电感组成的无源 PFC 电路

有的开关电源中，在整流桥堆和滤波电容之间加一只电感来实现无源 PFC 电路的功能。如图 2-44 所示。

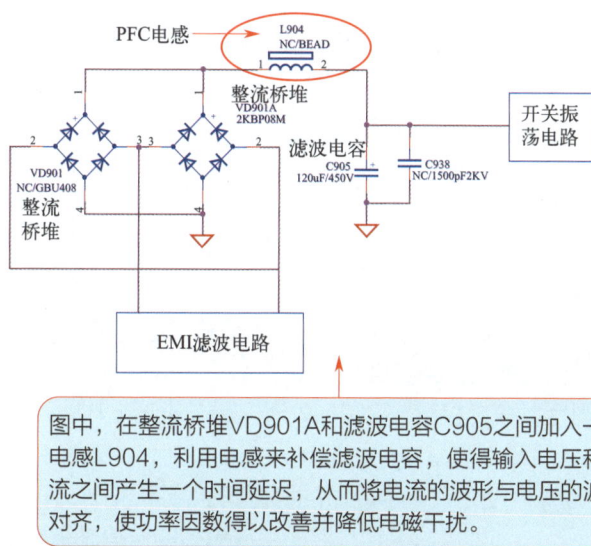

图 2-44　由 PFC 电感组成的无源 PFC 电路

2）由二极管、电容和电阻组成的无源 PFC 电路

如图 2-45 所示为一个典型的无源 PFC 电路，它由二极管、电阻、电容等无源器件组成。

① 第一阶段：在交流电正半周的上升阶段，由于 $U_{BR} > U_A$ 时，二极管 VD610、VD612 均导通，U_{BR} 就沿着 C631 → VD612 → R911 → C632 的串联电路给 C631 和 C632 充电，同时向负载提供电流。其充电时间常数很小，充电速度很快。

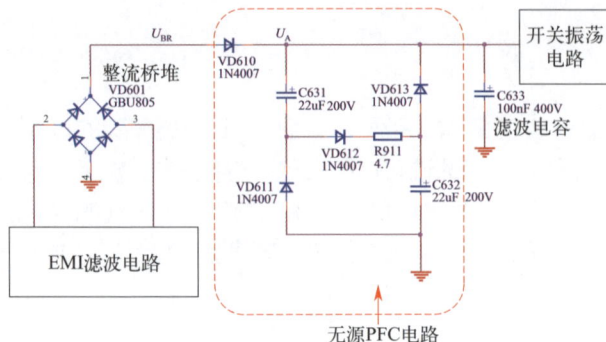

图 2-45 由二极管、电容、电阻组成的无源 PFC 电路

② 第二阶段：当 U_A 达到 U_{AC}（交流输入电压的峰值电压）时，电容 C631、C632 上的总电压 $U_A=U_{AC}$。因电容 C631、C632 的容量相等，故二者的压降均为 $U_{AC}/2$。此时二极管 VD612 导通，而二极管 VD611 和 VD613 被反向偏置而截止。

③ 第三阶段：当 U_A 从 U_{AC} 开始下降时，二极管 VD612 截止，立即停止对电容 C631 和 C632 充电。

④ 第四阶段：当 U_A 降至 $U_{AC}/2$ 时，二极管 VD610、VD612 均截止，二极管 VD611、VD613 被正向偏置而变成导通状态，电容 C631、C632 上的电荷通过二极管 VD613、VD611 构成的并联电路进行放电，维持负载上的电流不变。

⑤ 不难看出，从第一阶段一直到第三阶段，都是由电网供电，除了向负载提供电流，还在第一阶段至第二阶段给电容 C631 和 C632 充电，仅在第四阶段由电容 C631、C632 上储存的电荷给负载供电。

⑥ 进入负半周后，在二极管 VD610 导通之前，电容 C631、C632 仍可对负载进行并联放电，使负载电流基本保持恒定。综上所述，此无源 PFC 电路能大幅度增加整流管的导通角，使之在正半周时的导通角扩展到 30°～150°，负半周时的导通角扩展为 210°～330°。这样，波形就从窄脉冲变得比较接近于正弦波。

（2）有源 PFC 电路

有源 PFC 电路是在开关电源的整流电路和滤波电容之间增加一个功率变换电路（DC-DC 斩波电路），将整流电路的输入电流校正成为与电网电压同相位的正弦波，消除谐波和无功电流。

有源 PFC 电路基本可以完全消除电流波形的畸变，而且可以控制电压和电流的相位保持一致，它基本可以完全解决功率因数、电磁兼容、电磁干扰的问题，但是电路非常复杂。

有源 PFC 电路一般由 PFC 电感、PFC 开关管、PFC 控制芯片、升压二极管、分压电阻等组成。如图 2-46 所示。

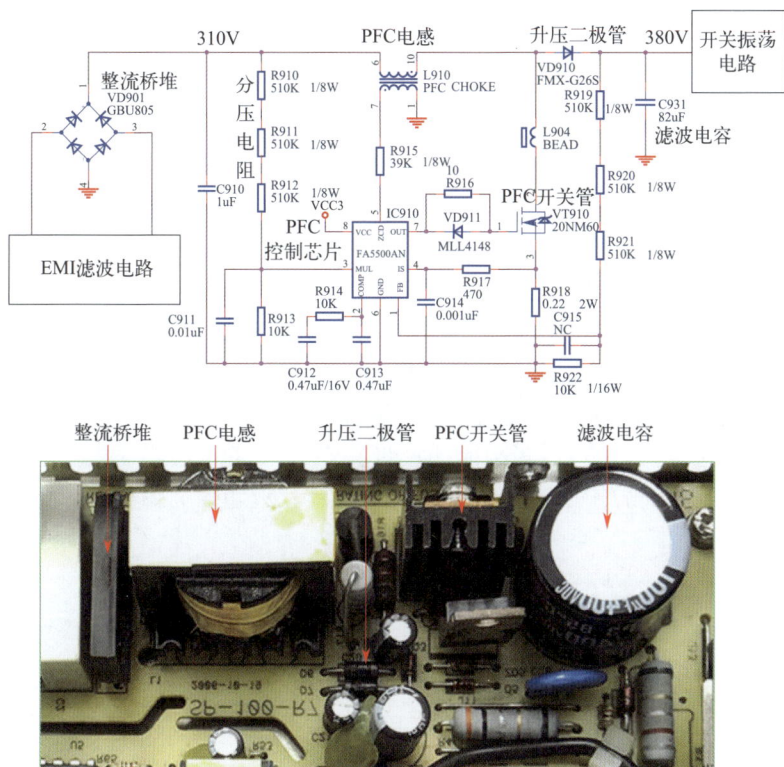

图 2-46　有源 PFC 电路

PFC 工作原理如下：

① 当电源开始工作后，220V 输入电压一路经 EMI 滤波电路滤波，再经过整流桥堆 VD901 整流后一路送至 PFC 电感 L910；另一路经 R910、R911、R912、R913 分压后送入 PFC 控制器 IC910 的第 3 脚，作为输入电压的取样，用以调整控制信号的占空比，即改变 VT910 的导通和关断时间，稳定 PFC 输出电压。

② PFC 电感 L910 在 VT910 导通时储存能量，在 VT910 关断时释放能量。经升压二极管 VD910 整流，再经过滤波电容 C931 滤波后输出 380V 的 PFC 电压。PFC 电路输出的电压一路送到开关振荡电路，另一路经电阻 R919、R920、R921 和 R922 分压后送入 PFC 控制器 IC910 的第 1 脚作为 PFC 输出电压的取样，用以调整控制信号的占空比，稳定 PFC 输出电压。

③ PFC 电感 L910 一次绕组（7—1）感应的脉冲经电阻 R915 限流后加到 IC910 的第 5 脚（零电流检测端），控制电路调整从第 7 脚输出的脉冲相位，从而

控制 PFC 开关管 VT910 导通 / 截止时间，校正输出电压相位，减小 VT910 的损耗。

④ 整流滤波电路输出的脉动直流电压经 R910、R911、R912 降压后加到 IC910 的第 3 脚，为内部的误差放大器提供一个电压波形信号，与第 5 脚输入的过零检测信号一起，使第 7 脚输出的脉冲调制信号占空比随 100Hz 电压波形信号改变，实现了电压波形与电流波形同相，防止 PFC 开关管 VT910 在脉冲的峰谷来临时处于导通状态而损坏。

⑤ 稳压控制电路：PFC 电路输出的 380V 电压，经 R919、R920 与 R921、R922 分压后，送到 IC910 的第 1 脚内部的乘法器第二个输入端，经内部电路比较放大后，控制第 7 脚输出的脉冲，达到稳定输出电压的目的。

⑥ 过电流保护电路：IC910 的第 4 脚为开关管过电流保护检测输入脚，电阻 R918 是取样电阻，通过 R917 连接 IC910 内部电流比较器，对 PFC 开关管 VT910 的 S 极电流进行检测。正常工作时，PFC 开关管 VT910 的 S 极电流在 R918 上形成的电压降很低，反馈到 IC910 的第 4 脚的电压接近 0。当某种原因导致 PFC 开关管 VT910 的 D 极电流增大时，R918 上的电压降增大，送到 IC910 的第 4 脚的电压升高，内部过电流保护电路启动，关闭第 7 脚输出的驱动脉冲，PFC 电路停止工作。

第 3 章

电路板元器件好坏检测实战

电子元器件是各种电路板的基本组成部件，开关电源电路的故障都是由这些元器件的故障引起的，维修开关电源电路的过程就是通过检测元器件的好坏，找到并更换这些损坏的元器件。因此在学习开关电源电路维修之前，应先掌握电子元器件好坏检测方法。

3.1 电阻器好坏检测实战

电阻器是电路元器件中应用最广泛的一种，在电子设备中约占元器件总数的30%。在电路中，电阻器的主要作用是稳定和调节电路中的电流和电压，即控制某一部分电路的电压和电流的比例。

3.1.1 扫码学电阻器维修基本知识

电路板中常用电阻器，看懂电路图中电阻器参数、图形符号，电阻器的标识，计算色环电阻器阻值等知识请扫码学习。

3.1.2 固定电阻器好坏检测实战

电阻器的检测相对来说要简单一些，在实际维修中，通常先用万用表两只表笔接电阻器的两端，进行简单的测量来判断电阻器是否短路损坏，如图3-1所示。

另外，可以通过测量电阻器的实际阻值，然后与标称阻值相比较来判断好坏。可以先采用在路检测，如果测量结果不能确定测量的准确性，再将其从电路中焊下来，开路检测其阻值。如图3-2所示（以指针万用表为例）。

3.1.3 保险电阻器好坏检测实战

保险电阻器的阻值接近0，可以通过观察外观和测量阻值来判断好坏，如图3-3所示。

①将数字万用表调到蜂鸣挡，然后将红黑表笔分别接在待测的电阻器两端进行检测。

②如果万用表发出蜂鸣声，说明电阻器可能短路（标称阻值很小的电阻和保险电阻除外）；如果没有蜂鸣声，则还需测量电阻器的实际阻值来判断好坏。

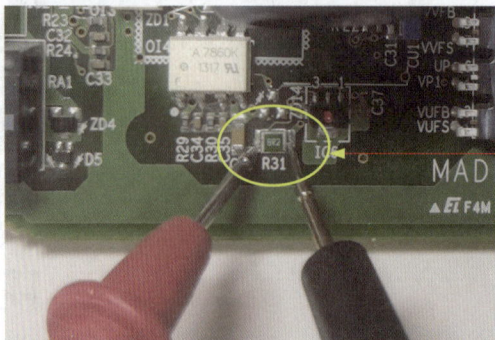

图 3-1　简单判断电阻器好坏

①将万用表调至欧姆挡，并调零，然后根据被测电阻器的标称阻值来选择万用表量程（如选择R×10k挡）。

②将两表笔分别与电阻的两引脚相接即可测出实际电阻值（如图中所测阻值为200kΩ）。

③根据电阻误差等级算出误差范围，若实测值已超出标称值说明该电阻已经不能继续使用了，若仍在误差范围内说明电阻仍可继续使用。

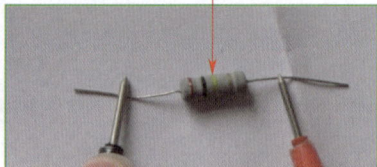

图 3-2　检测电阻器

①在电路中，多数保险电阻的断路故障可根据观察作出判断。例如若发现保险电阻器表面烧焦或发黑（也可能会伴有焦味），可断定保险电阻器已被烧毁。

②检测保险电阻时，可以用数字万用表的蜂鸣挡，或指针万用表的R×1挡来测量。若测得的阻值为无穷大，则说明此保险电阻器已经断路损坏。若测得的阻值与0接近，说明该保险电阻基本正常，如果测得的阻值较大，则需要拆下保险电阻进行进一步测量来判断。

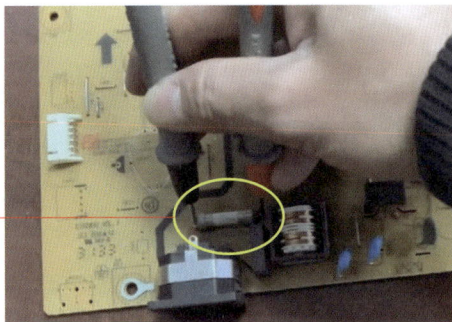

图3-3 保险电阻器的检测

3.1.4 压敏电阻器好坏检测实战

压敏电阻器的检测方法如图3-4所示。

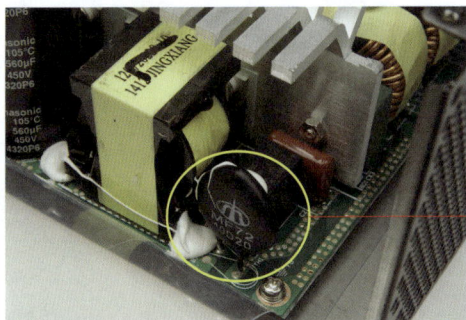

检测时，选用万用表的R×1k挡或R×10k挡，将两表笔分别加在压敏电阻两端测出压敏电阻的阻值，交换两表笔再测一次。若两次测得的阻值均为无穷大，说明被测压敏电阻质量合格，否则证明其漏电严重而不可使用。

图3-4 压敏电阻器的检测方法

3.1.5 热敏电阻器好坏检测实战

热敏电阻器检测方法如图3-5所示。

检测时，选用指针万用表的R×1挡或数字万用表200欧姆挡，然后将两表笔分别加在热敏电阻两端测出热敏电阻的阻值。若测得的阻值与标称阻值（通常为几欧姆）一致或接近，则被测热敏电阻正常；如果测量的阻值为无穷大或0，说明热敏电阻损坏。

图3-5 热敏电阻器的检测方法

3.1.6 如何代换损坏的电阻器

电阻器代换方法如下：

① 代换电阻器时，要用相同种类、相同阻值、相同功率的电阻器代换。

② 如果手头没有同规格的电阻器，也可以用电阻器串联或并联的方法做应急处理。需要注意的是，代换电阻必须比原电阻有更稳定的性能，更高的额定功率，但阻值只能在标称容量允许的误差范围内。

③ 如果手头没有同种类的电阻器，对于普通固定电阻器可以用额定阻值、额定功率均相同的金属膜电阻器或碳膜电阻器代换；对于碳膜电阻器，可以用额定阻值及额定功率相同的金属膜电阻器代换。

3.2 ▶ 电容器好坏检测实战

电容器是在电路中使用最广泛的元器件之一，它由两个相互靠近的导体极板中间夹一层绝缘介质构成，是一种重要的储能元件。

3.2.1 扫码学电容器维修基本知识

电路板中常用电容器，看懂电路图中电容器参数、图形符号，电容器上的标识等知识请扫码学习。

3.2.2 贴片小容量电容器好坏检测实战

现在很多电路的小容量电容器大多采用贴片电容器，由于小容量电容器的容量太小，用万用表无法测量出其具体容量，只能定性检查其绝缘电阻，即有无漏电、内部短路或击穿现象，不能定量判定质量。

检测小容量贴片电容器的方法如图 3-6 所示。

①将数字万用表调至蜂鸣挡或将指针万用表调至 R×10k 挡，然后用两表笔分别接电容器的两个引脚测量。

②调换两只表笔再次测量。正常的贴片电容器两次测量的阻值应为无穷大。如果测量的阻值为 0 或有一定的阻值，说明电容漏电损坏或内部击穿。

图 3-6 小容量贴片电容器的检测方法

3.2.3 大容量电容器好坏检测实战

对于 0.01μF 以上大容量电容器的检测，采用如图 3-7 所示的方法。

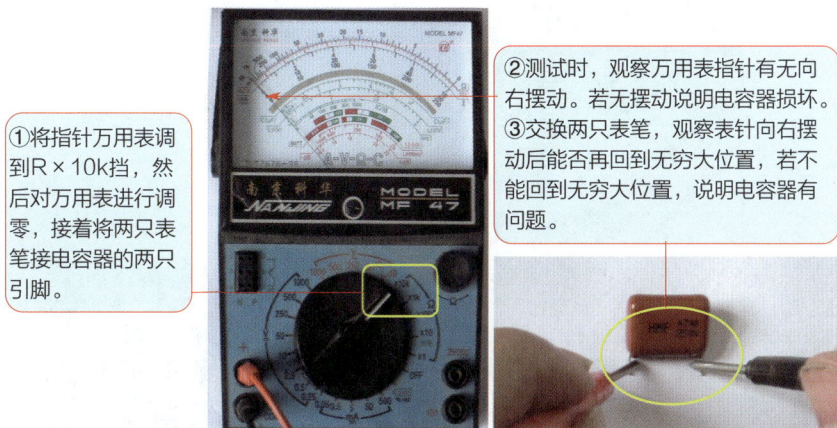

①将指针万用表调到 R×10k挡，然后对万用表进行调零，接着将两只表笔接电容器的两只引脚。

②测试时，观察万用表指针有无向右摆动。若无摆动说明电容器损坏。
③交换两只表笔，观察表针向右摆动后能否再回到无穷大位置，若不能回到无穷大位置，说明电容器有问题。

图 3-7 0.01μF 以上大容量电容器的检测方法

3.2.4 数字万用表测量电容器容量实战

用数字万用表的电容测量插孔测量电容器容量的方法如图 3-8 所示。

①根据电容器的标注容量，将万用表功能旋钮调到电容挡，量程大于被测电容容量。
②将电容器的两极用镊子短接放电。然后将电容器的两只引脚插入电容器测量孔中。
③从显示屏上读出电容值。将读出的值与电容器的标称值比较，若相差太大，说明该电容器容量不足或性能不良，不能再使用。

图 3-8 用数字万用表的电容测量插孔测量电容器容量的方法

3.2.5 如何代换损坏的电容器

电容器损坏后，原则上应使用与其类型相同、主要参数相同、外形尺寸相近的电容器来更换。但若找不到同类型电容器，也可用其他类型的电容器代换。

电容器代换方法如图 3-9 所示。

①普通电容器代换时，原则上应选用同型号、同规格电容器代换。如果找不到相同规格的电容器，可以选用容量基本相同、耐压参数相等或大于原电容器参数的电容器代换。特殊情况下需要考虑电容器的温度系数。

②对于一般的电解电容通常可以用耐压值较高、容量相同的电解电容器代换。用于信号耦合、旁路的铝电解电容器损坏后，也可用与其主要参数相同但性能更优的电解电容器代换。

图3-9 电容器代换方法

3.3 ▶ 电感器好坏检测实战

电感器是一种能够把电能转化为磁能并储存起来的元器件，它的主要功能是阻止电流的变化。当电流从小到大变化时，电感阻止电流的增大；当电流从大到小变化时，电感阻止电流减小。电感器常与电容器配合在一起工作，在电路中主要用于滤波（阻止交流干扰）、振荡（与电容器组成谐振电路）、波形变换等。

3.3.1 扫码学电感器维修基本知识

电路板中常用电感器，看懂电路图中电感器参数、图形符号，电感器上的标识等知识请扫码学习。

3.3.2 通过测量阻值判断电感器好坏实战

一般来说，电感器的线圈匝数不多，直流电阻很低，因此，用万用表电阻挡（欧姆挡）进行检测。电感器的检测方法如图3-10所示。

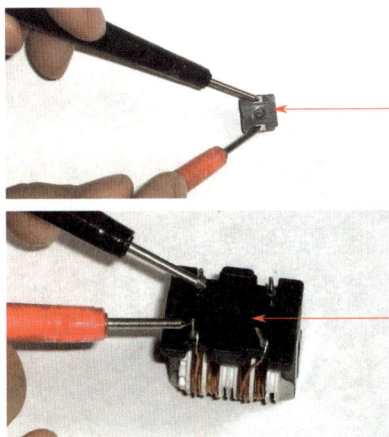

①测量时，使用数字万用表的蜂鸣挡，或指针万用表的R×10挡。

②对于贴片电感，此时的读数应为零，若万用表读数偏大或为无穷大则表示电感损坏。

③对于线圈匝数较多、线径较细的电感，测量读数会达到几十到几百欧。通常情况下线圈的直流电阻只有几欧。如果电感损坏，多表现为发烫。

图 3-10　用万用表检测电感器的方法

3.3.3　如何代换损坏的电感器

电感器损坏后，原则上应使用与其性能类型相同、主要参数相同、外形尺寸相近的电感器来更换。但若找不到同类型电感器，也可用其他类型的电感器代换。

代换电感器时，首先应考虑其性能参数（例如电感量、额定电流、品质因数等）及外形尺寸是否符合要求。几种常用的电感器的代换方法如图 3-11 所示。

①对于贴片式小功率电感，由于其体积小、线径细、封装严密，一旦通过的电流过大，内部温度上升后热量不易散发，因此出现断路或者匝间短路的概率是比较大的。代换时只要体积大小相同即可。

②对于体积大、铜线粗的大功率储能电感，其损坏概率很小。如果要代换这种电感，必须要外表上印有的型号相同，对应的体积、匝数、线径都相同才能代换。

图 3-11　几种常用的电感器的代换方法

3.4 二极管好坏检测实战

二极管又称晶体二极管，是最常用的电子元器件之一。它最大的特性就是单向导电，在电路中，电流只能从二极管的正极流入，负极流出。利用二极管单向导电性，可以把方向交替变化的交流电变换成单一方向的脉冲直流电。另外，二极管在正向电压作用下电阻很小，处于导通状态，在反向电压作用下，电阻很大，处于截止状态，如同一只开关。利用二极管的开关特性，可以组成各种逻辑电路（如整流电路、检波电路、稳压电路等）。

3.4.1 扫码学二极管维修基本知识

电路板中常用二极管，看懂电路图中二极管参数、图形符号等知识请扫码学习。

3.4.2 通过测量管电压判断二极管好坏实战

二极管的检测主要利用二极管单向导电的特性，即二极管正向电阻小、反向电阻大。检测时，将指针万用表调到 R×1k 挡，然后将两只表笔接在二极管的两端，测量二极管的正、反向阻值。如果测得二极管的正、反向电阻值都很小，则说明二极管内部已击穿短路或漏电损坏；如果测得二极管的正、反向电阻值均为无穷大，则说明该二极管已开路损坏。

除了测量二极管的正、反向阻值来判断好坏外，还可以通过测量二极管的管电压来判断二极管好坏。下面用数字万用表的二极管挡来对二极管进行检测，其方法如图 3-12 所示。

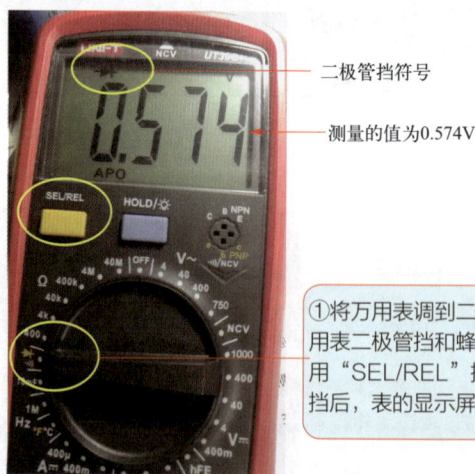

二极管挡符号

测量的值为0.574V

①将万用表调到二极管挡。注意：有的万用表二极管挡和蜂鸣挡在一个挡位，需要用"SEL/REL"按键切换。调到二极管挡后，表的显示屏上会出现二极管挡符号。

②将万用表的红表笔接二极管的正极，黑表笔接负极，测量正向压降。普通二极管正向压降为0.4~0.8V，肖特基二极管的正向压降在0.3V以下，稳压二极管正向压降有可能在0.8V以上。

③如果测量的管电压不在正常范围内，说明二极管损坏。如果测量的二极管正向电压低于0.1V，说明二极管内部短路损坏。

图 3-12　用数字万用表对二极管进行检测的方法

3.4.3　如何代换损坏的二极管

当二极管损坏后，可以用同型号的二极管更换。如果没有同型号的二极管，可以用参数相近的其他型号的二极管来代换。

3.5　三极管好坏检测实战

三极管全称为晶体三极管，具有电流放大作用，是电子电路的核心元器件。三极管是一种控制电流的半导体器件，其作用是把微弱信号放大成幅度值较大的电信号。

三极管的结构如下：在一块半导体基片上制作两个相距很近的 PN 结，两个 PN 结把整块半导体分成三部分，中间部分是基区，两侧部分是发射区和集电区，排列方式有 PNP 和 NPN 两种。

三极管按材料分有两种：锗管和硅管。而每一种又有 NPN 和 PNP 两种结构形式，但使用最多的是硅 NPN 和锗 PNP 两种三极管。

3.5.1　扫码学三极管维修基本知识

电路板中的三极管，看懂电路图中三极管参数、图形符号等知识请扫码学习。

3.5.2　通过测量阻值判断三极管好坏实战

通过测量三极管各引脚电阻值来检测三极管好坏如图 3-13 所示。

①利用三极管内PN结的单向导电性，检查各极间PN结的正反向电阻值，如果相差较大说明三极管是好的。如果正反向电阻值都大，说明三极管内部有断路或者PN结性能不好。如果正反向电阻都小，说明三极管极间短路或者击穿了。

②测PNP小功率锗管时，用万用表R×100挡，红表笔接集电极，黑表笔接发射极，相当于测三极管集电结承受反向电压时的阻值，高频管读数应在50kΩ以上，低频管读数应在几千欧姆到几十千欧范围内，测NPN锗管时，表笔极性相反。

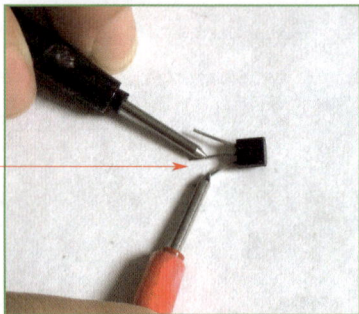

③测NPN小功率硅管时，用万用表R×1k挡，黑表笔接集电极，红表笔接发射极，由于硅管的穿透电流很小，阻值应在几百千欧以上，一般表针不动或者微动。

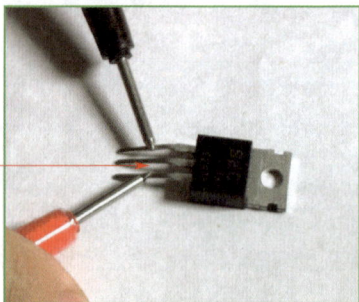

④测大功率三极管时，由于PN结大，一般穿透电流值较大，用万用表R×10挡测量集电极与发射极间反向电阻，应在几百欧以上。

图 3-13　测量各种三极管的阻值

诊断方法：如果测得阻值偏小，说明三极管穿透电流过大。如果测试过程中表针缓缓向低阻方向摆动，说明三极管工作不稳定。如果用手捏管壳，阻值减小很多，说明三极管热稳定性很差。

3.5.3　如何代换损坏的三极管

三极管的代换方法如图 3-14 所示。

当三极管损坏后，最好选用同类型（材料相同、极性相同）、同特性（参数值和特性曲线相近）、同外形的三极管替换。如果没有同型号的三极管，则应选用耗散功率、最大集电极电流、最高反向电压、频率特性、电流放大系数等参数相同的三极管代换。

图 3-14　三极管的代换方法

3.6　场效应管好坏检测实战

场效应晶体管简称场效应管，是一种用电压控制电流大小的元器件，是利用控制输入回路的电场效应来控制输出回路电流的半导体器件，带有 PN 结。

3.6.1　扫码学场效应管维修基本知识

电路板中常用的场效应管，看懂电路图中场效应管参数、图形符号等知识请扫码学习。

3.6.2　数字万用表检测场效应管好坏实战

用数字万用表检测场效应管的方法如图 3-15 所示。

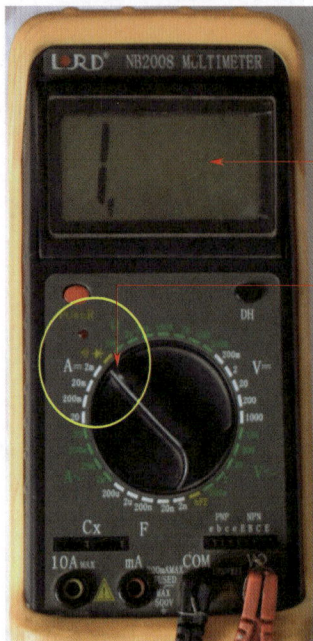

①将数字万用表调到二极管挡，然后将场效应管的三只引脚短接放电。接着用两只表笔分别接触场效应管三只引脚中的两只，测得三组数据。
②如果其中两组数据为"1."（无穷大），另一组数据在0.3~0.8V之间，说明场效应管正常；如果其中有一组数据为0，则场效应管被击穿。

图 3-15　用数字万用表检测场效应管的方法

3.6.3　指针万用表检测场效应管好坏实战

用指针万用表检测场效应管的方法如图 3-16 所示。

①检测场效应管的好坏也可以使用万用表的R×1k挡。测量前同样须将三只引脚短接放电，以避免测量中产生误差。

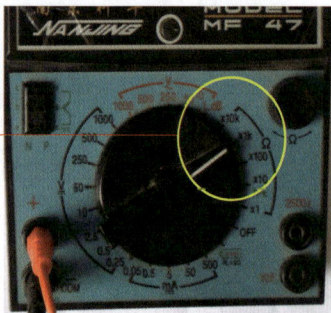

②用万用表的两表笔任意接触场效应管的两只引脚，好的场效应管测量结果应只有一次有读数，并且值在4~8kΩ范围内，其他均为无穷大。
③如果在最终测量结果中测得只有一次有读数，并且为0时，须短接该组引脚重新测量；如果重测后阻值在4~8kΩ范围内则说明场效应管正常；如果有一组数据为0，说明场效应管已经被击穿。

图 3-16　用指针万用表检测场效应管的方法

3.6.4 如何代换损坏的场效应管

场效应管代换方法如图 3-17 所示。

①场效应管损坏后，最好用同类型、同特性、同外形的场效应管更换。如果没有同型号的场效应管，则可以采用其他型号的场效应管代换。
②一般N沟道的与N沟道的场效应管代换，P沟道的与P沟道的场效应管进行代换。
③功率大的可以代换功率小的场效应管。小功率场效应管代换时，应考虑其输入阻抗、低频跨导、夹断电压或开启电压、击穿电压等参数；大功率场效应管代换时，应考虑击穿电压（应为功放工作电压的2倍以上）、耗散功率（应达到放大器输出功率的50%~100%）、漏极电流等参数。

图 3-17　场效应管代换方法

3.7 ▶ 变压器好坏检测实战

变压器是利用电磁感应的原理来改变交流电压的装置，它可以把一种电压的交流电能转换成相同频率的另一种电压的交流电。变压器主要由初级线圈、次级线圈和铁芯（磁芯）组成。其中开关电源电路中主要使用的是开关变压器。

3.7.1 扫码学变压器维修基本知识

电路板中常用变压器，看懂电路图中变压器参数、图形符号等知识请扫码学习。

3.7.2 通过观察外观来检测变压器好坏

通过观察外观来检测变压器的方法如图 3-18 所示。

3.7.3 通过检测变压器绝缘性判断好坏实战

通过检测绝缘性检测变压器的方法如图 3-19 所示。

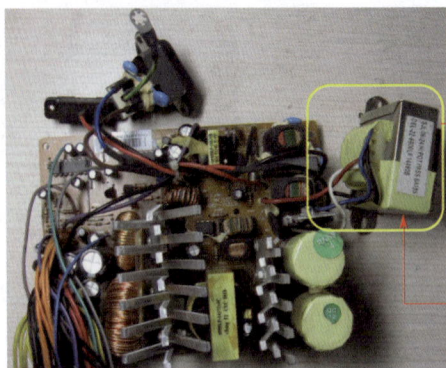

①检测变压器首先要检查变压器外表是否有破损，观察线圈引线是否断裂、脱焊，绝缘材料是否有烧焦痕迹，铁芯紧固螺杆是否有松动，硅钢片有无锈蚀，绕组线圈是否有外露等。如果有这些现象，说明变压器有故障。

②同时在空载加电后几十秒之内用手触摸变压器的铁芯，如果有烫手的感觉，则说明变压器有短路点存在。

图 3-18　通过观察外观来检测变压器的方法

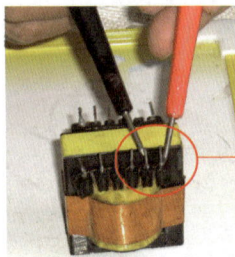

①变压器的绝缘性测试是判断变压器好坏的一种好的方法。测试绝缘性时，将指针万用表的挡位调到R×10k挡，然后分别测量铁芯与初级、初级与各次级、铁芯与各次级、静电屏蔽层与初次级、次级各绕组间的电阻值。

②如果万用表指针均指在无穷大位置不动，说明变压器正常。否则，说明变压器绝缘性能不良。

图 3-19　通过检测绝缘性检测变压器的方法

3.7.4　通过检测变压器绕组通断判断好坏实战

通过检测绕组通断检测变压器的方法如图 3-20 所示。

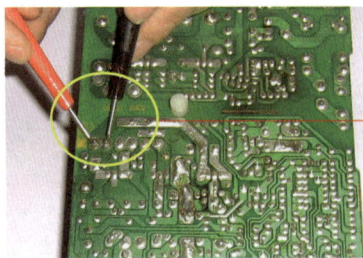

①如果变压器内部绕组发生断路，变压器就会损坏。检测时，将指针万用表调到R×1挡进行测试。

②如果测得某个绕组的电阻值为无穷大，则说明此绕组有断路性故障。

图 3-20　通过检测绕组通断检测变压器的方法

全彩图解
开关电源芯片级维修

3.7.5　如何代换损坏的变压器

电源变压器的代换方法如图 3-21 所示。

①当电源变压器损坏后，可以选用铁芯材料、输出功率、输出电压相同的电源变压器代换。在选择电源变压器时，要与负载电路相匹配，电源变压器应留有功率余量，输出电压应与负载电路供电部分的交流输入电压相同。

②对于电源电路，可选用"E"型铁芯电源变压器。对于高保真音频功率放大器的电源电路，则应选用"C"形变压器或环形变压器。

图 3-21　电源变压器的代换方法

第 4 章
开关电源电路维修
方法和故障检测点

在维修变频电路之前，最好掌握一些开关电源电路维修的常用方法和故障检测点等知识，本章将详细讲解这些维修内容。

4.1　开关电源电路常用维修方法

电路板的常用维修方法有很多，如测电阻法、测电压法等，下面详细介绍一些常用的维修方法。

4.1.1　观察法

观察法是电路板维修过程中最基本、最直接和最重要的一种方法，通过观察电路板的外观以及电路板上的元器件是否异常来检查故障。如图 4-1 所示。

在维修电路板时，首先观察电路板上的电容是否有鼓包、漏液或严重损坏；电阻、电容引脚或焊点是否有异常，表面是否烧焦；芯片是否开裂，电路板上的铜箔是否烧断；各个接口插头、插槽、插座是否歪斜。查看是否有金属导电物掉进电路板上的缝隙里面，查看电路板上各条线路是否有短路、断路。

图 4-1　观察法

4.1.2　串联灯泡法

串联灯泡法是指将一个 60W/220V 的灯泡串接在电源电路板的熔断电阻的两端，然后通过灯泡亮度判断电路板是否有短路故障的方法，同时还可以防止测试时发生"炸板"的现象。如图4-2所示。

当给串入灯泡的电源电路板通电后，由于灯泡有大约800Ω的阻值，可以起到一定的限流作用，不至于立即使电路板中有短路的电路元器件烧坏。如果灯泡很亮，说明电源电路板有短路现象。接下来排除短路故障，排除时根据灯泡的亮度判断故障位置，如果故障排除，灯泡的亮度会变暗。最后，再更换熔断电阻就可以了。

图4-2　串联灯泡法

4.1.3　测电压法

　　测电压法也是电路维修过程中常用且有效的方法之一。电子电路在正常工作时，电路中各点的工作电压表征了一定范围内元器件、电路工作的情况，当出现故障时电压必然发生改变。测电压法运用万用表查出电压异常情况，并根据电压的变化情况和电路的工作原理作出推断，找出具体的故障原因。如图4-3所示为使用万用表检测元器件电压。

测电压法的原理是通过检测电路中某些测试点有无工作电压，电压偏大还是偏小，判断产生电压变化的原因，这个原因也就是故障的原因。电路在正常工作时，各部分的工作电压值是唯一的，当电路出现开路、短路、元器件性能变化等情况，电压值必然会有相应的变化，测电压法就是要检测到这种变化情况，然后加以分析。

图4-3　使用万用表检测元器件电压

4.1.4　测电阻法

　　测电阻法是电路维修过程中常用的方法之一，其主要通过测量元器件阻值大小来大致判断芯片和电子元器件的好坏，以及判断电路中是否有严重短路和断路的情况。短路和断路是电路故障的常见形式。短路通过阻值异常降低的方法判断，断路通过阻值异常升高的方法来判断。判断电路或元件有否短路，粗略的办法是使用万用表蜂鸣挡进行测试，一般当阻值小于20Ω时蜂鸣器会发声。如图4-4所示为使用万用表测量元器件电阻。

一般小阻值元件，如保险管、线圈等可以通过蜂鸣挡来判断好坏，如果没有发出蜂鸣声，则元器件可能出现断路故障。大功率三极管、MOS管等元器件的故障多为短路，检测时，用万用表蜂鸣挡测量元器件引脚间的阻值，如果发出蜂鸣声，则说明出现短路故障。同样对于各组电源正负之间也要检测有无短路。对于各个集成芯片对电源端的短路问题，可以用万用表蜂鸣挡，测试各芯片引脚对电源的正负端之间有无短路。在维修检测时，这些测试工作都是顺手而为，耗不了多少功夫，能起到事半功倍的效果。

图 4-4　使用万用表测量元器件电阻

4.1.5　替换法

替换法就是用好的元器件去替换怀疑有问题的元器件，若故障消失，说明判断正确，否则需要进一步检查、判断。用替换法可以检查电路板中所有元器件的好坏，并且结果一般都是正确无误的。

使用替换法时应重点检测替换故障率最高的元器件，且在替换元器件前，应先检测一下此元器件的供电电压，看是否存在由于供电问题引起的元器件没工作，排除元器件的供电问题后再使用替换法。

4.2 　开关电源电路故障检测点

在检查开关电源电路故障时，要重点检测电路中故障率较高的元器件，这样可以快速找到故障原因。下面总结开关电源电路故障检测点。

4.2.1　故障检测点 1：熔断电阻

当开关电源电路板遭到大电流冲击（如发生电路短路故障）时，会将熔断电阻烧断，从而保护电路中其他元器件。当检测熔断电阻时，可以通过检测其是否发生断路故障来判断好坏。如图 4-5 所示。

4.2.2　故障检测点 2：整流二极管 /PFC 二极管 / 稳压二极管

在检测开关电源电路中的整流二极管或 PFC 二极管或稳压二极管时，可以通过测量二极管的管电压或电阻值来判断好坏。如图 4-6 所示。

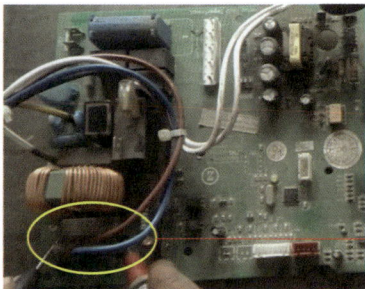

将万用表调到蜂鸣挡，然后将两只表笔接熔断电阻两端测量。正常的阻值应接近0，如果阻值为无穷大，说明熔断电阻已经烧断损坏。

图 4-5　熔断电阻好坏检测

将数字万用表调到二极管挡，然后将红表笔接二极管的正极，黑表笔接负极，测量管电压。正常值为0.4～0.7V。如果测量的值为0，说明二极管击穿损坏；如果测量值为无穷大，说明其内部断路损坏。

图 4-6　二极管好坏检测

4.2.3　故障检测点 3：整流桥堆

开关电源电路中的整流滤波电路中一般采用整流桥堆（单相整流桥堆）进行整流。当检测整流桥堆时，可以通过测量其引脚电压值或测量其内部整流二极管压降来判断好坏。如图 4-7 所示。

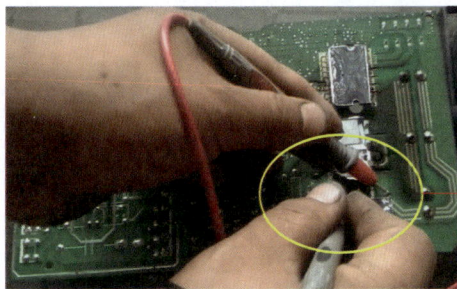

测量时将红表笔接整流桥堆的第4脚（负极），黑表笔分别接第2脚和第3脚，测量压降值；再将黑表笔接第1脚（正极），红表笔分别接第2脚和第3脚，再次测量两个压降值。如果4次测量的压降值都在0.5～1V范围内，说明整流桥堆正常，有一组值不正常，则整流桥堆损坏。

图 4-7　整流桥堆好坏检测

4.2.4　故障检测点 4：滤波电容

开关电源电路的整流滤波电路中的滤波电容比较容易出现鼓包、漏液、短路、容量下降等问题。检测滤波电容时，可以通过测量其阻值来判断好坏。如图 4-8 所示。

①用数字万用表的蜂鸣挡（或指针万用表的 R×1k 挡）在路测量。
②对电容器进行放电（在两只引脚间串接一个阻值大的电阻器），然后将万用表的两只表笔接滤波电容器的两只引脚进行测量。
③如果测量的阻值为 0，说明滤波电容被击穿损坏。
④如果阻值不断变化，最后变成无穷大，说明滤波电容基本正常。如果想准确判断电容器好坏，可以拆下电容器测量其电容量来判断。

图 4-8　滤波电容好坏检测

4.2.5　故障检测点 5：开关管 /PFC 开关管

开关电源电路中的开关管或 PFC 开关管是比较容易损坏的元器件。当怀疑开关管有问题时，可以通过测量其引脚间的阻值或管压降来判断好坏，如图 4-9 所示。

开关管发生故障时，一般都是被击穿。因此可以通过测量其引脚间阻值来判断好坏。将数字万用表调到蜂鸣挡，然后两只表笔分别接三只引脚中的任意两只，如果测量的电阻值为 0，蜂鸣器发出报警声，则说明开关管有问题。

图 4-9　开关管好坏检测

提示　　另外还可以测量开关管源极（S）和漏极（D）之间的压降。将数字万用表调到二极管挡，然后红表笔接 S 极，黑表笔接漏极 D，测量压降。正常值为 0.4 ～ 0.7V。如果压降不正常，则开关管损坏。

4.2.6　故障检测点 6：热敏电阻

检测开关电源电路的热敏电阻时，可以通过测量其阻值来判断好坏。如图 4-10

全彩图解
开关电源芯片级维修

所示。

一般开关电源电路中采用阻值为10Ω左右的热敏电阻（具体阻值查看热敏电阻标注）。测量时，先将数字万用表挡位调到200欧姆挡，然后两只表笔接热敏电阻的两只引脚测量阻值。如果测量的阻值为无穷大，说明热敏电阻烧断损坏，如果阻值为0，说明热敏电阻短路损坏。

图 4-10　热敏电阻好坏检测

4.2.7　故障检测点7：电源控制芯片

电源控制芯片（PWM）好坏检测方法如图 4-11 所示（以 UC3842 为例）。

①应判断一下开关电源的电源控制芯片是否处在工作状态，是否已经损坏。判断方法为：加电测量UC3842的第7脚（VCC工作电源）和第8脚（VREF基准电压输出）电压，若第8脚有+5V电压，且第1、2、4、6脚也有不同的电压，则说明芯片已起振，是正常的。

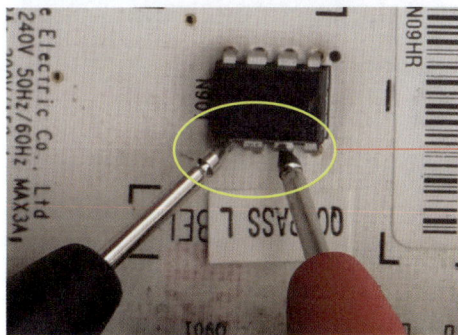

②若第7脚电压低（芯片启动后，第7脚电压由第8脚的恒流源提供），其余引脚无电压，则UC3842芯片可能损坏。断电的情况下，用数字万用表20k欧姆挡测量UC3842芯片第6、7脚，第5、7脚，第1、7脚间的阻值（一般在10kΩ左右）。如果阻值很小（几十欧）或为0，则说明UC3842芯片损坏。

图 4-11　电源控制芯片好坏检测

4.2.8　故障检测点8：集成式电源控制芯片

有些开关电源电路采用集成式电源控制芯片，即集成开关管和电源控制电路的芯片，其好坏检测方法如图 4-12 所示。

断电情况下用万用表二极管挡检测集成式电源管理芯片（集成开关管）的VDD端与S端间的管电压，正常为0.5V左右。如果为0，则是击穿损坏。接着测量电源芯片连接的二极管的管电压，正常也为0.5V左右。然后用万用表电阻挡检测电源管理芯片连接的取样电阻是否有短路或断路故障，滤波电容是否被击穿。如果有问题，更换故障元器件。

图4-12　集成式电源控制芯片好坏检测

4.2.9　故障检测点9：开关变压器

开关变压器是开关电源电路中的重要元器件之一，当怀疑开关变压器有问题时，可以通过测量其绕组的阻值及检测其绝缘性来判断好坏，如图4-13所示。

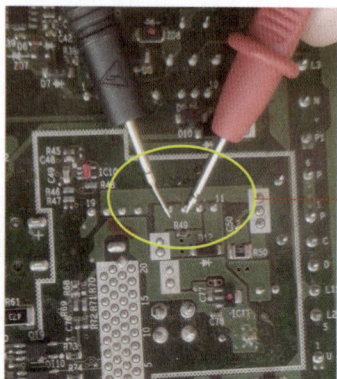

①通过检测变压器的绝缘性来判断变压器好坏。先将指针万用表的挡位调到R×10k挡，然后分别测量铁芯与初级、初级与各次级、铁芯与各次级、静电屏蔽层与初次级、次级各绕组间的电阻值。如果万用表指针均指在无穷大位置不动，说明变压器正常。否则，说明变压器绝缘性能不良。
②通过检测变压器内部绕组是否断路判断变压器好坏。检测时，将指针万用表调到R×1挡，然后测量各个绕组的阻值，如果测量某个绕组的阻值为无穷大，则说明此绕组有断路故障。

图4-13　开关变压器好坏检测

4.2.10　故障检测点10：快恢复二极管

在开关电源电路的输出电路中，快恢复二极管是易坏元器件之一（快恢复二极管中集成了两个整流二极管），在检测快恢复二极管时，可以通过测量快恢复二极管的管电压来判断好坏。如图4-14所示。

4.2.11　故障检测点11：TL431精密稳压器

在稳压电路中精密稳压器（如TL431）有着非常重要的作用，如果损坏通常会造成输出电压不正常。常见精密稳压器引脚图如图4-15所示，精密稳压器好坏判断方法如图4-16所示。

快恢复二极管　　　　快恢复二极管内部结构

快恢复二极管是一种开关特性好、反向恢复时间短、反向击穿电压（耐压值）较高的半导体二极管。它的正向导通压降为0.8～1.1V，反向恢复时间为35～85ns。

将数字万用表调到二极管挡，然后将红表笔分别接快恢复二极管的两个正极（即两边的两只引脚），黑表笔接负极（即中间的引脚），测量压降。若测量的值为0.1~0.3V，说明快恢复二极管正常；如果测量的值为0或无穷大，说明其损坏。

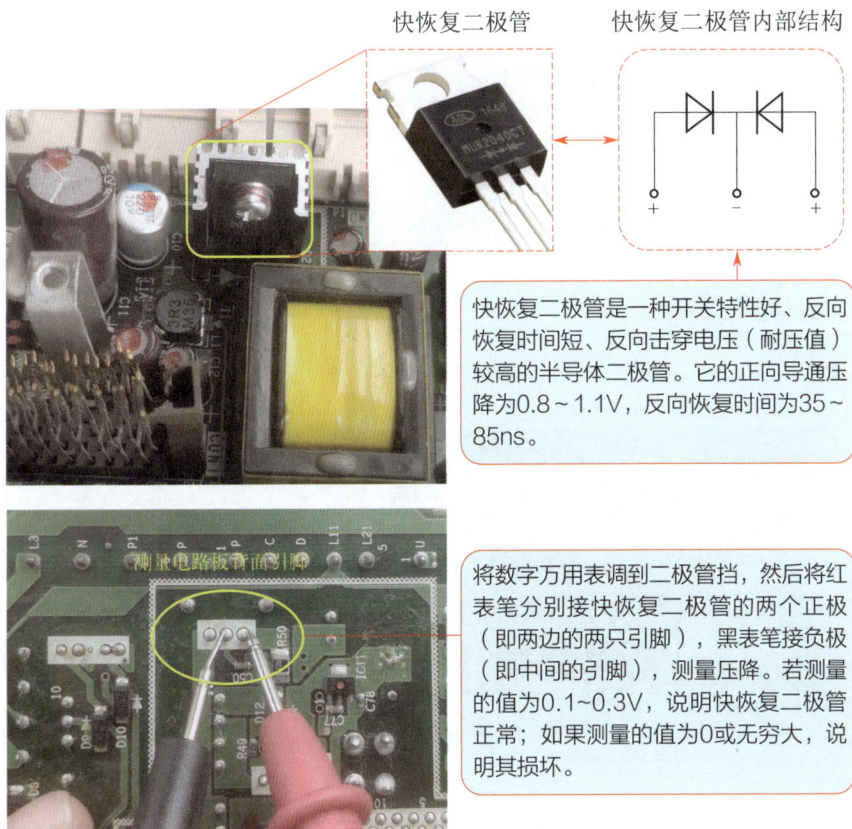

图4-14　快恢复二极管好坏检测

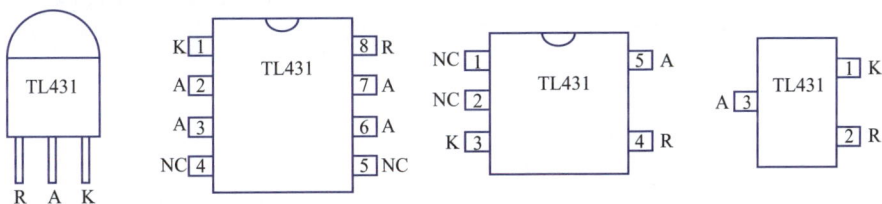

图4-15　常见精密稳压器引脚图

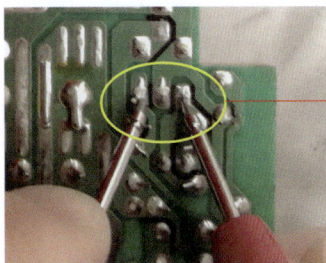

①将数字万用表调到欧姆20k挡，将红表笔接精密稳压器的参考极R，黑表笔接阴极K，测得的阻值正常为无穷大；互换表笔测得的阻值正常为11kΩ左右。
②将红表笔接精密稳压器的阳极A，黑表笔接阴极K，测得的阻值正常为无穷大；互换表笔测得的阻值正常为8kΩ左右。

图4-16　精密稳压器好坏检测

4.2.12 故障检测点 12：光耦合器

当检测开关电源电路的光耦合器时，可以测量其内部的发光二极管的管电压是否正常来判断好坏，如图 4-17 所示。

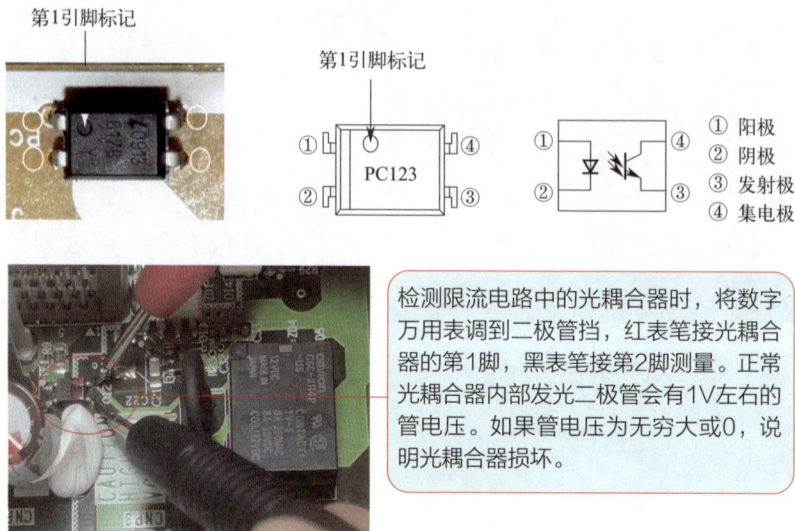

第1引脚标记

第1引脚标记

① ④
② ③
PC123

① ④
② ③

① 阳极
② 阴极
③ 发射极
④ 集电极

检测限流电路中的光耦合器时，将数字万用表调到二极管挡，红表笔接光耦合器的第1脚，黑表笔接第2脚测量。正常光耦合器内部发光二极管会有1V左右的管电压。如果管电压为无穷大或0，说明光耦合器损坏。

图 4-17　光耦合器好坏检测

4.2.13 故障检测点 13：继电器

正常的伺服驱动器在开机上电时，会听见"啪哒"或"哐"的继电器吸合的声音，如果没有声音，则说明继电器有问题。当检测继电器时，可以通过测量继电器线圈和触点的阻值来判断好坏，如图 4-18 所示。

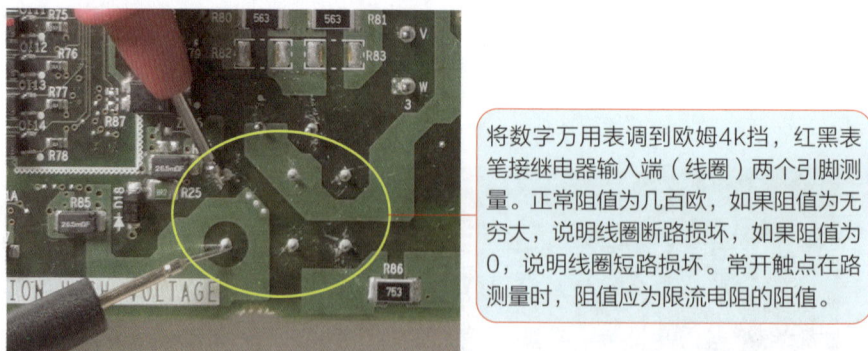

将数字万用表调到欧姆4k挡，红黑表笔接继电器输入端（线圈）两个引脚测量。正常阻值为几百欧，如果阻值为无穷大，说明线圈断路损坏，如果阻值为0，说明线圈短路损坏。常开触点在路测量时，阻值应为限流电阻的阻值。

图 4-18　继电器好坏检测

4.3 ▶ 开关电源电路常见故障维修思路

开关电源电路经常会出现开机无输出、输出电压不稳定等故障，如果掌握常见故障的维修方法，就可以修复一大半的故障，本节将总结开关电源电路常见故障的维修思路。

4.3.1 开关电源电路无输出故障维修思路

（1）在断电情况下检测

断电情况下检查方法如下。

① 在断电状态下检查电源电路板中有无明显损坏的元器件。如图 4-19 所示。

打开电源的外壳，先观察电源电路板中有无烧黑、炸裂、鼓包、漏液等明显损坏的元器件。如果有，则故障与损坏元器件所在电路有关系，重点检查损坏的元器件所在的电路及前级电路中的关键元器件。

图 4-19　检查电源电路板中的元器件

② 检测保险电阻是否熔断，如果熔断，说明电路中存在严重的短路故障，重点检查电路中的整流二极管、整流桥堆、滤波电容、开关管、取样电阻等元器件；如果保险电阻没有熔断，则用万用表测量 AC 电源线两端的正反向电阻，如图 4-20 所示。

将万用表调到欧姆400k挡，然后测量交流电源线输入接口两端的正反向阻值，正常时其阻值应能达到100kΩ以上；如果阻值过低，说明电源内部存在短路，应该重点检查大容量电容器、开关管及PFC开关管等关键元器件。

图 4-20　检测电路中有无短路问题

③ 拆下直流输出部分负载进行检查，分别测量各组输出电压的对地阻值，如图 4-21 所示。

将数字万用表调到二极管挡，红表笔接地，黑表笔接供电引脚，测量电压输出端对地阻值。如果阻值为0或很低，则开关电源电路中有短路的元器件，如整流二极管反向击穿等。

图 4-21　测量输出端对地阻值

（2）在加电情况下检测

加电前先在保险电阻两端连接一个 60W 的灯泡，防止电路中有未发现的短路故障引起炸元器件。加电检测方法如下。

① 通电后观察灯泡亮度变化来判断电路板中是否有短路问题。正常灯泡应该闪一下后熄灭，如果灯泡一直亮，说明电路中有短路问题，应检查电路中的一些关键元器件。如果灯泡点亮正常，接着测量电路中的几个关键电压，如图 4-22 所示。

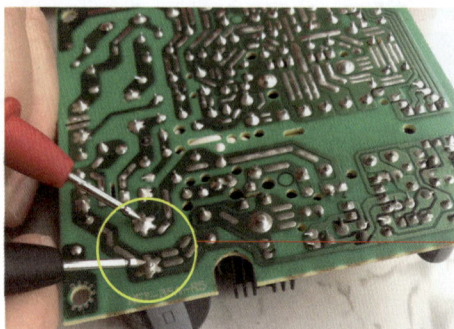

将万用表调到直流电压1000V挡，测量5V、12V等输出电压。如果电压偏低或偏高，则检查稳压电路中的取样电阻、精密稳压器、光耦合器等关键元器件。如果输出电压为0，则检测整流滤波电路中滤波电容两端的310V电压及PFC滤波电容两端的380V电压是否正常。

图 4-22　测量输出电压

② 如果整流滤波电路中 310V 电压不正常，则重点检查 EMI 滤波电路中的滤波电容、压敏电阻等，以及整流滤波电路中的整流二极管或整流桥堆、滤波电容。如果 310V 电压正常，接着检测开关振荡电路，如图 4-23 所示。

断电情况下，重点检查开关管是否被击穿损坏，PWM控制芯片的供电电压是否正常，5V基准电压是否正常，开关管连接的取样电阻是否损坏，开关变压器的绕组是否有断路问题。

图4-23　检测开关振荡电路

③ 如果开关振荡电路中的关键元器件均正常，接着检测输出整流滤波电路，如图4-24所示。

断电情况下，用万用表二极管挡检测整流二极管是否损坏，用蜂鸣挡检测滤波电容、电感是否损坏。

图4-24　检测输出整流滤波电路

④ 如果电源启动一下就停止，可直接测量PWM芯片保护输入脚的电压。如果电压超出规定值，则说明电源处于保护状态下，应重点检查产生保护的原因。重点检查保护电路中的光耦合器、TL431及取样电阻等元器件。

4.3.2　开关电源保险管烧断故障维修思路

一般情况下，保险管烧断说明开关电源的内部电路存在短路或过流的故障。由于开关电源工作在高电压、大电流的状态下，直流滤波和变换振荡电路在高压状态工作时间太长，电压变化相对大。电网电压的波动、浪涌都会引起电源内电流瞬间增大而使保险管烧断。

一般情况下，保险管发生熔断故障时，整流二极管或整流桥堆、滤波电容、开关管、PWM 控制芯片损坏的概率可达 95% 以上，一般着重检查这些元器件，就可很容易排除此类故障。如图 4-25 所示。

对于保险管烧断的故障，用万用表的蜂鸣挡重点检查EMI滤波电路中的滤波电容、压敏电阻，整流滤波电路中的整流二极管或整流桥堆、高压滤波电容，开关振荡电路中的开关管、开关管连接的取样电阻、电源控制芯片本身及外围元器件等是否短路损坏。

图 4-25　开关电源保险管烧断故障维修思路

需要说明的一点是：在路测量有可能会使测量结果有误，造成误判。因此必要时可把可疑元器件拆焊下来再进行测量。如果仍然没有发现短路问题，则测量输入电源线及输出电源线是否发生内部短路。

4.3.3　电源带负载能力差故障维修思路

电源带负载能力差是一个常见的故障，一般出现在老式或工作时间长的开关电源电路中，主要原因是各元器件老化、开关管工作不稳定、没有及时进行散热等。此外还有稳压二极管发热漏电、整流二极管损坏等。

故障维修思路如图 4-26 所示。

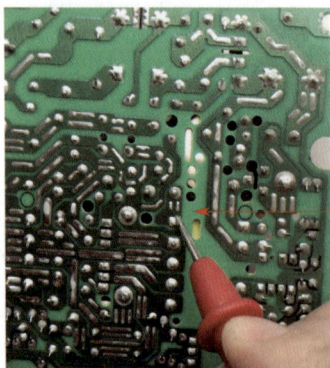

①仔细检查一下电路板上的所有焊点是否有开焊、虚接等现象。如果有，把开焊、虚接的焊点重新焊牢。

②用万用表着重检查整流二极管、高压滤波电容、限流电阻、开关管有无老化、性能下降等，并更换变质的元器件，一般故障即可排除。

图 4-26　电源负载能力差故障维修思路

4.3.4　有直流电压输出但输出电压过高故障维修思路

这种故障往往是过压保护电路出现故障所致，重点检查过压保护电路中的关键元器件。

故障维修思路如图 4-27 所示。

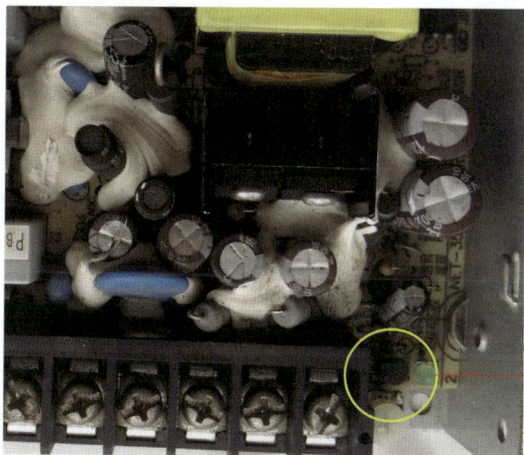

由于开关电源中有过压保护电路，输出电压过高首先会使过压保护电路动作。而过压保护电路出现故障，会使输出电压过高。对于这种故障，应重点检查过压保护电路中的取样电阻是否发生阻值变化或损坏，精密稳压放大器（TL431）或光耦合器是否性能不良、变质或损坏。

图 4-27　输出电压过高故障维修思路

4.3.5　有直流电压输出但输出直流电压过低故障维修

对于这种故障现象，根据维修经验可知，除稳压控制电路会引起输出电压过低外，还可能是电路中的电容、电阻等元器件性能不良引起的。

此故障的维修思路如图 4-28 所示。

①检查电网电压是否过低。虽然开关电源在低压下仍然可以输出额定的电压值，但当电网电压低于开关电源的最低电压限定值时，也会使输出电压过低。

②测量稳压电路中的精密稳压器、光耦合器等元器件是否性能不良或损坏。如通过测量精密稳压器引脚间的电阻值来判断。

③检查开关电源负载是否有轻微短路问题。此时应断开开关电源电路的所有负载测量输出电压。若断开负载电路电压输出正常，说明负载有故障；若仍不正常，说明开关电源电路有故障。

④开关管性能下降会使开关管导通截止不正常，使开关电源内阻增加，带负载能力下降，导致输出电压过低。可以用代换法检测开关管性能。

⑤输出电压端整流二极管、滤波电容损坏或性能下降等也会导致输出电压低，可以通过代换法进行判断。

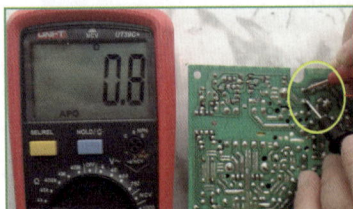

⑥开关管的源极(S极)，通常接一个阻值很小、功率很大的电阻，作为过流保护检测电阻，此电阻的阻值一般在0.2～0.8Ω之间。此电阻若发生阻值变化或开焊、接触不良也会造成输出电压过低的故障。测量时用万用表欧姆200挡。

⑦如果开关变压器性能不良，不但会造成输出电压下降，还会造成开关管激励不足而屡损开关管。可以通过变压器绝缘性检测来判断。测量时将数字万用表调到欧姆200k挡，两只表笔接变压器两极的引脚。

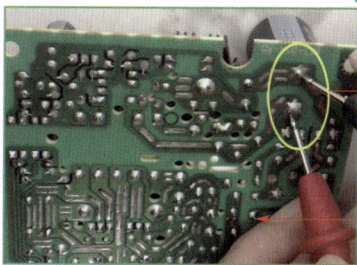

⑧如果310V直流滤波电容性能不良，会造成电源带负载能力差，一接负载输出电压便下降。可以通过测量滤波电容的引脚的电压值来判断其好坏。

⑨电源输出线接触不良，有一定的接触电阻，也会造成输出电压过低，注意检查输出线。

图4-28　输出直流电压过低故障维修

第 5 章

液晶电视机开关
电源电路故障维修实战

在液晶电视机维修过程中，我们发现故障率最高的是开关电源电路，因此掌握开关电源电路故障的维修方法就可以维修液晶电视机大部分故障。本章将重点讲解液晶电视机开关电源电路中易坏芯片元器件、故障检测点、故障检修流程图、常见故障维修和故障维修实战案例等内容。

5.1 ▶ **看图识液晶电视机电源电路板芯片电路**

液晶电视机开关电源电路的功能主要是将 220V 市电进行滤波、整流、降压和稳压后输出一路或多路低压直流电压。从外观看，开关电源电路一般位于液晶电视的中间部位，电路板上通常加有散热片，如图 5-1 所示为液晶电视开关电源电路。

从电路结构上来看，液晶电视开关电源电路主要由 EMI 滤波电路、桥式整流滤波电路、PFC 电路（功率因数校正电路）、主开关振荡电路、主开关变压器、副开关振荡电路、副开关变压器、次级整流滤波电路、稳压控制电路等组成。如图 5-2 所示为开关电源电路的组成框图。

液晶背光灯驱动电路板

开关电源电路板

控制电路板

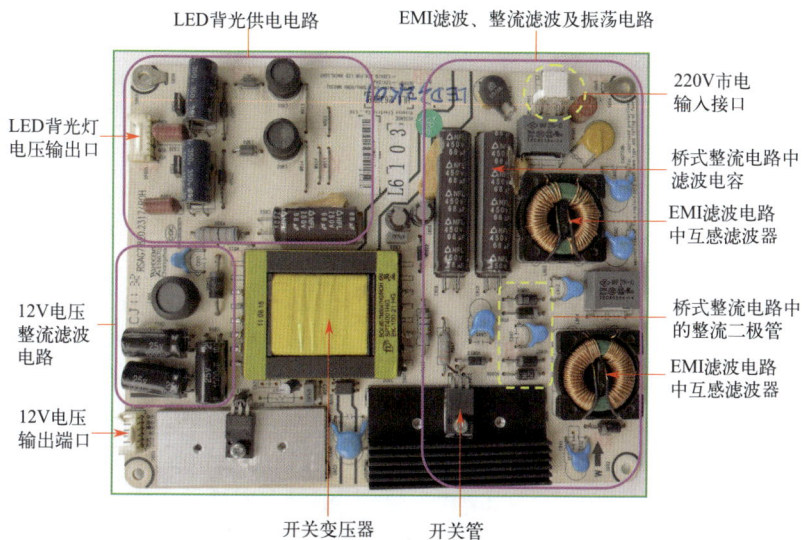

图 5-1　液晶电视开关电源电路

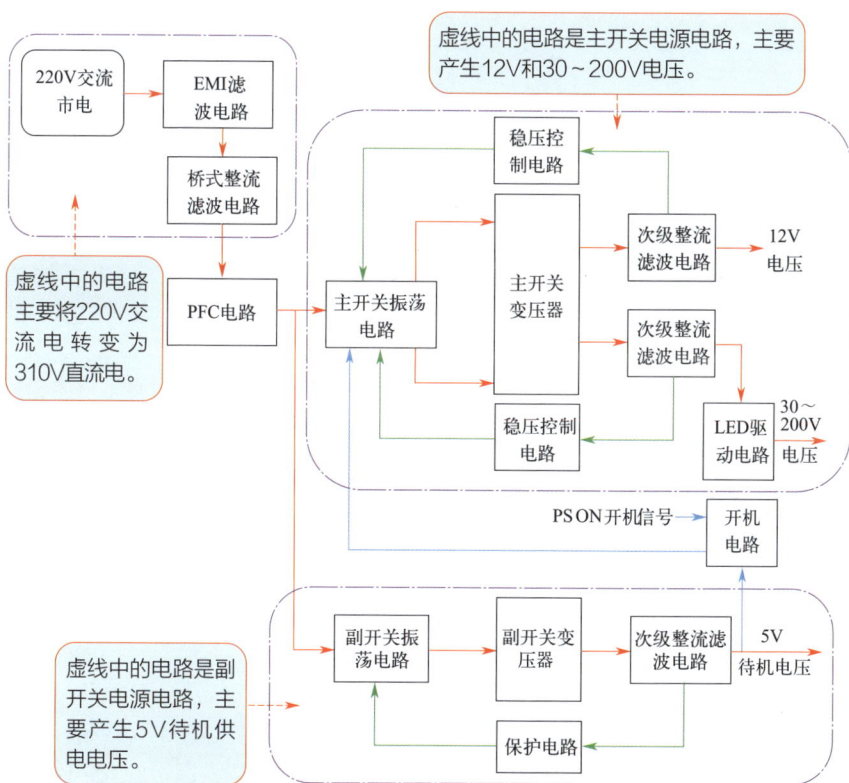

图 5-2　开关电源电路的组成框图

5.2 液晶电视机开关电源电路易坏芯片元器件

液晶电视机的开关电源电路易坏元器件主要有：整流二极管、熔断电阻、滤波电容、开关管、取样电阻、PWM控制芯片、开关变压器、光耦合器、精密稳压器等，如图5-3所示。

图5-3 开关电源电路易坏元器件

5.3 液晶电视机开关电源电路故障检测点

由于开关电源电路工作在高压、大电流及高温的环境中，一些部件的故障率较高，如整流二极管、整流桥堆、滤波电容、开关管、取样电阻、PWM控制芯片、快恢复二极管等，因此在检测开关电源电路故障时，可以重点检测这些易坏元器件，来帮助查找故障原因。下面总结液晶电视机开关电源电路的故障检测点。

5.3.1 开关电源电路各功能电路位置以及电压检测点

如图5-4所示，将开关电源电路中各主要功能电路采用框注的方式进行标注，同时注明功能电路的关键电压检测点，根据检测点的信号去判断各功能电路是否工作正常。

5.3.2 开关电源电路关键电压检测点

在诊断开关电源电路故障时，可以通过测量电路中关键电压信号来排查故障发生在哪个功能电路中。如通过测量整流滤波电路中滤波电容的310V直流电压是否正常，来判断EMI滤波电路和整流滤波电路是否工作正常，以此来缩小故障排查区域，快速找到故障点。如图5-5所示为液晶电视机开关电源电路关键电压检测点。

开关振荡电路检测点：
①PWM控制芯片输入电压（正常为直流12~16V）；
②PWM控制芯片基准电压（正常为5V左右）；
③PWM控制芯片输出电压（正常为3V左右）。

输出整流滤波电路检测点：5V输出电压（正常为5V左右）。

输出滤波电路检测点：
①12V输出电压；②LED输出电压（正常为100V左右）。

稳压电路检测点：
取样电压（正常为2.5V左右）。

整流滤波电路检测点：
整流电压（正常为直流310V左右）。

EMI滤波电路检测点：
滤波后电压（正常为交流220V左右）。

PFC电路检测点：
①PFC控制芯片输入电压（正常为直流12~16V）；②PFC输出电压（正常为直流380V）。

图5-4　各功能电路位置以及电压检测点

故障检测点2：整流电压。通电测量滤波电容电压（正常为310V左右）。

故障检测点3：PFC电压。通电测量PFC滤波电容电压（正常为380V左右）。

故障检测点4：5V输出电压。通电测量输出端口5V输出电压。

故障检测点5：12V输出电压。通电测量输出端口12V输出电压。

故障检测点7：基准电压。通电测量PWM控制芯片基准电压（正常为5V）。

故障检测点1：输入电压。通电测量输入接口电压（正常为交流220V）。

故障检测点6：供电电压。通电测量PWM控制芯片供电脚电压（一般为12~16V）。

图5-5　液晶电视机开关电源电路关键电压检测点

5.3.3　开关电源电路关键元器件检测点

在检查液晶电视机开关电源电路故障时，要重点检测电路中故障率较高的元器件，这样可以快速找到故障原因。下面总结液晶电视机开关电源电路关键元器件检测点（关键元器件检测实战具体内容参考第 3 章）。如图 5-6 所示为液晶电视机开关电源电路关键元器件检测点。

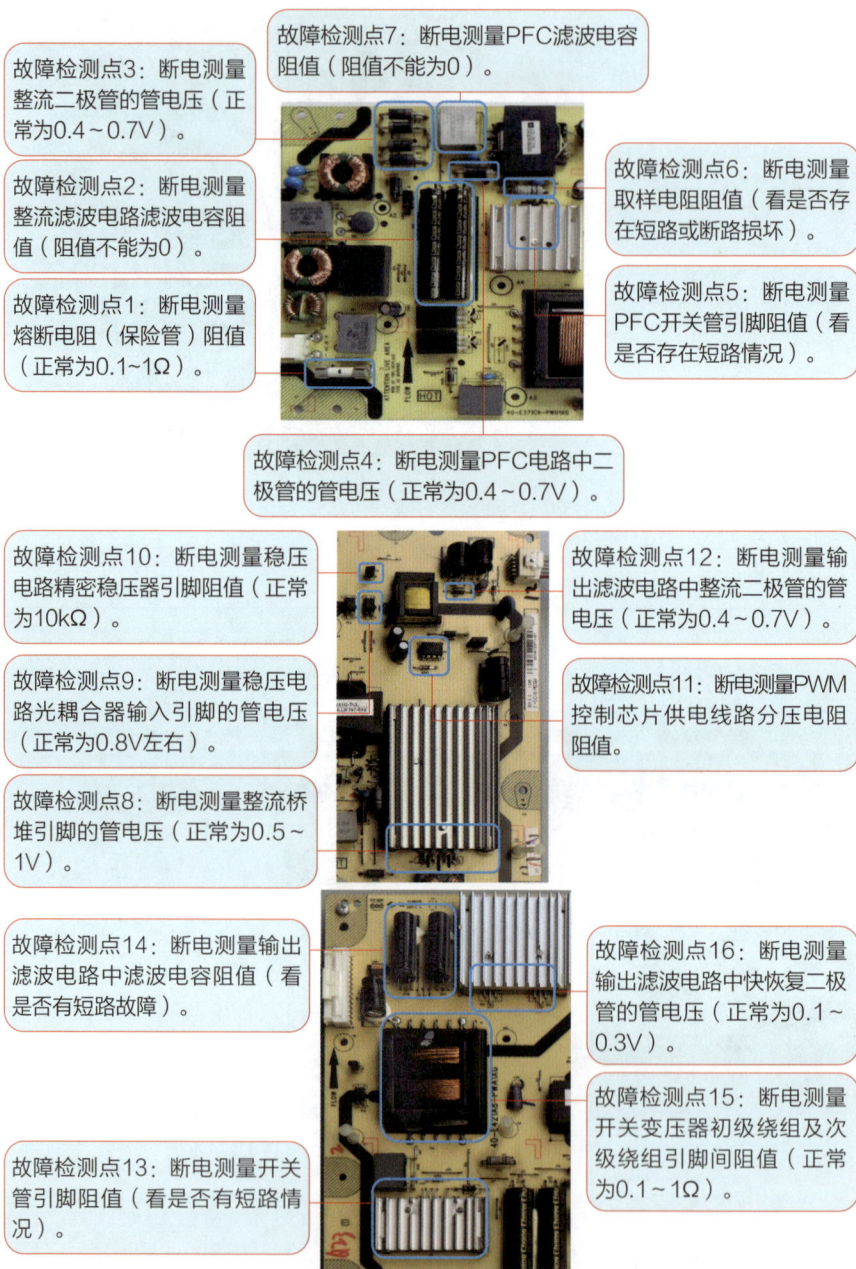

故障检测点3：断电测量整流二极管的管电压（正常为0.4~0.7V）。

故障检测点7：断电测量PFC滤波电容阻值（阻值不能为0）。

故障检测点2：断电测量整流滤波电路滤波电容阻值（阻值不能为0）。

故障检测点6：断电测量取样电阻阻值（看是否存在短路或断路损坏）。

故障检测点1：断电测量熔断电阻（保险管）阻值（正常为0.1~1Ω）。

故障检测点5：断电测量PFC开关管引脚阻值（看是否存在短路情况）。

故障检测点4：断电测量PFC电路中二极管的管电压（正常为0.4~0.7V）。

故障检测点10：断电测量稳压电路精密稳压器引脚阻值（正常为10kΩ）。

故障检测点12：断电测量输出滤波电路中整流二极管的管电压（正常为0.4~0.7V）。

故障检测点9：断电测量稳压电路光耦合器输入引脚的管电压（正常为0.8V左右）。

故障检测点11：断电测量PWM控制芯片供电线路分压电阻阻值。

故障检测点8：断电测量整流桥堆引脚的管电压（正常为0.5~1V）。

故障检测点14：断电测量输出滤波电路中滤波电容阻值（看是否有短路故障）。

故障检测点16：断电测量输出滤波电路中快恢复二极管的管电压（正常为0.1~0.3V）。

故障检测点15：断电测量开关变压器初级绕组及次级绕组引脚间阻值（正常为0.1~1Ω）。

故障检测点13：断电测量开关管引脚阻值（看是否有短路情况）。

图 5-6　液晶电视机开关电源电路关键元器件检测点

全彩图解
开关电源芯片级维修

5.4 ▶ 液晶电视机开关电源电路故障诊断流程图

液晶电视机开关电源电路常见故障主要表现为开机电源指示灯不亮或无显示等。液晶电视机开关电源电路故障的原因可能是保险管烧坏、滤波电容损坏、开关管损坏、整流桥堆损坏、取样电阻损坏等。如图 5-7 所示为液晶电视机开关电源电路故障检修流程图。

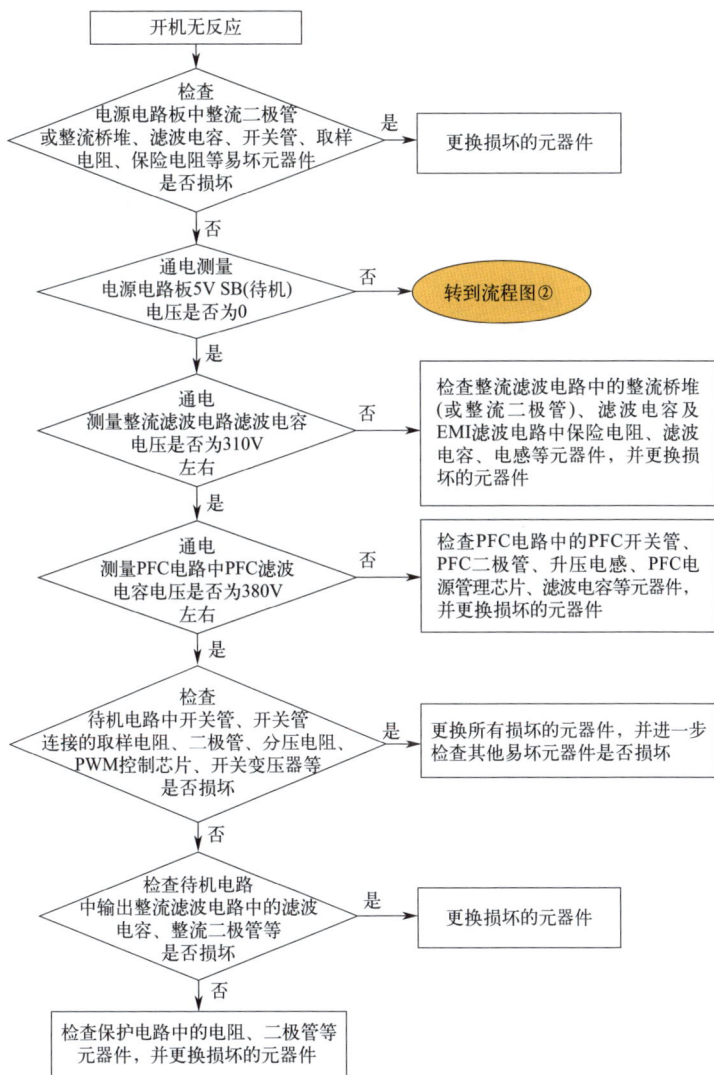

图 5-7

流程图②

5V SB电压是否正常 —否→ 检查5V SB稳压电路中的取样电阻、精密稳压器和光耦合器等元器件，并更换损坏的元器件

是

转到流程图③ ←

PS ON开机电压是否正常 —否→ 检查主板处理器电路

是

检查开机控制电路(PS ON电路)中光耦合器、开机三极管、电阻、电容等元器件，并更换损坏的元器件

流程图③

通电测量电源电路板12V电压是否为0 —否→ 检查12V稳压电路中的取样电阻、精密稳压器和光耦合器等元器件，并更换损坏的元器件

是

通电测量主开关电源电路中PWM控制芯片供电电压是否正常 —否→ 检查供电电路中的分压电阻，同时检测开机控制电路(PS ON电路)中光耦合器、开机三极管、电阻、电容等元器件，并更换损坏的元器件

是

检查主开关电路中开关管、开关管连接的取样电阻、二极管、PWM控制芯片，开关变压器等是否损坏 —是→ 更换所有损坏的元器件，并进一步检查其他易坏元器件是否损坏

否

检查主开关电路中输出整流滤波电路中的滤波电容、整流二极管等是否损坏 —是→ 更换损坏的元器件

否

检查保护电路中的电阻、二极管等元器件，并更换损坏的元器件

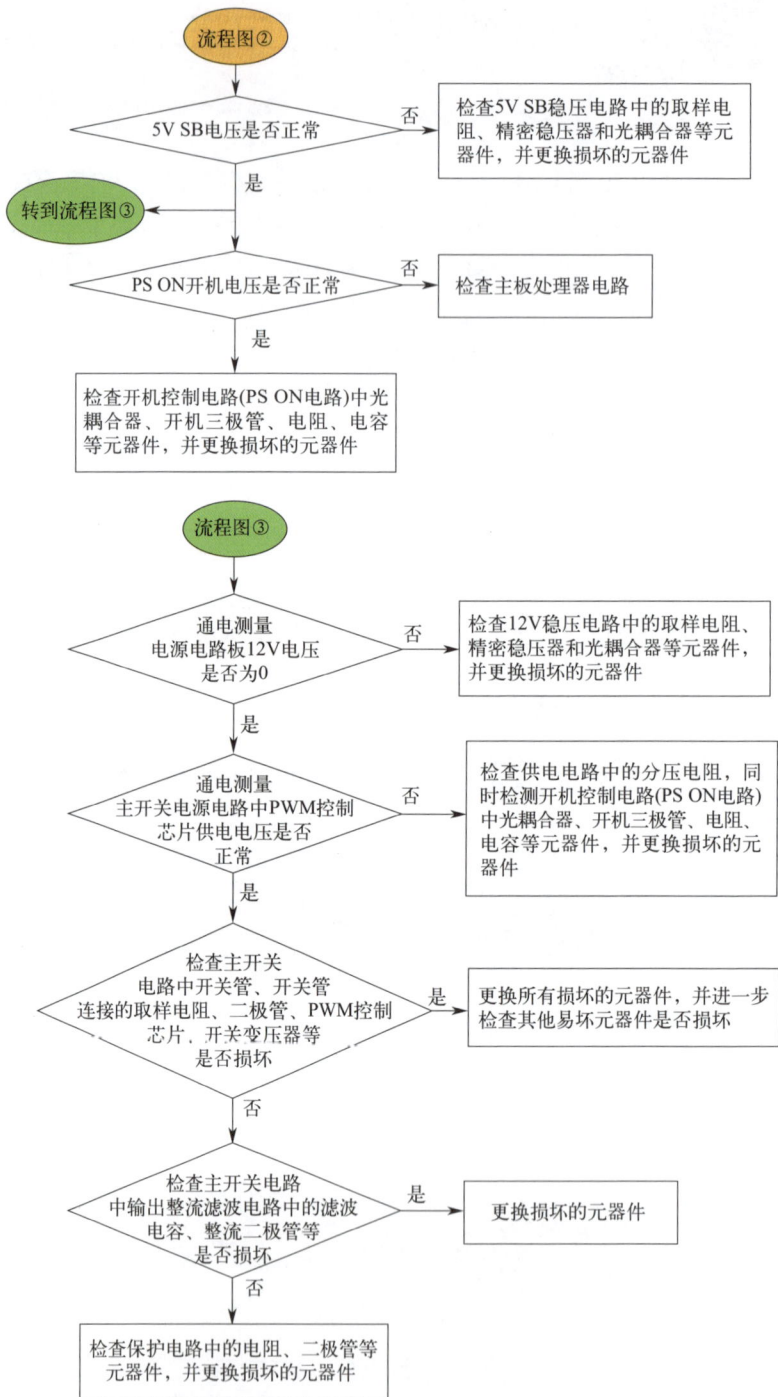

图5-7 液晶电视机开关电源电路故障检修流程图

5.5 快速诊断液晶电视机开关电源电路常见故障

如果液晶电视无法开机，应先检测副开关电源电路输出的 5V 待机电压是否正常，如果 5V 待机电压正常，启动之后再测量主开关电源电路输出的 12V 电压；如果 5V 待机电压不正常，应先检查副开关电源电路中的问题。

当液晶电视的开关电源电路出现故障，无电压输出时，按照下面的方法进行检修。

① 检查开关电源电路板中有无明显损坏的元器件，如图 5-8 所示。

重点检查保险电阻、滤波电容、开关管等有无发黑、漏液等故障现象，如果有，则重点检查损坏的元器件所在的电路及其前级电路中的元器件。

图 5-8　检测电路板中元器件

② 给保险电阻两端串联一个灯泡（防止通电后炸开关管），然后给电源电路板通电进行检测，如图 5-9 所示。

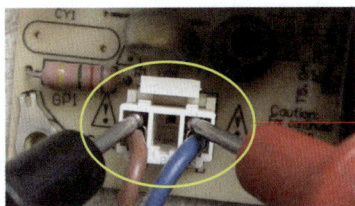

将万用表调到交流电压750V挡，将黑表笔接电源接口的N端，红表笔接电源接口的L端，测量220V电压。如果电压不正常，则电源接口虚焊，需要重新进行加焊。

图 5-9　检测电源输入插座

③ 通电测量电源电路板 5V 待机电压，如图 5-10 所示。

将万用表调到直流电压20V挡，红黑两只表笔接副开关电源电路中输出整流滤波电路中的电感或滤波电容两端，测量5V待机电压。如果5V待机电压正常，跳到第⑩步；如果测量的电压值偏低或偏高，则检查副开关电源电路中稳压电路中的取样电阻、精密稳压器及光耦合器的好坏，并更换损坏的元器件。

图 5-10　通电测量 5V 待机电压

④ 如果 5V 待机电压为 0，则测量桥式整流滤波电路中滤波电容两端 310V 电压，如图 5-11 所示。

将数字万用表调到直流电压1000V挡，将黑表笔接电容的负极，红表笔接电容的正极，测量直流电压，正常为310V左右。

图 5-11　测量 310V 直流电压

⑤ 如果 310V 直流电压为 0，则断电检测 EMI 滤波电路和桥式整流滤波电路中的元器件，如图 5-12 所示。

用万用表二极管挡测量整流滤波电路中的整流桥堆或整流二极管的管电压，正常为0.4～1.2V。接着用万用表的蜂鸣挡检测这两个电路中的保险电阻、滤波电容、电感等元器件，如果有损坏的元器件，更换即可。

图 5-12　检测 EMI 滤波电路和桥式整流滤波电路中的元器件

⑥ 如果④中测量的 310V 直流电压正常，则通电检测 PFC 电路中的滤波电容两端的电压，如图 5-13 所示。

用万用表直流电压1000V挡测量PFC电容器两端的电压，正常值为380V左右。如果电压不正常，将万用表调到二极管挡，检查PFC电路中的PFC开关管、PFC二极管，用万用表蜂鸣挡检测PFC升压电感、PFC电源管理芯片、滤波电容等元器件，并更换损坏的元器件。

图 5-13　检测 PFC 电路

⑦ 如果 PFC 电路输出电压正常，则检测 5V 待机电路中的开关振荡电路，如图 5-14 所示。

断电状态下，用万用表二极管挡检测副开关电源电路中的集成式电源管理芯片（集成开关管）的 VDD 端与 S 端间的管电压，正常为 0.5V 左右。如果为 0，则是击穿损坏；接着测量电源芯片连接的二极管的管电压，正常也为 0.5V 左右。然后用万用表电阻挡检测电源管理芯片连接的取样电阻是否有短路或断路故障，滤波电容是否被击穿，开关变压器绕组是否断路。如果有问题，更换故障元器件。

图 5-14　检测开关振荡电路

⑧ 如果 5V 待机电路中的开关振荡电路正常，则检测 5V 待机电路中的输出电路，如图 5-15 所示。

在断电情况下，用万用表二极管挡检测 5V 待机电路的输出电路中整流二极管的管电压，正常为 0.5V 左右。再用蜂鸣挡检测滤波电容，如果阻值为 0，说明滤波电容击穿损坏。如果有问题，更换故障元器件。

图 5-15　检测输出电路

⑨ 若 5V 待机电路的整流滤波电路正常，再检测保护电路，如图 5-16 所示。

将万用表调到蜂鸣挡，红黑表笔分别接保护电路中的取样电阻及精密稳压器的引脚，检测它们有无短路损坏。如果有损坏，更换即可。

图 5-16　检测保护电路

⑩ 如果测量的 5V 待机电压正常，说明 EMI 滤波电路、整流滤波电路、PFC 电路均正常，接着检测输出接口中的 12V 供电电压是否正常。如图 5-17 所示。

将万用表调到直流电压20V挡，红黑两只表笔接主开关电源电路的输出端口中12V电压输出端和接地端，测量12V电压。如果测量的电压值偏低或偏高，则检查主开关电源电路中稳压电路中的取样电阻、精密稳压器及光耦合器的好坏，并更换损坏的元器件。

图 5-17　测量 12V 供电电压

⑪ 如果 12V 供电电压为 0，由于 5V 待机电压正常，说明 EMI 滤波电路、整流滤波电路、PFC 电路均正常，故障可能是主开关电源电路中开关振荡电路或输出整流滤波电路问题引起的。接着先通电检测主开关电源电路中的 PWM 控制芯片的启动引脚是否有启动电压，如图 5-18 所示。

将万用表调到直流电压20V挡，将红表笔接PWM芯片的VCC引脚，黑表笔接芯片的GND引脚，测量启动电压。如果启动电压不正常，再用万用表的电阻挡检测启动电阻，若损坏则更换启动电阻。

图 5-18　测量启动电压

⑫ 如果 PWM 控制芯片的启动电压正常，则检测开关振荡电路中其他元器件，如图 5-19 所示。

断电情况下，用万用表二极管挡检测开关管的任意两只引脚间的管电压，如果为0，则是被击穿，正常其中会有一组的管电压为0.5V左右。接着测量开关管连接的二极管的管电压，正常也为0.5V左右。然后用万用表电阻挡检测开关管连接的取样电阻是否有短路或断路故障。再测量开关变压器绕组间的阻值是否为无穷大。如果有问题，更换故障元器件。

图 5-19　检测开关振荡电路开关管等元器件

⑬ 如果主开关电源电路中的开关振荡电路正常，则检测主开关电源电路中的输出电路，如图 5-20 所示。

在断电情况下，用万用表二极管挡检测主开关电源电路的输出电路中整流二极管或快恢复二极管的管电压，正常为0.4~1.2V。再用蜂鸣挡检测滤波电容，如果阻值为0，说明滤波电容击穿损坏。如果有问题，更换故障元器件。

图 5-20　检测输出电路

⑭ 如果主开关电源电路中输出电路正常，则用万用表电阻挡检测主开关电源电路中的保护电路中的取样电阻及精密稳压器的引脚，检查它们有无短路损坏。如果有损坏，更换损坏的元器件。

5.6　动手维修：液晶电视机开关电源电路故障维修实战

5.6.1　液晶电视机不通电、无法开机故障维修实战

（1）故障现象

客户送来一块故障液晶电视机的电源电路板，反映这台液晶电视机不通电，无法开机，指示灯不亮。

（2）故障检测与维修

通常这种不通电、无法开机、指示灯不亮的问题是电源电路板故障引起的，需要重点检查电源电路板的故障。液晶电视机不通电、无法开机、指示灯不亮故障维修方法如下。

① 检查液晶电视机的电源电路板上是否有明显损坏的元器件，如图 5-21 所示。

② 在通电检测前，先用万用表检测电路板中关键元器件，看有无短路损坏的元器件，如图 5-22 所示。

仔细检查液晶电视机的电源电路板上的元器件，看是否有明显烧黑、开裂、鼓包、漏液等损坏的元器件，经检查，未发现明显损坏的元器件。

图 5-21　检查电路板元器件

将万用表调到蜂鸣挡，然后检测保险电阻、滤波电容等，未发现损坏的情况。再用万用表二极管挡检测整流电路中的几个整流二极管，发现有一个整流二极管的管电压为0.01V（正常为0.5V左右），已经损坏。

图 5-22　检测电路板关键元器件

③ 用万用表检测集成电源控制芯片（集成开关管）是否损坏，如图 5-23 所示。

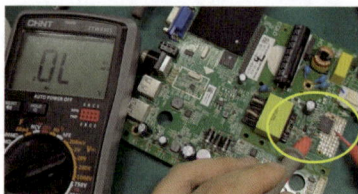

将万用表调到二极管挡，红表笔接集成电源控制芯片的S引脚，黑表笔接D引脚，测量管电压。经测量管电压为无穷大（正常为0.5V左右），说明集成电源控制芯片损坏。

图 5-23　检测集成电源控制芯片

④ 再测量整流滤波电路中的大电容阻值，如图 5-24 所示。

将万用表调到蜂鸣挡，两只表笔接整流滤波电路中的大电容两端，测量其阻值。阻值不为0，未发现短路问题。

图 5-24　测量整流滤波电路中大电容的阻值

⑤ 更换损坏的二极管和集成电源控制芯片，然后通电测试，如图 5-25 所示。

全彩图解
开关电源芯片级维修

更换损坏的元器件后，给电路板接上220V供电电源，然后检测整流滤波电路中大电容两端的电压，测量值为301V，电压正常。之后检测输出端的5V输出电压，5V输出电压也正常。接上负载进行测试，电路板工作正常，故障排除。

图 5-25 通电测试

5.6.2 液晶电视机开机黑屏故障维修实战

（1）故障现象

客户寄来一块故障液晶电视机的电源电路板，反映这台液晶电视机通电开机黑屏，指示灯不亮。

（2）故障检测与维修

通常这种通电黑屏、指示灯不亮的故障都与液晶电视机的开关电源电路故障有关，需要重点检查开关电源电路方面的故障。

液晶电视机开机黑屏、指示灯不亮故障维修方法如下。

① 检查液晶电视机的电源电路板上是否有明显损坏的元器件，如图 5-26 所示。

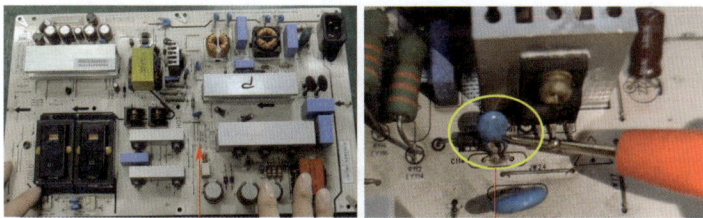

检查液晶电视机的电源电路板上的元器件，发现电源控制芯片旁边的一个电容器有烧黑的痕迹，扳倒后看到电容器侧面烧了一个黑洞。

图 5-26 检查电源电路板

② 检测电路板中保险电阻是否损坏，如图 5-27 所示。

将万用表调到蜂鸣挡，两只表笔接保险电阻的两端。测量的阻值为1.2Ω，保险电阻正常（如果为无穷大则说明被熔断损坏）。

图 5-27　检测保险电阻

③ 检测电源控制芯片，如图 5-28 所示。

将万用表调到二极管挡，然后将红表笔接集成电源控制芯片（集成开关管）的S引脚，黑表笔接D引脚，测量管电压。测量值为0.539V，管电压正常，说明电源控制芯片正常。

图 5-28　检测电源控制芯片

④ 检测电路板中的其他关键元器件，如图 5-29 所示。

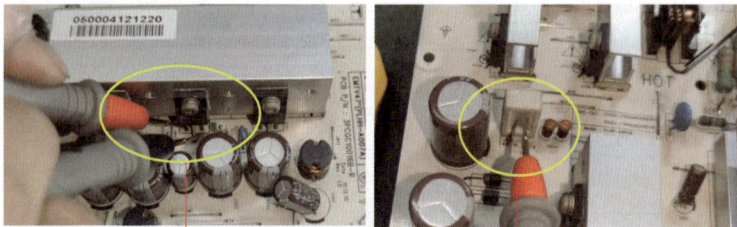

检测电路板中的电容器、电阻、二极管等元器件。发现在输出整流滤波电路后面有个保险电阻烧断损坏了，其他元器件正常。

图 5-29　检测其他关键元器件

⑤ 更换损坏的保险电阻和电容器，然后给电路板接上电源，通电测试，如图 5-30 所示。

将万用表调到直流电压20V挡，红表笔接5V电压输出端，黑表笔接地，测量电路板5V输出电压。测量值为5.17V，输出电压正常。

图 5-30　测量 5V 输出电压

⑥ 接上控制电路板，测量 12V 输出电压，如图 5-31 所示。

接上控制电路板，然后用万用表直流电压20V挡测量电路板12V输出电压。测量值为12.26V，12V输出电压正常，故障排除。

图 5-31　测量 12V 输出电压

5.6.3　液晶电视机通电指示灯不亮、开机无反应故障维修实战

（1）故障现象

客户送来一台故障液晶电视机，反映这台液晶电视机通电后指示灯不亮，开机无任何反应。

（2）故障检测与维修

通常这种通电指示灯不亮，开机无反应的问题都是电源电路板故障引起，需要重点检查电源电路板方面的故障。液晶电视机通电指示灯不亮，开机无反应故障维修方法如下。

① 拆开液晶电视机的电源电路板，检查液晶电视机的电源电路板上是否有明显损坏的元器件，如图 5-32 所示。

检查液晶电视机的电源电路板上是否有烧黑、开裂、鼓包、漏液等明显损坏的元器件，经检查，未发现明显损坏的元器件。

图 5-32　检查电路板中元器件

② 检测电路板中的整流二极管、保险电阻等关键元器件，如图 5-33 所示。

③ 给电路板接上供电电源，然后用万用表测量整流滤波电路中的大容量电容两端的电压，如图 5-34 所示。

④ 在电源输出接口测量电源输出的 12V 电压，如图 5-35 所示。

⑤ 给电源电路板断电，然后检测电路板输出电路中的元器件，如图 5-36 所示。

用万用表的蜂鸣挡检测保险电阻、滤波电容、取样电阻等元器件，未发现短路或熔断的情况，再用万用表二极管挡测量整流二极管、开关管等元器件的管电压（正常为0.5V左右），均正常。

图5-33　检测关键元器件

将万用表调到直流电压1000V挡，两只表笔接整流滤波电路中的大容量电容两只引脚，测量的电压为310.5V（正常为310V左右），电压正常。说明整流滤波电路及EMI滤波电路均正常。

图5-34　检测310V滤波电容的电压

将万用表调到直流电压20V挡，红表笔接输出整流滤波电路中滤波电容的正极，黑表笔接接地端，测量12V输出电压。测量值为0.9V，输出电压不正常。

图5-35　测量12V输出电压

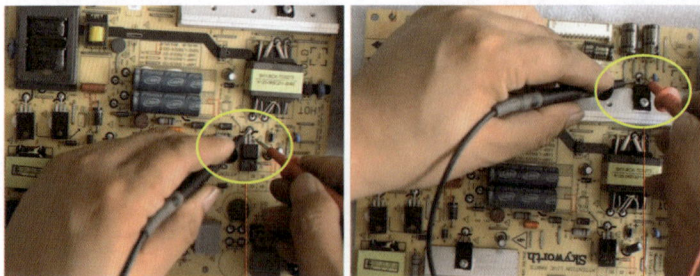

用万用表的二极管挡检测快恢复二极管，红表笔接快恢复二极管的正极，黑表笔接负极，测量管电压，测量值为0.3V左右，管电压正常。再用蜂鸣挡检测输出电路中的滤波电容，未发现短路问题。

图5-36　检测快恢复二极管和滤波电容

全彩图解
开关电源芯片级维修

⑥ 继续检测电路板中开关振荡电路中的元器件，如图 5-37 所示。

用万用表的二极管挡测量开关管及开关管连接的二极管的管电压，测量结果均正常（正常为0.5V左右）。然后用蜂鸣挡检测取样电阻和开关变压器绕组的引脚，发现开关变压器有两只引脚间的阻值为无穷大，不正常（正常阻值应小于1Ω）。

图 5-37　检测开关振荡电路中的元器件

⑦ 继续检查开关变压器，看是引脚虚焊还是内部断线，如图 5-38 所示。

怀疑是开关变压器引脚连接线有断线情况，用镊子检查引脚连接线，发现有一只引脚的连接线断开了。

图 5-38　检查开关变压器引脚

⑧ 将开关变压器断线重新焊好，然后接通电源测试，如图 5-39 所示。

先将开关变压器断线重新焊好，然后接通电源。将万用表调到直流电压20V挡，测量输出端的12V供电电压，测量值为10.79V。由于没有开机，此时测量的为待机电压，电压应该正常了。

图 5-39　通电测试

⑨ 将电源电路板安装回电视，接通电源开机进行测试，如图 5-40 所示。

将电源电路板装好，接通电源，然后按下开关键开机，用万用表直流电压20V挡测量输出端12V输出电压。测量值为11.7V，电压基本正常。

图 5-40　开机测试

⑩ 将液晶电视机外壳安装好，再次开机测试，如图 5-41 所示。

安装好外壳，连接信号线，然后开机测试，可以看到液晶电视正常出现画面，故障排除。

图 5-41　装好外壳开机测试

全彩图解
开关电源芯片级维修

第 6 章

空调器开关电源
电路故障维修实战

在空调器的使用过程中，如果电源电路出现问题，可能会出现无法开机启动、频繁停机等各种故障。本章将重点介绍空调器开关电源供电电路中易坏芯片元器件、故障检测点、故障检修流程图、常见故障维修和故障维修实战案例等内容。

6.1 ▶ 看图识空调器电源电路板芯片电路

空调器开关电源电路的功能主要是将 220V 市电进行滤波、整流、降压和稳压后输出一路或多路低压直流电压。从电路结构上来看，空调器开关电源电路主要由交流滤波电路、整流电路、滤波电路、PFC 电路（功率因数校正电路）、开关振荡电路、次级整流滤波电路、稳压控制电路等组成。如图 6-1 所示为空调器的开关电源电路及其组成框图。

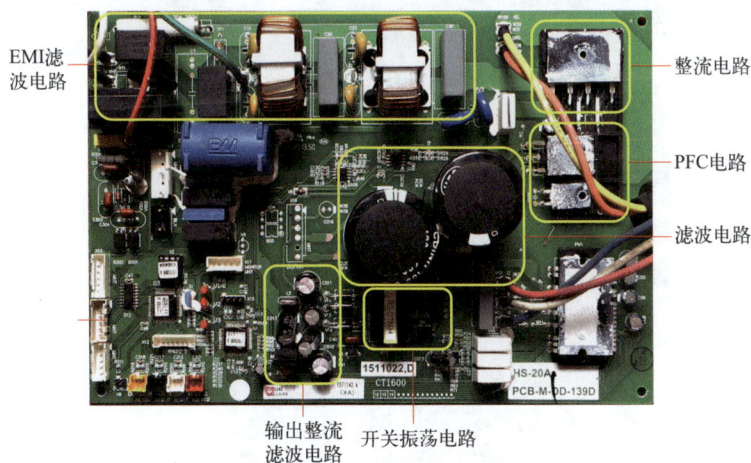

图 6-1

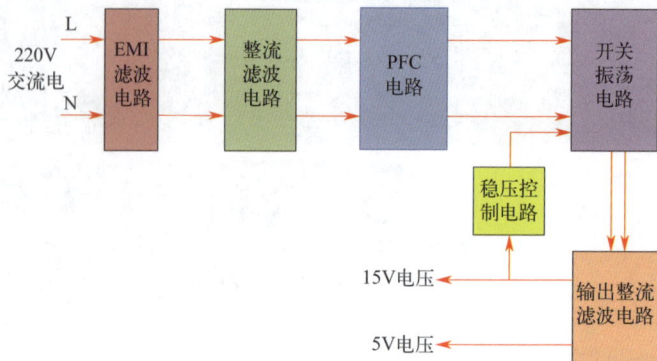

图 6-1 空调器的开关电源电路及其组成框图

6.2 空调器开关电源电路易坏芯片元器件

空调器的开关电源电路易坏元器件主要有：熔断电阻、共模电感、X 电容、Y 电容、压敏电阻、热敏电阻、继电器、整流桥堆、滤波电容、PFC 开关管、PFC 二极管、电源控制芯片、开关管、开关变压器、稳压器、整流二极管、精密稳压器、光耦合器等，如图 6-2 所示。

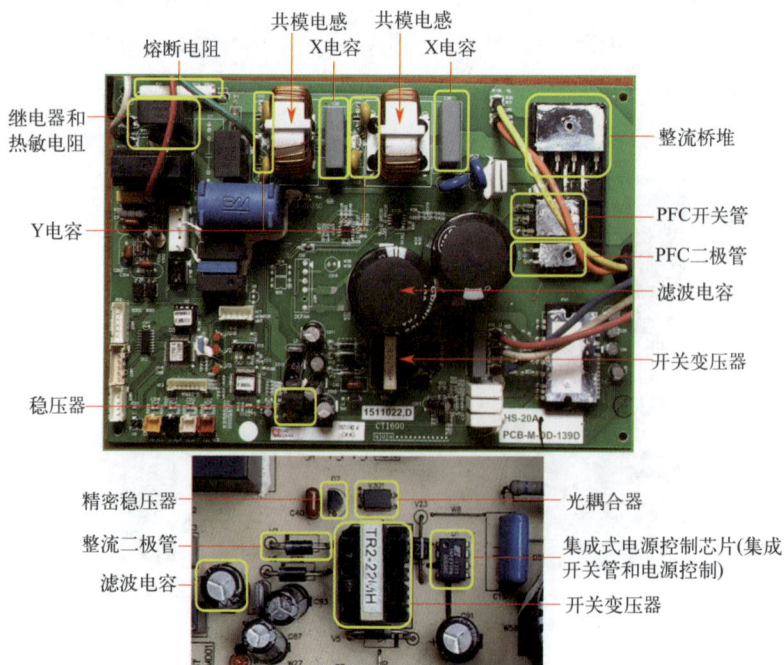

图 6-2 开关电源电路易坏元器件

6.3 空调器开关电源电路故障检测点

由于空调器开关电源电路工作在高压、大电流及高温的环境中，极易引起一些在这种环境工作的部件故障，如整流桥堆、PFC 开关管、PFC 二极管、滤波电容、集成式控制芯片、稳压器等。因此在检测空调器开关电源电路故障时，要重点检测这些易坏元器件，来快速查找故障原因。下面总结空调器开关电源电路的故障检测点。

6.3.1 开关电源电路各功能电路位置以及电压检测点

如图 6-3 所示，将开关电源电路中各主要功能电路采用框注的方式进行标注，同时注明功能电路的关键电压检测点，根据检测点的信号去判断各功能电路是否工作正常。

EMI滤波电路检测点：滤波后电压（正常为交流220V左右）。

整流滤波电路检测点：整流电压（正常为直流310V左右）。

PFC电路检测点：
①PFC控制芯片输入电压（正常为直流15V左右）；
②PFC输出电压（正常为直流380V左右）。

输出整流滤波电路检测点：
①12V输出电压；
②15V输出电压；
③5V/3.3V输出电压。

开关振荡电路检测点：
①PWM控制芯片输入电压（正常为12~16V）；
②PWM控制芯片基准电压（正常为5V左右）；
③PWM控制芯片输出电压（正常为3V左右）。

稳压电路检测点：取样电压（正常为2.5V左右）。

图 6-3 各功能电路位置以及电压检测点

6.3.2 开关电源电路关键电压检测点

在诊断空调器开关电源电路故障时，可以通过测量电路中关键电压信号来排查故障发生在哪个功能电路中。如通过测量 PFC 电路中滤波电容的 380V 直流电压是否正常，来判断 EMI 滤波电路和整流滤波电路是否工作正常，以此来缩小故障排查区域，快速找到故障点。如图6-4所示为空调器开关电源电路关键电压检测点。

故障检测点1：输入电压。通电测量输入接口电压（正常交流220V）。

故障检测点6：输出电压。通电测量稳压器输出脚3.3V电压。

故障检测点4：供电电压。通电测量电源控制芯片和PFC控制芯片供电脚电压（一般为12～16V）。

故障检测点3：PFC电压。通电测量PFC滤波电容电压（正常为380V左右）。

故障检测点2：整流电压。通电测量整流桥堆输出引脚间电压，或滤波电容电压（正常为310V左右）。

故障检测点5：输出电压。通电测量5V/12V/15V输出电路中整流二极管负极与地之间的电压或滤波电容两引脚间电压。

图6-4　空调器开关电源电路关键电压检测点

6.3.3　开关电源电路关键元器件检测点

在检查空调器开关电源电路故障时，要重点检测电路中故障率较高的元器件，这样可以快速找到故障原因。下面总结空调器开关电源电路关键元器件检测点（关键元器件检测实战具体内容参考第3章）。如图6-5所示为空调器开关电源电路关键元器件检测点。

故障检测点5：断电测量PFC电路中二极管的管电压（正常为0.4～0.7V）。

故障检测点4：断电测量PFC开关管引脚阻值（看是否存在短路情况）。

故障检测点3：断电测量整流桥堆引脚的管电压（正常为0.5～1V）。

故障检测点2：断电测量整流滤波电路滤波电容阻值（阻值不能为0）。

故障检测点1：断电测量熔断电阻阻值（正常为0.1～1Ω）。

故障检测点6：断电测量输出电路中稳压器和滤波电容阻值（看是否有短路）。

故障检测点14：断电测量PFC检测电路取样电阻阻值（看是否存在短路或断路情况）。

故障检测点7：断电测量稳压电路精密稳压器引脚阻值（正常为10kΩ）。

故障检测点13：断电测量稳压电路光耦合器输入引脚的管电压（正常为0.8V左右）。

故障检测点8：断电测量输出滤波电路中滤波电容阻值（看是否有短路故障）。

故障检测点12：断电测量PWM控制芯片供电线路分压电阻阻值。

故障检测点9：断电测量输出滤波电路中整流二极管的管电压（正常为0.4~0.7V）。

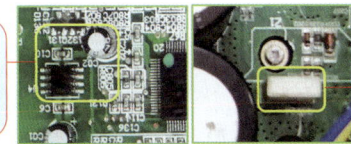

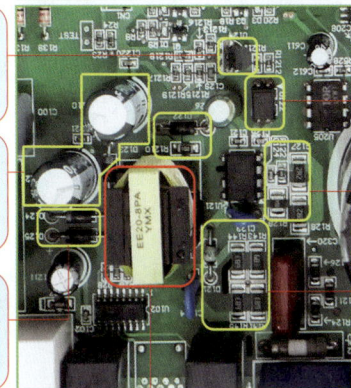

故障检测点11：断电测量保护电路二极管管电压（正常0.5V左右）和电阻阻值。

故障检测点10：断电测量开关变压器初级绕组及次级绕组引脚间阻值（正常为0.1~1Ω）。

图6-5 开关电源电路关键元器件检测点

6.4 空调器开关电源电路故障诊断流程图

空调器开关电源电路常见故障主要表现为开机无法运行、空调运行不正常、开机提示通信错误等。空调器开关电源电路故障的原因可能是保险管烧坏、滤波电容损坏、开关管损坏、整流桥堆损坏、取样电阻损坏等。如图6-6所示为空调器开关电源电路故障检修流程图。

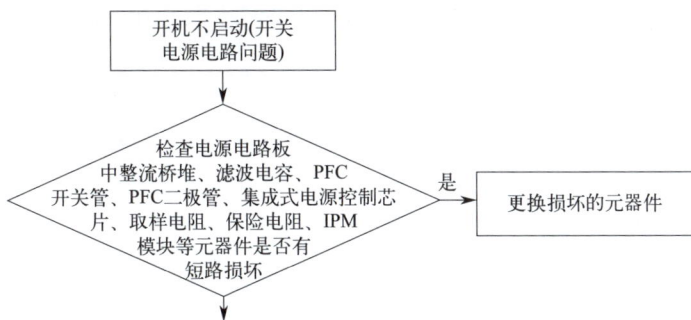

图6-6

否

```
通电测量
电源电路板5V、15V、12V
电压是否为0
```
否 → 检查5V、15V稳压电路中的取样电阻、精密稳压器和光耦合器等元器件，并更换损坏的元器件

是

```
通电
测量PFC电路中PFC滤波电容
两端电压是否为380V
左右
```
否 → 检查PFC电路中的PFC开关管、PFC二极管、升压电感、PFC电源管理芯片、滤波电容、取样电阻，EMI滤波电路中的保险电阻、滤波电容、电感、继电器，整流电路中的整流桥堆等元器件，并更换损坏的元器件

是

```
检查开关
振荡电路中集成式电源管理
芯片、开关管连接的取样电阻、二极管、
启动电阻、开关变压器等
是否损坏
```
是 → 更换所有损坏的元器件，并进一步检查其他易坏元器件是否损坏

否

```
检查输出
整流滤波电路中的滤波电容、
整流二极管、稳压器等
是否损坏
```
是 → 更换损坏的元器件

否

检查保护电路中的电阻、二极管等元器件，并更换损坏的元器件

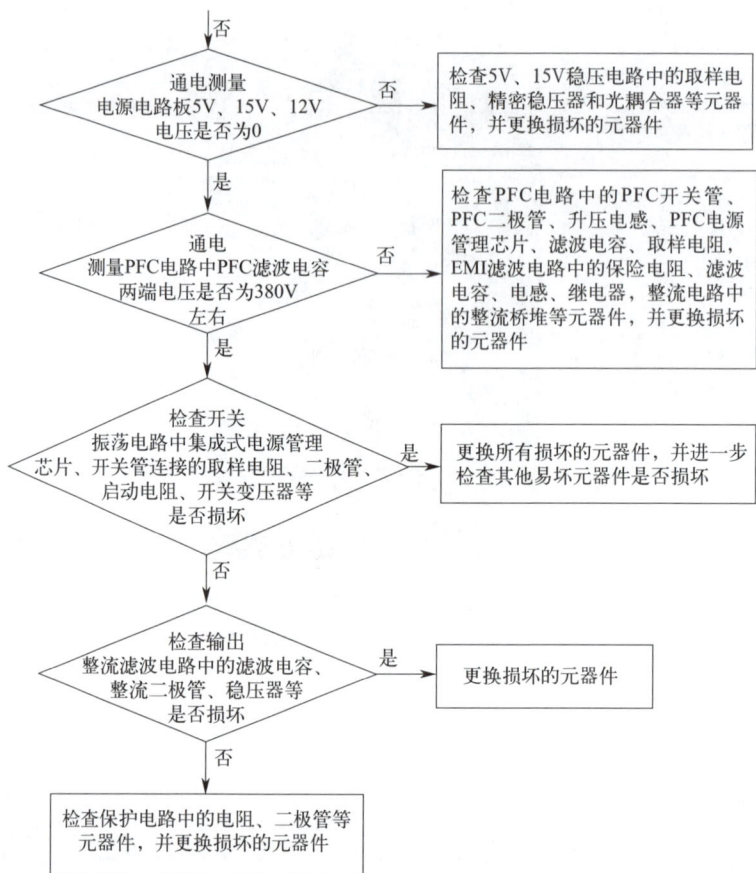

图6-6 空调器开关电源电路故障检修流程图

6.5 快速诊断空调器开关电源电路常见故障

空调器开关电源电路工作在高电压、大电流、高温的环境中，比较容易出现损坏。在检测空调器的开关电源电路时，可以先在断电情况下检测开关电源电路有无明显损坏的元器件，电路有无短路情况，然后在加电的情况下检测各个关键点电压是否正常，以此来找出故障点。下面将重点讲解空调器开关电源电路无输出故障的维修方法。

开关电源电路无输出故障检查方法如下：

① 在断电状态下检查开关电源电路板的元器件的外观，如图6-7所示。

重点检查电源电路板上是否有破裂、烧坏、鼓包、烧黑、漏液等明显损坏的元器件。如果有，则应重点检查损坏的元器件所在电路，一般来讲这是出现故障的主要原因。

图6-7　检查开关电源电路板上的元器件的外观

② 用万用表检测电源电路板上主要元器件是否有短路的故障，如图6-8所示。

将万用表调到蜂鸣挡，检测电源板上的保险电阻、整流桥堆（或整流二极管）、滤波电容、PFC开关管、PFC二极管、电阻、二极管、开关管、IPM模块等关键元器件是否有短路的情况。如果有，重点检查短路元器件所在电路及前级电路中的元器件。

图6-8　检测电源电路板中元器件

③ 在保险电阻上串接灯泡，然后通电测量电源电路板5V、12V、15V输出电压，如图6-9所示。

将万用表调到直流电压20V挡，红黑两只表笔接输出整流滤波电路中的电感或滤波电容两端，分别测量5V、12V、15V输出端电压。如果测量的电压值偏低或偏高，则检查稳压电路中的取样电阻、精密稳压器及光耦合器的好坏，并更换损坏的元器件。

图6-9　通电测量输出电压

④ 如果③中测量的输出电压为0，则测量整流滤波电路中的滤波电容两端的310V电压，或PFC电路中的滤波电容两端的380V电压，如图6-10所示。

将万用表调到直流电压1000V挡，红黑两只表笔接高压滤波电容两只引脚，测量其电压。如果电路中有PFC电路，正常的电压应为380V左右，若没有PFC电路，电压正常应为310V左右。

图6-10　测量高压滤波电容两端的电压

⑤ 如果 310V 或 380V 电压不正常，则检测 EMI 滤波电路、整流滤波电路、PFC 电路中的元器件，如图 6-11 所示。

将万用表调到二极管挡，测量整流滤波电路中的整流桥堆、PFC二极管的管电压（正常为0.4～1.2V）。然后用蜂鸣挡检测EMI滤波电路中的滤波电容、电感，整流滤波电路中的滤波电容，PFC电路中的滤波电容、PFC开关管是否有短路损坏故障。如果发现有损坏的元器件，更换即可。

图 6-11 检测电路中关键元器件

⑥ 如果④中测量的滤波电容两端的电压正常，则检测开关振荡电路，如图 6-12 所示。

断电情况下，用万用表二极管挡检测开关管的任意两只引脚间的管电压，如果为0，则是被击穿，正常其中会有一组的管电压为0.5V左右。接着测量开关管连接的二极管的管电压，正常也为0.5V左右。然后用万用表电阻挡检测开关管连接的取样电阻、PWM控制芯片启动电阻是否有短路或断路故障。再测量开关变压器绕组间的阻值是否为无穷大。如果有问题，更换故障元器件。

图 6-12 检测开关振荡电路

⑦ 通电检测开关振荡电路中 PWM 控制芯片，如图 6-13 所示。

将万用表调到直流电压200V挡，通电检测开关振荡电路中的PWM控制芯片的供电电压，如果不正常就检测启动电阻是否断路损坏。如果供电电压正常，则检测5V基准电压是否正常。如果供电电压正常，而基准电压不正常，则可能是PWM芯片损坏。

图 6-13 检测 PWM 控制芯片

⑧ 如果开关振荡电路中元器件均正常，则检测输出整流滤波电路中的元器件，如图 6-14 所示。

在断电情况下，用万用表二极管挡检测输出电路中整流二极管的管电压，正常为0.5V左右。再用蜂鸣挡检测滤波电容，如果阻值为0，说明滤波电容击穿损坏。

图 6-14 检测输出电路

6.6 动手维修：空调器开关电源电路故障维修实战

空调器的故障中，通电无反应、按开关无法开机、指示灯不亮、显示屏无显示等故障，一般都是电源电路故障引起的。通常在检测这方面故障时，都会首先检测其电源供电电压是否正常。本节将通过一些维修实战案例总结空调器开关电源电路故障的维修方法。

6.6.1 志高变频空调显示"F1"故障维修实战

（1）故障现象

一台故障志高变频空调，客户反映空调开机后，显示"F1"故障，无法制冷。

（2）故障检测与维修

根据故障代码分析，此故障可能是外机电路板故障或电子扩展阀故障或室内温度传感器故障引起的。接下来重点检查这几个方面。

此故障的维修方法如下。

① 检查室内机温度传感器，未发现异常，接着拆开室外机壳检查电路板，如图 6-15 所示。

拆开室外机壳检查电路板，发现电路板中有一个电容炸裂，基本可以确定故障是外机电路板原因引起的。

图 6-15 检查室外机电路板

② 拆下外机电路板，仔细检查电路板中元器件，如图 6-16 所示。

115

拆下外机电路板检查电路板中有无烧坏、开裂、发黑等明显损坏的元器件。经检查，除了电容，未发现其他明显损坏的元器件。

图 6-16　检查电路板的元器件

③ 拆下电路板的散热片检测整流桥堆，如图 6-17 所示。

将万用表调到二极管挡，检测整流桥堆是否损坏。将红黑表笔分别接输入端两只引脚和输出端两只引脚，测量值为0.83V和0.85V，说明整流桥堆正常。

图 6-17　检测整流桥堆

④ 检测 PFC 续流二极管是否正常，如图 6-18 所示。

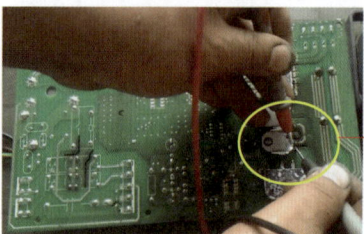

用万用表二极管挡检测PFC续流二极管。将红黑表笔分别接二极管的正极和负极，测量的值为0，说明二极管被击穿损坏。

图 6-18　检测 PFC 续流二极管

⑤ 检测 PFC 开关管是否正常，如图 6-19 所示。

将数字万用表调到蜂鸣挡，将红黑表笔分别接PFC开关管的任意两只引脚，测量值没有为0，说明开关管未被击穿。

图 6-19　检测 PFC 开关管

⑥ 检测 IPM 模块中 IGBT 是否正常，如图 6-20 所示。

全彩图解
开关电源芯片级维修

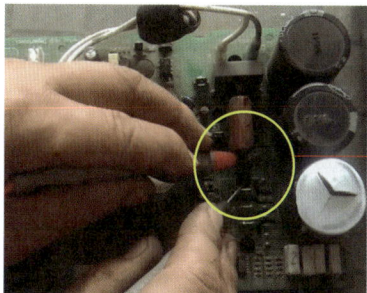

①将万用表调到二极管挡，将红表笔接IPM模块N端子，黑表笔分别接U、V、W端子，检测逆变电路中下桥臂中元器件，正常值应为0.45V左右，且各相大致相同。经检测，均正常。

②将黑表笔接IPM模块P引脚，红表笔分别接U、V、W引脚，正常情况下测得的值应为0.45V左右，且各相大致相同。经检测，均正常。

图6-20　检测IPM模块

⑦ 检测熔断电阻是否正常，如图6-21所示。

将万用表调到蜂鸣挡，然后将红黑两只表笔接熔断电阻的两端测量，其阻值为无穷大，说明熔断电阻熔断损坏。

图6-21　检测熔断电阻

⑧ 检测热敏电阻的好坏，如图6-22所示。

将万用表调到欧姆200挡，然后将红黑两只表笔接热敏电阻的两只引脚，测量的阻值为10Ω，说明热敏电阻正常。

图6-22　检测热敏电阻

⑨ 更换损坏的元器件。如图 6-23 所示。

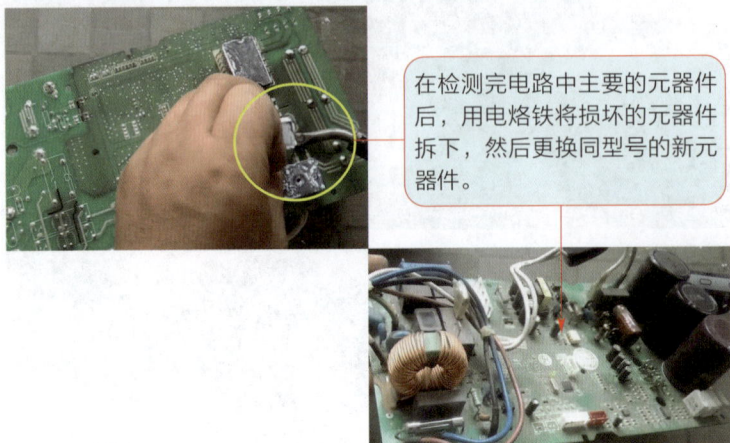

在检测完电路中主要的元器件后，用电烙铁将损坏的元器件拆下，然后更换同型号的新元器件。

图 6-23　更换损坏的元器件

⑩ 将电路板装回空调进行测试，如图 6-24 所示。

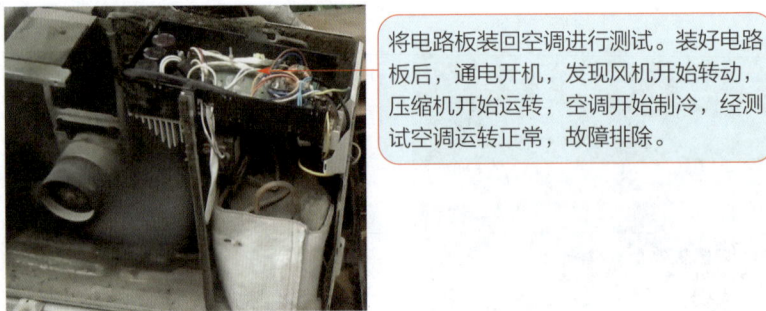

将电路板装回空调进行测试。装好电路板后，通电开机，发现风机开始转动，压缩机开始运转，空调开始制冷，经测试空调运转正常，故障排除。

图 6-24　测试空调

6.6.2　格力变频空调显示"E6"故障维修实战

（1）故障现象

一台格力变频空调，客户反映空调开机后无法制冷，显示"E6"故障代码。

（2）故障检测与维修

根据故障现象分析，此故障可能是通信故障、电源电路板故障、传感器故障等引起的。接下来重点检查这几方面。

此故障的维修方法如下。

① 开机查看变频空调器的故障代码，如图 6-25 所示。

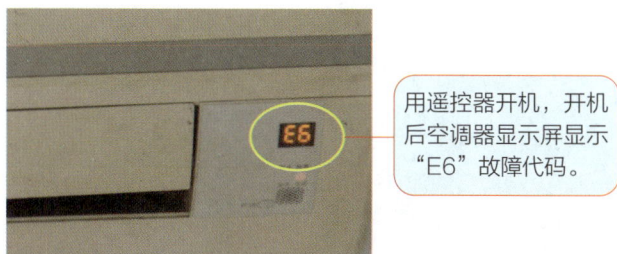

用遥控器开机，开机后空调器显示屏显示"E6"故障代码。

图 6-25　查看空调的故障代码

② 由于"E6"故障代码表示通信有故障，或电源电路有故障，或传感器有故障。所以接下来测量外机 220V 供电电压是否正常，如图 6-26 所示。

将万用表调到交流电压1000V挡，红表笔接外机接线口的电源火线，黑表笔接地线，测量电压。测量的电压为251V，电压正常。

图 6-26　检测外机供电电压

③ 测量通信电压是否正常，如图 6-27 所示。

将万用表调到直流电压200V挡，红表笔接外机接线口的通信线接口，黑表笔接地线接口，测量电压。测量的电压为2.2V，电压不正常，格力空调的通信电压正常为24V。

图 6-27　测量通信电压是否正常

④ 通信电压不正常，一般都是电路板中有问题，接着拆下外机电路板检查，如图 6-28 所示。

①拆下外机电路板，检查电路板中有无烧坏、开裂、发黑等明显损坏的元器件。

②经检查，从电路板的过孔中，观察到PFC续流二极管已经烧坏。

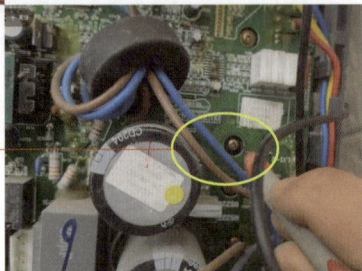

图6-28　检查外机电路板

⑤ 检测 IPM 模块、整流桥堆、PFC 开关管是否正常，如图 6-29 所示。

①将万用表调到二极管挡，将黑表笔接IPM模块P引脚，红表笔分别接U、V、W引脚，测量管电压，测量的值为0.45V左右。然后将红表笔接IPM模块N引脚，黑表笔分别接U、V、W引脚，测量管电压，测量的值为0.45V左右。说明IPM模块正常。

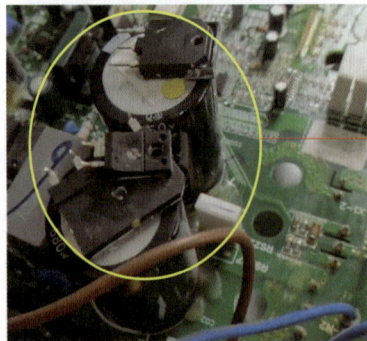

②用万用表二极管挡测量整流桥堆输入端两只引脚的管电压，发现测量值为0，说明整流桥堆短路损坏。再测量PFC开关管引脚间阻值，发现阻值为0，说明其内部短路损坏。再检测电路板中保险管、电阻、电容、二极管，未发现有损坏情况。之后用电烙铁将损坏的元器件拆下。

图6-29　检测 IPM 模块、整流桥堆、PFC 开关管

⑥ 更换损坏的整流桥堆、PFC 续流二极管、PFC 开关管，然后给电路板通电进行检测，如图 6-30 所示。

更换同型号元器件后，给电路板通电，然后测量IPM模块的供电电压。将万用表调至直流电压1000V挡，红表笔接P引脚，黑表笔接N引脚测量。测得的电压为315.8V，电压正常。

图 6-30　更换损坏的元器件并通电检测

⑦ 测量 15V 供电电压是否正常，如图 6-31 所示。

将万用表调到直流电压200V挡，红表笔接15V供电电路中的稳压二极管的正极，黑表笔接稳压二极管的负极测量。测得的电压为14.97V，说明15V电压正常。

图 6-31　测量 15V 供电电压

⑧ 测试电路板，如图 6-32 所示。

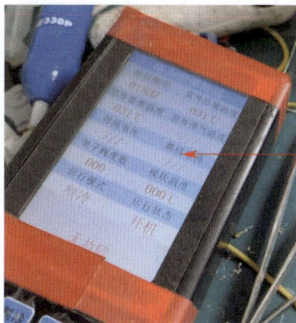

将测试用压缩机连接到电路板的U/V/W接口，并将测试仪连接到电路板的通信接口，然后将模式设置为制冷，并开机测试。发现测试仪可以正常读取电路板的数据，压缩机开始运转，并且电路板中的指示灯在闪烁，说明电路板工作正常。

图 6-32　测试电路板

⑨ 将电路板安装回变频空调的外机中准备开机测试，如图 6-33 所示。

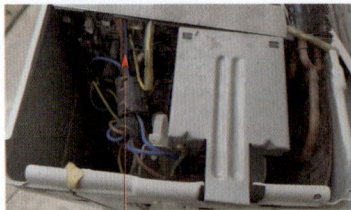

将电路板安装回变频空调的外机中。

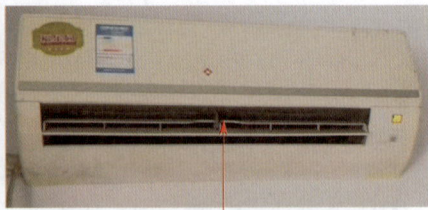

安装好之后，用遥控器开机，室内机可以正常制冷，错误代码消失，故障排除。

图 6-33 测试故障变频空调

6.6.3 空调器插电无反应、遥控器打不开故障维修实战

（1）故障现象

客户送来一个故障空调器的电源电路板，反映这台空调器通电无反应，用遥控器也打不开空调。

（2）故障检测与维修

通常这种通电无反应的问题是开关电源电路故障引起的，需要重点检查电源电路板的故障。

空调器插电无反应故障维修方法如下。

① 检查电路板中的元器件，如图 6-34 所示。

检查电路板中有无烧黑、断裂、鼓包、漏液等明显损坏的元器件，经检查，未发现明显损坏的元器件。

图 6-34 检查电路板中的元器件

② 用万用表检测电源电路板上主要元器件是否有短路故障，如图 6-35 所示。

用万用表蜂鸣挡检测电源电路板上的保险电阻、整流桥堆、滤波电容、电阻、二极管、开关管等关键元器件是否有短路故障。经检查，未发现短路损坏的元器件。

图 6-35 检测元器件是否短路

③ 给电源电路板串联一只灯泡，然后给电源电路板接上电源，开机测试，如图 6-36 所示。

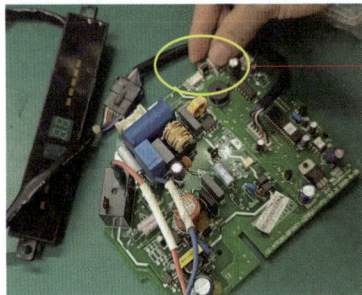

给电源电路板接上电源，发现显示板没有显示，说明没有开机。之后按下应急启动键，依旧没有开机。

图 6-36　通电启动测试

④ 测量输出端 12V 输出电压，如图 6-37 所示。

将万用表调为直流电压20V挡，将红黑表笔接输出整流滤波电路中的电感两端，测量12V输出端电压，测量值为0V，输出电压不正常。

图 6-37　测量 12V 输出电压

⑤ 测量整流滤波电路中的滤波电容两端的电压，如图 6-38 所示。

将万用表调为直流电压1000V挡，两只表笔接整流滤波电路中的滤波电容两脚，测量其电压。测量的电压值为290V，由于电路板串联了一只灯泡分了部分电压，因此测量的电压值正常。

图 6-38　测量滤波电容的电压

⑥ 测量电源控制芯片供电端电压，如图 6-39 所示。

将万用表调为直流电压20V挡，接着红黑表笔接电源控制芯片供电脚连接的滤波电容的两只引脚，测量供电电压。测量电压在5~6V间跳动，供电电压不正常。

图 6-39　测量电源芯片供电电压

⑦ 断开电源，检测输出整流滤波电路中的二极管，如图 6-40 所示。

将电源断开，将万用表调为二极管挡，测量开关变压器次级连接的整流二极管的管电压，管电压正常。由于开关变压器次级没有短路但也没有输出电压，电源控制芯片的供电又一直在跳变，那么可以排除电源控制芯片二次供电的问题，说明电源控制芯片根本没有起振，可能是芯片本身损坏了。

图 6-40　检测整流二极管

⑧ 用替换法检测电源控制芯片，如图 6-41 所示。

用同型号的好的电源控制芯片替换电路板上的芯片。由于电路板原芯片为NCP1015，手边没有同型号的，所以用NCP1076替换，这两个芯片的引脚定义完全相同，而且功率也相符。

图 6-41　检测电源控制芯片

⑨ 替换芯片后，通电测试，如图 6-42 所示。

用万用表直流电压20V挡测量输出端电压，红黑表笔接输出电路中的电感两端，测量的电压值为12.15V，电压正常。

图 6-42　通电测试

⑩ 接好显示板，并连接两个传感器开机测试，如图 6-43 所示。

接好显示板，并连接两个传感器（不接传感器可能会显示错误代码），然后开机测试，发现显示板显示正常，说明电源电路板工作正常，故障排除。

图 6-43　测试空调器

第 7 章

冰箱开关电源
电路故障维修实战

冰箱中的开关电源电路为其他电路提供低压直流工作电压，如果开关电源电路出现问题，冰箱可能会出现无法启动、无法正常显示等各种故障。本章将重点介绍冰箱开关电源电路中易坏芯片元器件、故障检测点、故障检修流程图、常见故障维修和故障维修实战案例等内容。

7.1　看图识冰箱电源电路板芯片电路

冰箱开关电源电路的功能主要是将 220V 市电进行滤波、整流、降压和稳压后输出一路或多路低压直流电压。从电路结构上来看，冰箱开关电源电路主要由交流 EMI 滤波电路、整流滤波电路、开关振荡电路、输出整流滤波电路、稳压电路等组成。如图 7-1 所示为冰箱的开关电源电路及其组成框图。

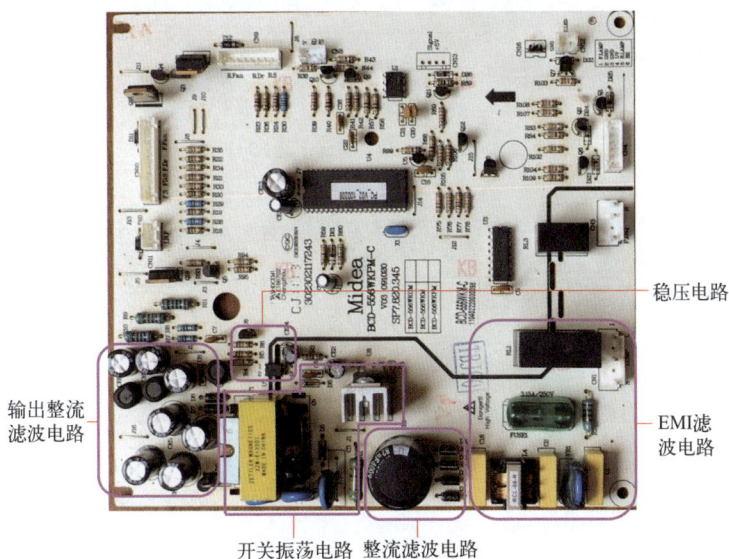

图 7-1

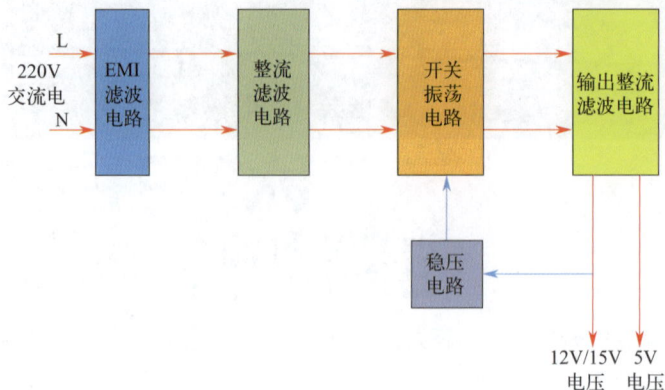

图 7-1 冰箱的开关电源电路及其组成框图

7.2 冰箱开关电源电路易坏芯片元器件

冰箱的开关电源电路易坏元器件主要有：熔断电阻、压敏电阻、整流二极管（有的用整流桥堆）、滤波电容、电源控制芯片、开关管、开关变压器、二极管、取样电阻、分压电阻、稳压器、稳压二极管（有的用精密稳压器）、光耦合器、电感等，如图 7-2 所示。

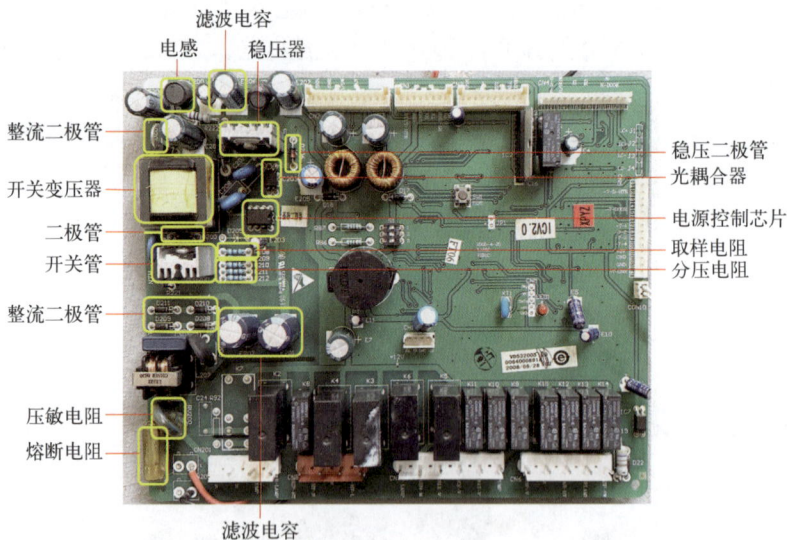

图 7-2 开关电源电路易坏元器件

7.3 冰箱开关电源电路故障检测点

由于冰箱开关电源电路工作在高压、大电流及高温的环境中，极易引起一些在这种环境工作的部件故障，如整流二极管、开关管、滤波电容、取样电阻等，因此在检测冰箱开关电源电路故障时，要重点检测这些易坏元器件，来快速查找故障原因。下面总结冰箱开关电源电路的故障检测点。

7.3.1 开关电源电路各功能电路位置以及电压检测点

如图 7-3 所示，将开关电源电路中各主要功能电路采用框注的方式进行标注，同时注明功能电路的关键电压检测点，根据检测点的信号去判断各功能电路是否工作正常。

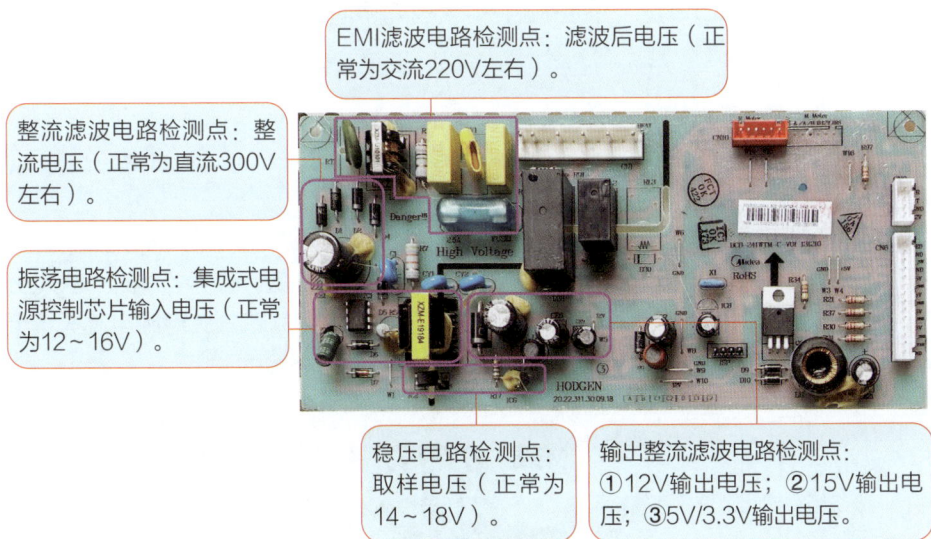

整流滤波电路检测点：整流电压（正常为直流300V左右）。

EMI滤波电路检测点：滤波后电压（正常为交流220V左右）。

振荡电路检测点：集成式电源控制芯片输入电压（正常为12~16V）。

稳压电路检测点：取样电压（正常为14~18V）。

输出整流滤波电路检测点：①12V输出电压；②15V输出电压；③5V/3.3V输出电压。

图 7-3　各功能电路位置以及电压检测点

7.3.2 开关电源电路关键电压检测点

在诊断冰箱开关电源电路故障时，可以通过测量电路中关键电压信号来排查故障发生在哪个功能电路中。如通过测量整流滤波电路中滤波电容的 310V 直流电压是否正常，来判断 EMI 滤波电路和整流滤波电路是否工作正常，以此来缩小故障排查区域，快速找到故障点。如图 7-4 所示为冰箱开关电源电路关键电压检测点。

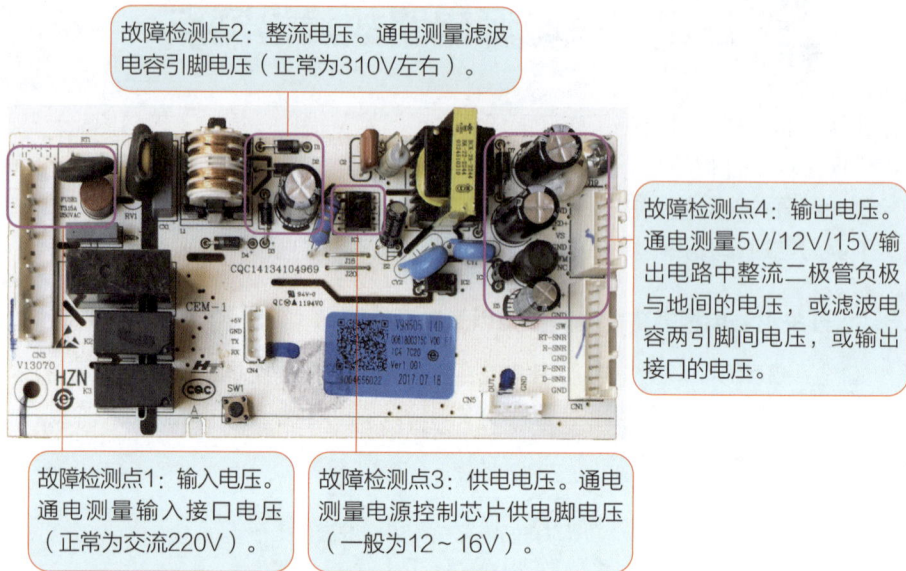

故障检测点2：整流电压。通电测量滤波电容引脚电压（正常为310V左右）。

故障检测点4：输出电压。通电测量5V/12V/15V输出电路中整流二极管负极与地间的电压，或滤波电容两引脚间电压，或输出接口的电压。

故障检测点1：输入电压。通电测量输入接口电压（正常为交流220V）。

故障检测点3：供电电压。通电测量电源控制芯片供电脚电压（一般为12～16V）。

图7-4 冰箱开关电源电路关键电压检测点

7.3.3 开关电源电路关键元器件检测点

在检查冰箱开关电源电路故障时，要重点检测电路中故障率较高的元器件，这样可以快速找到故障原因。下面总结冰箱开关电源电路关键元器件检测点（关键元器件检测实战具体内容参考第3章）。如图7-5所示为冰箱开关电源电路关键元器件检测点。

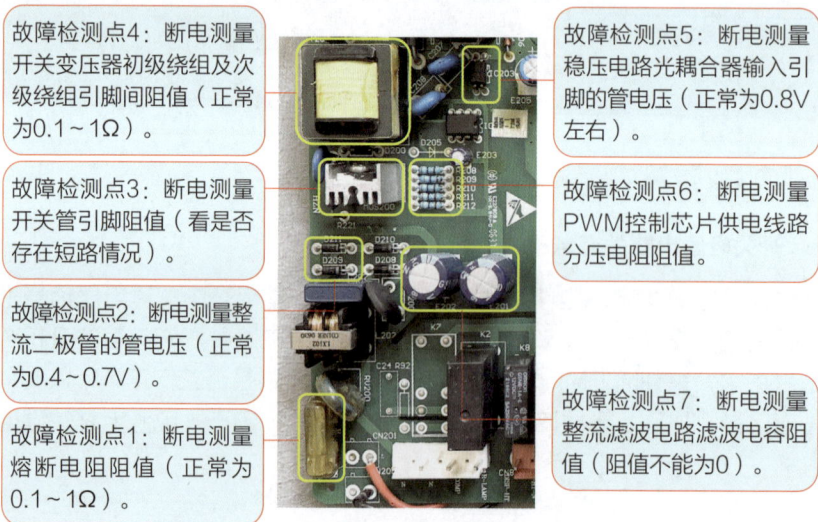

故障检测点4：断电测量开关变压器初级绕组及次级绕组引脚间阻值（正常为0.1～1Ω）。

故障检测点5：断电测量稳压电路光耦合器输入引脚的管电压（正常为0.8V左右）。

故障检测点3：断电测量开关管引脚阻值（看是否存在短路情况）。

故障检测点6：断电测量PWM控制芯片供电线路分压电阻阻值。

故障检测点2：断电测量整流二极管的管电压（正常为0.4～0.7V）。

故障检测点1：断电测量熔断电阻阻值（正常为0.1～1Ω）。

故障检测点7：断电测量整流滤波电路滤波电容阻值（阻值不能为0）。

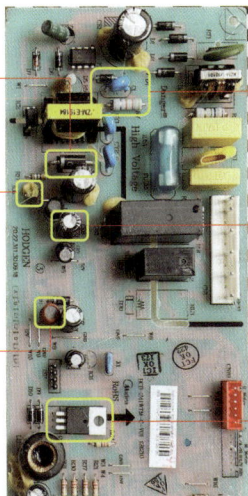

故障检测点8：断电测量输出整流滤波电路中整流二极管的管电压（正常为0.4~0.7V）。

故障检测点9：断电测量稳压电路精密稳压器引脚阻值（正常为10kΩ）。

故障检测点10：断电测量输出整流滤波电路中电感阻值（看是否有断路故障）。

故障检测点11：断电测量保护电路二极管的管电压（正常0.5V左右）和取样电阻阻值。

故障检测点12：断电测量输出整流滤波电路中滤波电容阻值（看是否有短路故障）。

故障检测点13：断电测量输出电路中稳压器引脚阻值（看是否有短路）。

图 7-5　开关电源电路关键元器件检测点

7.4　冰箱开关电源电路故障诊断流程图

冰箱开关电源电路常见故障主要表现为开机指示灯不亮、开机不制冷等。冰箱开关电源电路故障的原因可能是保险管烧坏、滤波电容损坏、集成式电源控制芯片损坏、整流二极管损坏、稳压器损坏等。如图 7-6 所示为冰箱开关电源电路故障检修流程图。

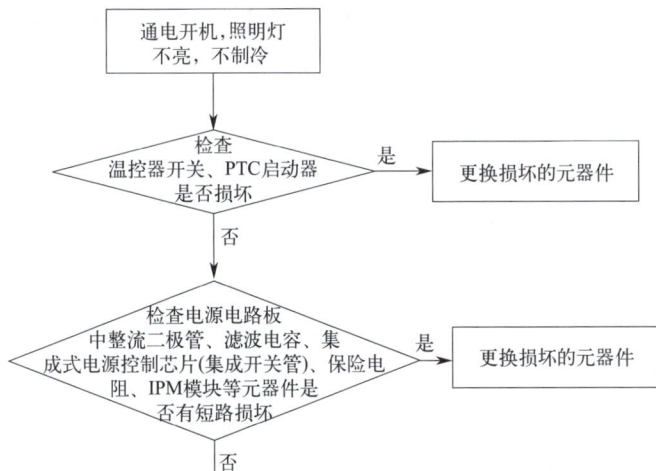

图 7-6

129

```
                    通电测量
          电源电路板5V、12V/15V电压        否      检查稳压电路中的稳压二极管、
            是否为0                              集成式电源控制芯片等元器件,
                                                并更换损坏的元器件
                    │是
                    ▼
                    通电
          测量整流滤波电路中滤波电容         否      检查EMI滤波电路中的保险电阻、
            两端电压是否为310V                     滤波电容、电感,整流电路中的整
            左右                                  流二极管、滤波电容等元器件,并
                                                更换损坏的元器件
                    │是
                    ▼
                 检查开关
          振荡电路中集成式电源管理芯片、      是      更换所有损坏的元器件,并进一步
            二极管、滤波电容等                     检查其他易坏元器件是否损坏
            是否损坏
                    │否
                    ▼
          检查输出整流滤波电路中的滤波电
          容、整流二极管、稳压器等元器件,
          并更换损坏的元器件
```

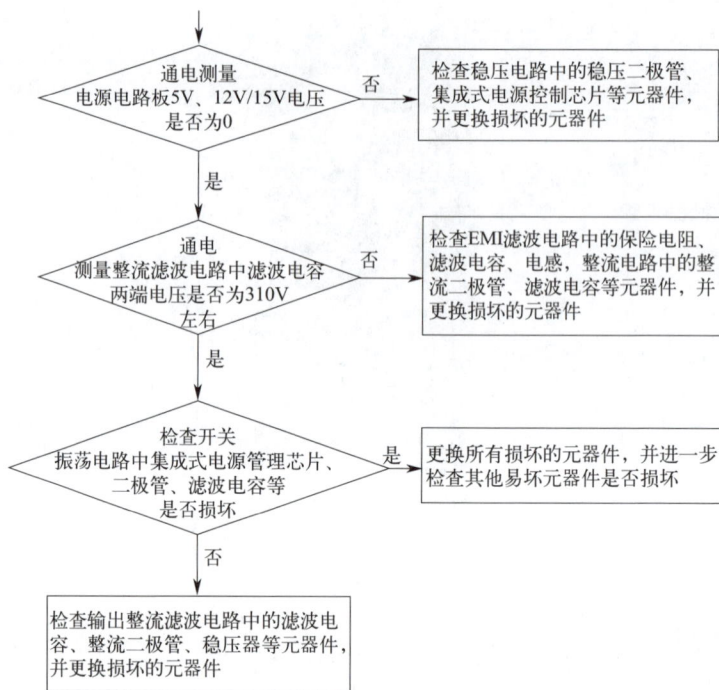

图 7-6 冰箱开关电源电路故障检修流程图

7.5 ▶ 快速诊断冰箱开关电源电路常见故障

冰箱故障中有很大一部分是开关电源电路不能正常工作造成的,冰箱出现通电无任何启动迹象的故障,可能是温控器开关、PTC 启动器损坏,或压缩机故障,或电源电路板故障等引起的,需要一步步检查。下面将讲解冰箱通电无反应故障维修方法。

冰箱通电无反应故障维修方法如下。

① 检查冰箱内照明灯是否亮,如图 7-7 所示。

如果亮,说明冰箱的供电电路基本正常,这时可以排除熔断电阻(保险管)、整流桥堆故障,电源插头与插座接触不良,电源电压不稳定等故障原因。

图 7-7 检查冰箱内照明灯

② 如果不亮，则检测 PTC 启动器是否损坏。如图 7-8 所示。

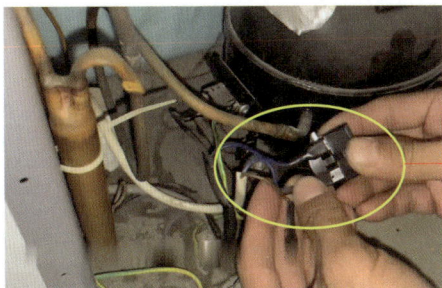

将万用表调到蜂鸣挡，两只表笔接 PTC启动器热敏电阻的两只引脚，测量其阻值（正常为4～33Ω）。如果阻值为0或无穷大，则PTC启动器损坏。

图 7-8　检测 PTC 启动器

③ 用手摸压缩机的外壳，感觉压缩机有无温度，能否听见响声，如图 7-9 所示。

如果有温度，说明压缩机运转正常，需要检查制冷系统中的部件，如毛细管、冷凝器等。

图 7-9　检查变频压缩机的温度

④ 如果压缩机没有温度，听不见运行声音，则检查冰箱的电源电路板中的元器件。如图 7-10 所示。

检查电路板中有无烧坏、炸裂、烧黑、鼓包等明显损坏的元器件。若有，更换损坏的元器件，并检查元器件所在的电路。

图 7-10　检查冰箱电路板的元器件

⑤ 给冰箱通电，检查电路板中变频压缩机的驱动电压及直流 5V/12V 输出电压是否正常，如图 7-11 所示。

将万用表调到交流电压400V挡，然后将两只表笔接变频压缩机驱动电压输出接口的两个端子，测量驱动电压，正常应该有几十伏到一百多伏的驱动电压。然后用万用表直流20V挡测量5V/12V电压输出电路中滤波电容两端的电压，正常为5V和12V左右，稳定不跳变。

图 7-11　测量变频压缩机的驱动电压

⑥ 如果变频压缩机驱动电压不正常，则检查变频电路。如果 5V/12V 输出电压不正常（偏高或偏低），则检查开关电源电路中的稳压电路。如图 7-12 所示。

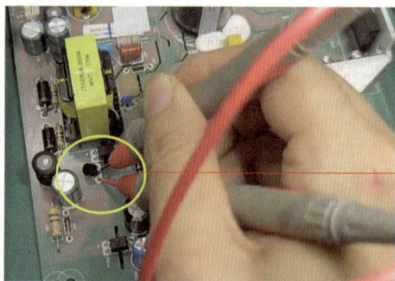

将万用表调到蜂鸣挡，检测稳压电路中的取样电阻、精密稳压器和光耦合器等元器件，并更换损坏的元器件。

图 7-12　检测稳压电路

⑦ 如果 5V/12V 电压为 0，则检查变频冰箱电源电路板中交流 220V 输入电压是否正常，如图 7-13 所示。

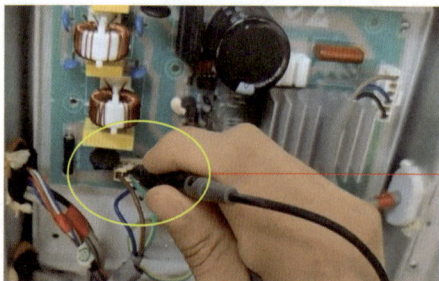

将万用表调到交流电压1000V挡，然后两只表笔接电压输入接口测量220V交流输入电压。如果220V交流输入电压不正常，则可能是电源线和电源线接头问题，检查这两个部件。

图 7-13　检查电源电路板中交流 220V 输入电压

⑧ 如果 220V 输入电压正常，则检查电源电路板中整流滤波电路输出的 310V 直流电压是否正常，如图 7-14 所示。

将万用表调到直流电压1000V挡，两只表笔接整流滤波电路中的滤波电容两引脚，测量310V直流电压。如果310V直流电压不正常，则检测EMI滤波电路中的保险管、安规电容、压敏电阻，及整流滤波电路中的整流桥堆、滤波电容等元器件。如果有问题，更换损坏的元器件。

图 7-14　测量 310V 直流电压

⑨ 如果上一步测量的 310V 电压正常，则 EMI 滤波电路和整流滤波电路正常，接着在断电情况下检测开关振荡电路，如图 7-15 所示。

在断电情况下，用万用表二极管挡检测集成式电源管理芯片（集成开关管）的VDD端与S端间的管电压，正常为0.5V左右。如果为0，则是击穿损坏。接着测量电源芯片连接的二极管的管电压，正常也为0.5V左右。然后用万用表电阻挡检测电源管理芯片连接的取样电阻是否有短路或断路故障，滤波电容是否被击穿。如果有问题，更换故障元器件。

图 7-15　检测开关振荡电路

⑩ 如果开关振荡电路中元器件均正常，则检测输出整流滤波电路中的元器件，如图 7-16 所示。

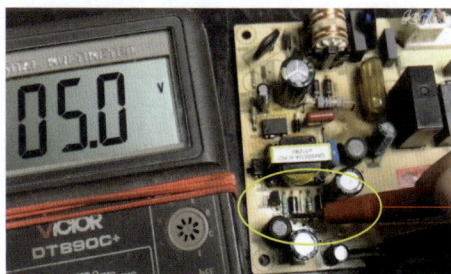

在断电情况下，用万用表二极管挡检测输出电路中整流二极管的管电压，正常为0.5V左右。再用蜂鸣挡检测滤波电容，如果阻值为0，说明滤波电容击穿损坏。如果有问题，更换故障元器件。

图 7-16　检测输出电路

7.6 动手维修：冰箱开关电源电路故障维修实战

7.6.1 冰箱通电无显示、不制冷故障维修实战

（1）故障现象

客户送来一台海尔冰箱，反映这台冰箱通电无显示，不制冷。

（2）故障检测与维修

通常冰箱通电无显示、不制冷故障可能是冰箱电源线损坏（如被老鼠咬断），或冰箱开关电源电路故障引起的，需重点检查电源电路板故障。

冰箱通电无显示、不制冷故障维修方法如下。

① 检查冰箱的电源线，未发现损坏的情况。接着拆开电源电路板的挡板，检查电源电路板，如图 7-17 所示。

经检查，发现电源电路板中有烧坏的痕迹，怀疑是电源电路板元器件损坏引起的故障。

图 7-17 检查电源电路板外观

② 拆下电源电路板，仔细检查电源电路板中的元器件，如图 7-18 所示。

仔细检查电源电路板，发现电路板中的保险电阻、电源控制芯片烧黑损坏，310V滤波电容漏液鼓包损坏。

图 7-18 查找损坏的元器件

③ 将损坏的元器件拆下，拆下之后，用万用表二极管挡检测电路板中所有的二极管，看有无损坏，如图 7-19 所示。

先拆下三个损坏的元器件，之后将万用表调到二极管挡，检测电路板中所有的二极管（红表笔接二极管正极，黑表笔接负极，测量管电压，正常管电压应为0.5V左右），经检查未发现损坏的二极管。

图 7-19　检测电路板中的二极管

④ 检测电路板中的电阻器等元器件，如图 7-20 所示。

用万用表的蜂鸣挡检测电阻器、电容器、光耦合器等元器件，未发现短路损坏的元器件。

图 7-20　检测电阻器等元器件

⑤ 更换损坏的元器件，准备通电测试，如图 7-21 所示。

将新的同型号的电源控制芯片、滤波电容、保险电阻焊接到电路板，准备通电测试。

图 7-21　更换损坏的元器件

⑥ 给电路板通电，然后测量 5V 输出电压，如图 7-22 所示。

将万用表调到直流电压20V挡，测量5V输出整流滤波电路中的整流二极管负极与接地端间的电压。测量的电压值为5V，电压正常。

图 7-22　测量 5V 输出电压

⑦ 测量 12V 输出电压，如图 7-23 所示。

用万用表直流电压20V挡，测量12V输出整流滤波电路中的整流二极管负极与接地端间的电压。测量的电压值为12.6V，电压正常。

图 7-23　测量 12V 输出电压

⑧ 将电路板安装回冰箱，通电测试，如图 7-24 所示。

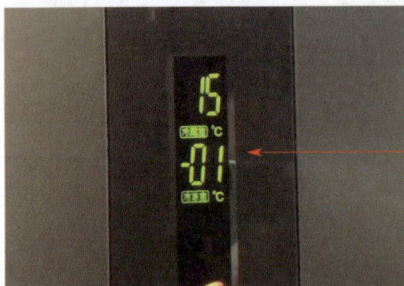

通电测试，看到冰箱显示板可以正常显示，且制冷正常，冰箱故障排除。

图 7-24　通电测试

7.6.2　冰箱不通电、显示屏不亮故障维修实战

（1）故障现象

客户送来一台新飞冰箱，反映这台冰箱不通电，显示屏不亮。

（2）故障检测与维修

通常冰箱不通电、显示屏不亮故障可能是冰箱电源线断线，或冰箱电源电路板故障引起的，需重点检查电源电路板故障。

冰箱不通电、显示屏不亮故障维修方法如下。

① 检测电路板中的元器件，如图 7-25 所示。

检查电路板中有无明显烧黑、断裂、鼓包等损坏的元器件。经检查，未发现明显损坏的元器件。然后用万用表检查电源电路板上主要元器件（如保险管、整流二极管、滤波电容、电阻、开关管等）是否有短路的故障。经检查，未发现短路损坏的元器件。

图 7-25　检测电路板中的元器件

② 给电路板通电，检测 5V 输出电压，如图 7-26 所示。

将万用表调到直流电压20V挡，红表笔接5V电压输出端的正极，黑表笔接负极，测量5V输出电压。测量值为0，没有5V输出电压。

图 7-26　测量 5V 输出电压

③ 测量 12V 输出电压，如图 7-27 所示。

④ 检测整流滤波电路输出的电压，如图 7-28 所示。

⑤ 怀疑输出电路有问题，检测输出电路中的元器件，如图 7-29 所示。

⑥ 更换整流二极管，如图 7-30 所示。

⑦ 更换之后，给电路板接上电源，进行测试，如图 7-31 所示。

用万用表直流电压20V挡,红表笔接12V电压输出端的正极,黑表笔接负极,测量12V输出电压。测量值为0,没有12V输出电压。

图 7-27 测量 12V 输出电压

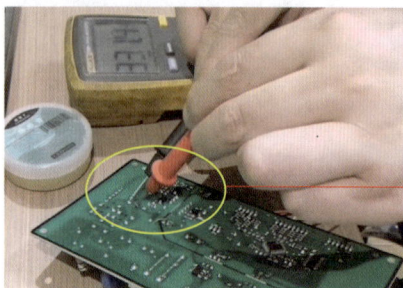

将万用表调到直流电压1000V挡,两只表笔接整流滤波电路中的大电容两端,测量直流电压。测量的电压为331.4V,电压正常。

图 7-28 检测整流滤波后的电压

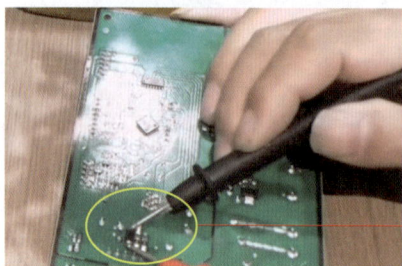

将万用表调到二极管挡,检测输出整流滤波电路中的整流二极管,发现有个整流二极管的管电压为无穷大(正常为0.4~0.6V),说明该整流二极管损坏。再用蜂鸣挡检测输出电路中的滤波电容,未发现损坏的电容器。

图 7-29 检测整流二极管和滤波电容

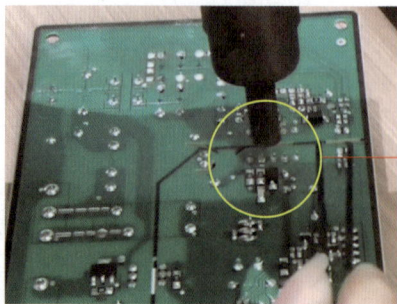

用热风枪将损坏的整流二极管拆下,更换一个同型号的整流二极管。

图 7-30 更换损坏的整流二极管

全彩图解
开关电源芯片级维修

将万用表调到直流电压20V挡，测量输出端的5V电压，测量值为5.07V，电压正常。然后测量输出端12V电压，测量值为12.02V，电压正常。电路板故障排除。

图 7-31　通电测试

7.6.3　松下变频冰箱显示屏闪动、不制冷故障维修实战

（1）故障现象

一台故障松下变频冰箱，客户反映冰箱通电后显示屏无法正常显示，一直闪动，并且冰箱不能制冷。

（2）故障检测与维修

根据故障现象分析，冰箱显示屏显示不正常，而显示屏由控制电路控制，且如果控制电路出现故障后，会无法正常向变频电路发出控制信号，从而导致变频电路无法正常工作，无法驱动变频器运转。所以可能是控制电路有故障，也有可能控制电路和变频电路同时有故障，接下来重点检查这些方面。

此故障的维修方法如下。

① 给冰箱通电，观察冰箱故障现象，如图 7-32 所示。

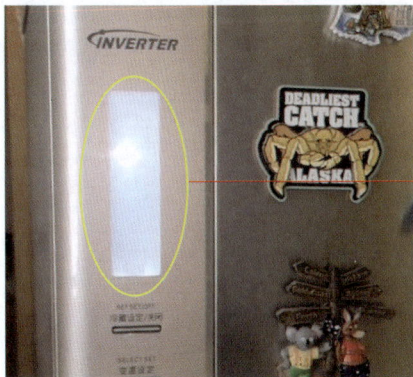

给冰箱通电，然后检查冰箱，发现显示屏没有正常显示，且通电一会儿后，冰箱冷冻室的温度没有变化。

图 7-32　观察冰箱故障现象

139

② 检查冰箱的变频压缩机，如图 7-33 所示。

先拆开冰箱后面压缩机和电路板位置的外壳，然后在通电状态下，用手摸变频压缩机的外壳，发现没有温度和响声，说明变频压缩机没有运转。

图 7-33　检查冰箱的变频压缩机

③ 变频压缩机没有运转，有可能是变频压缩机损坏，也可能是电路板故障导致没有驱动电压输出。接下来检查电路板，如图 7-34 所示。

检查电路板中有无烧坏、发黑、炸裂、鼓包等明显损坏的元器件。经检查，未发现明显损坏的元器件。

图 7-34　检查电路板中的元器件

④ 由于显示屏不正常，而显示屏由控制电路板控制，因此接下来先检测控制电路板的 14V 供电电压。如图 7-35 所示。

将万用表调到直流电压200V挡，将黑表笔接地，红表笔接14V电压测试点，测量的电压在8～13V之间不断地跳动，说明电压不正常。控制电路板的供电电压不正常会导致控制电路板无法正常工作，无法控制显示屏正常显示，同时无法向变频电路发送控制信号，导致变频电路无法正常工作，就无法正常驱动变频压缩机。

图 7-35　检测 14V 供电电压

⑤ 由于控制电路板的 14V 电压是由电源电路板输送的，因此先将电源电路板拆下，准备检查其电路。如图 7-36 所示。

拆下电源电路板检查，发现14V供电是由变压器变压后，经滤波电容、电感、稳压二极管处理，再经插座送入控制电路板的。

图 7-36 检查电源电路板

⑥ 检测 14V 供电电路中的元器件，如图 7-37 所示。

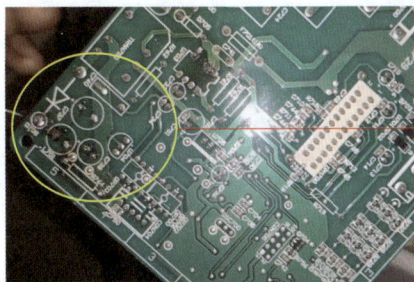

用万用表检测稳压二极管、电感、电容等元器件后，发现稳压二极管的管电压正常，电感没有断路故障，滤波电容也没有明显短路损坏。

图 7-37 检测 14V 供电电路中的元器件

⑦ 用替换法进一步检测，如图 7-38 所示。

怀疑滤波电容的容量可能降低，导致14V电压不稳定。将一个同型号的好的滤波电容并联到14V供电电路中进行测试。

图 7-38 用替换法进一步检测

⑧ 将电源电路板接入冰箱进行测试，如图 7-39 所示。

⑨ 检查冰箱的显示屏，如图 7-40 所示。

⑩ 更换电容器，如图 7-41 所示。

将电源电路板接入冰箱后，给冰箱通电，然后将万用表调至直流电压20V挡，黑表笔接地，红表笔接14V电压测试点，测量控制电路板中的14V电压。测量的电压值为13.96V，且很稳定，说明供电电压正常了。

图 7-39　将电源电路板接入冰箱进行测试

检查冰箱的显示屏，发现显示屏不闪动了，可以正常显示温度，而且最上面显示变频达到了"3"，说明变频压缩机开始工作了。

图 7-40　检查冰箱的显示屏

用电源电路板中测试的电容器替换电路板上原先的电容器，并将电路板安装好。

图 7-41　更换电容器

⑪ 再次接通电源进行测试，如图 7-42 所示。

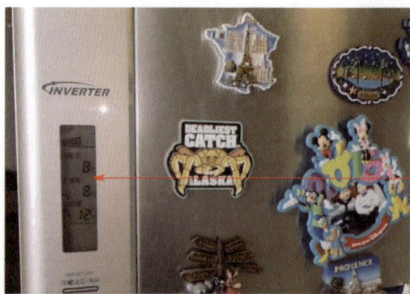

再次接通电源进行测试，显示屏显示正常，冰箱工作一会儿后，打开冷冻室检查，冰箱温度降低了，冰箱故障排除。

图 7-42　测试变频冰箱

第 8 章

电脑 ATX 电源
电路故障维修实战

电脑 ATX 电源主要为电脑提供工作所需的供电，其采用开关电源的形式。电脑 ATX 电源出现故障会导致电脑出现黑屏无法开机、死机等故障。本章将重点讲解电脑 ATX 电源中易坏芯片元器件、故障检测点、故障检修流程图、常见故障维修和故障维修实战案例等内容。

8.1 看图识电脑 ATX 电源电路板芯片电路

电脑 ATX 电源电路的功能主要是将 220V 市电进行滤波、整流、降压和稳压后输出多路低压直流电压。如图 8-1 所示为电脑 ATX 电源电路。

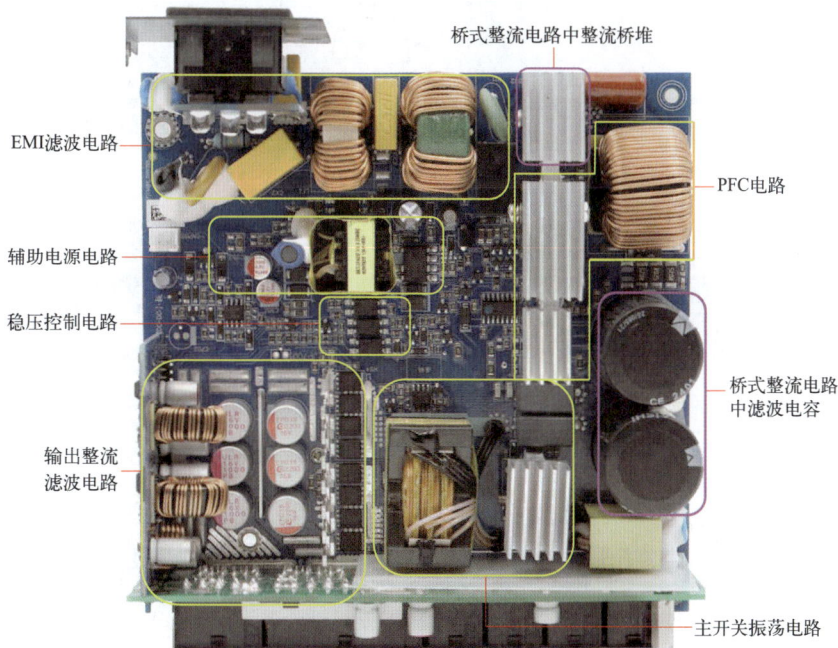

图 8-1

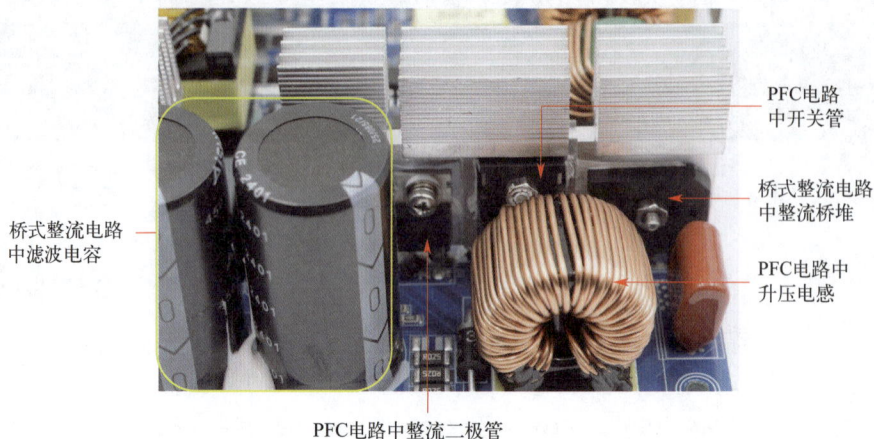

图 8-1　电脑 ATX 电源电路

电脑 ATX 电源电路主要由 EMI 滤波电路、桥式整流滤波电路、PFC 电路、主开关振荡电路、输出整流滤波电路、辅助开关振荡电路、辅助输出整流滤波电路、稳压电路、保护电路等组成。如图 8-2 所示为电脑 ATX 电源电路的组成框图。

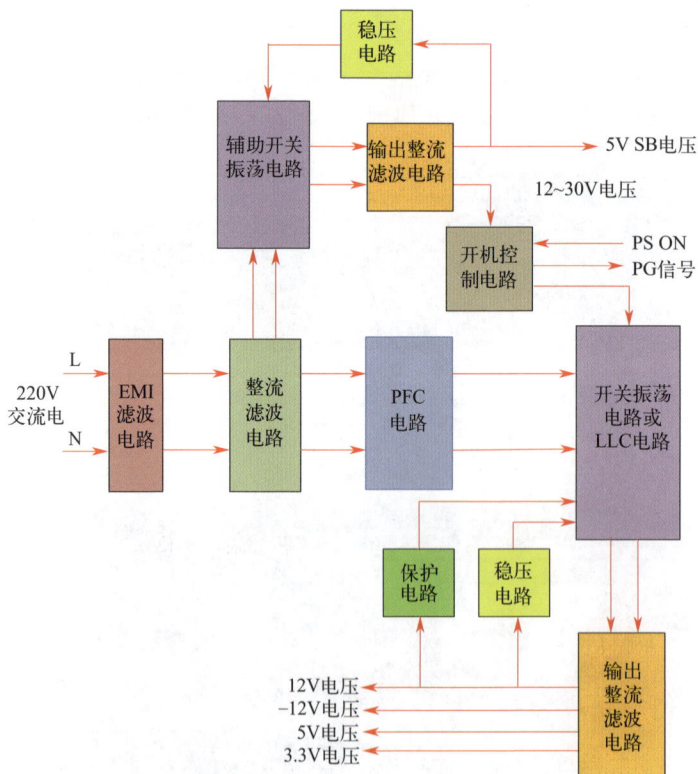

图 8-2　电脑 ATX 电源电路的组成框图

8.2 电脑 ATX 电源电路易坏芯片元器件

电脑 ATX 电源的开关电源电路易坏元器件主要有：保险电阻、压敏电阻、共模电感、X 电容器、Y 电容器、整流桥堆、滤波电容、PFC 开关管、PFC 整流二极管、PFC 电感、开关管、主开关变压器、副开关变压器、取样电阻、PWM 控制芯片、快恢复二极管、5V SB 稳压器、光耦合器、精密稳压器、运算放大器等，如图 8-3 所示。

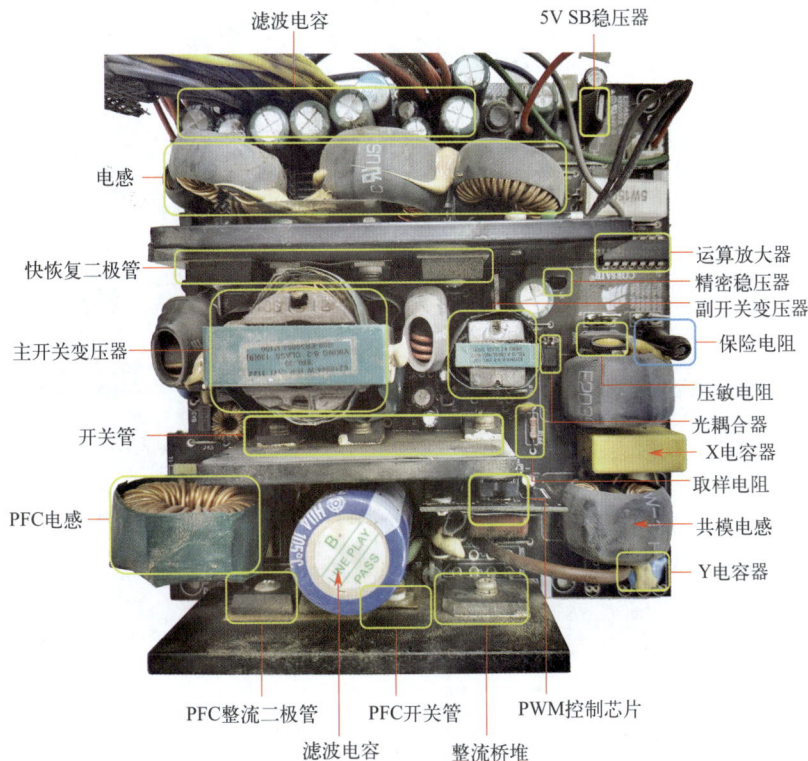

图 8-3　开关电源电路易坏元器件

8.3 电脑 ATX 电源电路故障检测点

由于电脑 ATX 电源电路工作在高压、大电流及高温的环境中，一些部件的故障率较高，如整流桥堆、滤波电容、开关管、取样电阻、PWM 控制芯片、快恢复二极管等，因此在检测电脑 ATX 电源电路故障时，可以重点检测这些易坏元器件，来帮助查找故障原因。下面总结电脑 ATX 电源电路的故障检测点。

8.3.1 电脑 ATX 电源电路各功能电路位置以及电压检测点

如图 8-4 所示，将电脑 ATX 电源电路中各主要功能电路采用框注的方式进行标注，同时注明功能电路的关键电压检测点，根据检测点的信号去判断各功能电路是否工作正常。

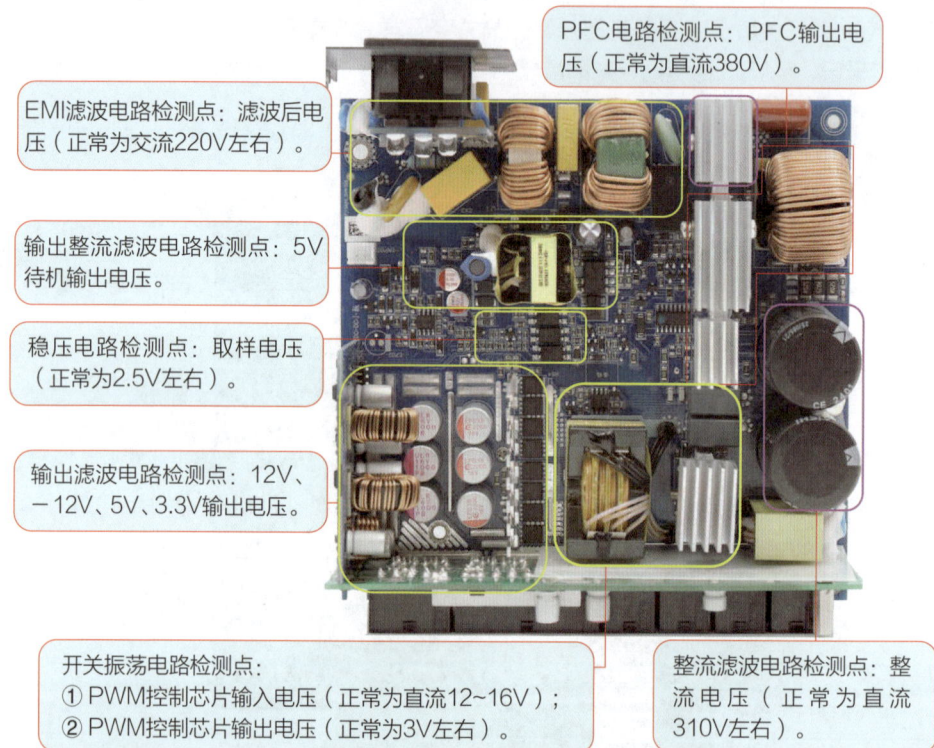

PFC电路检测点：PFC输出电压（正常为直流380V）。

EMI滤波电路检测点：滤波后电压（正常为交流220V左右）。

输出整流滤波电路检测点：5V待机输出电压。

稳压电路检测点：取样电压（正常为2.5V左右）。

输出滤波电路检测点：12V、－12V、5V、3.3V输出电压。

开关振荡电路检测点：
① PWM控制芯片输入电压（正常为直流12~16V）；
② PWM控制芯片输出电压（正常为3V左右）。

整流滤波电路检测点：整流电压（正常为直流310V左右）。

图 8-4 各功能电路位置以及电压检测点

8.3.2 电脑 ATX 电源电路关键电压检测点

在诊断电脑 ATX 电源电路故障时，可以通过测量电路中关键电压信号来排查故障发生在哪个功能电路中。如通过测量整流滤波电路中滤波电容的 310V 直流电压是否正常，来判断 EMI 滤波电路和整流滤波电路是否工作正常，以此来缩小故障排查区域，快速找到故障点。如图 8-5 所示为电脑 ATX 电源电路关键电压检测点。

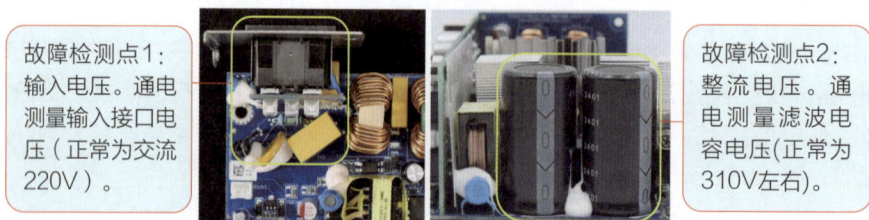

故障检测点1：输入电压。通电测量输入接口电压（正常为交流220V）。

故障检测点2：整流电压。通电测量滤波电容电压(正常为310V左右)。

故障检测点4：供电电压。通电测量PWM控制芯片供电脚电压（一般为12～16V）；通电测量PWM控制芯片输出引脚电压（正常为3V左右）。

故障检测点3：PFC电压。通电测量PFC整流二极管负极和电源接地端之间的电压（正常为380V左右）。

故障检测点5：输出电压。通电测量输出电路中12V、－12V、5V、3.3V输出电路中滤波电容两端的电压。

图8-5　电脑ATX电源电路关键电压检测点

8.3.3　电脑ATX电源电路关键元器件检测点

在检查电脑ATX电源电路故障时，要重点检测电路中故障率较高的元器件，这样可以快速找到故障原因。下面总结电脑ATX电源电路关键元器件检测点（关键元器件检测实战具体内容参考第3章）。如图8-6所示为电脑ATX电源电路关键元器件检测点。

故障检测点8：断电测量开关管引脚阻值（看是否存在短路情况）。

故障检测点1：断电测量熔断电阻阻值（正常为0.1～1Ω）。

故障检测点7：断电测量PFC电感阻值(看是否有断路故障)。

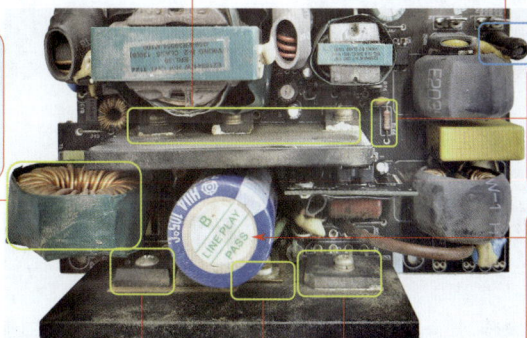

故障检测点2：断电测量取样电阻阻值（看是否存在短路或断路情况）。

故障检测点3：断电测量整流滤波电路滤波电容阻值（阻值不能为0）。

故障检测点6：断电测量PFC整流二极管的管电压（正常为0.4～0.7V）。

故障检测点4：断电测量整流桥堆引脚的管电压（正常为0.5～1V）。

故障检测点5：断电测量PFC开关管引脚阻值（看是否存在短路情况）。

图8-6

故障检测点9：断电测量副开关变压器初级绕组及次级绕组引脚间阻值（正常为0.1~1Ω）。

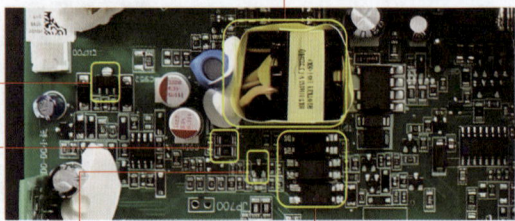

故障检测点10：断电测量输出电路中稳压器和滤波电容阻值（看是否有短路）。

故障检测点11：断电测量输出滤波电路中整流二极管的管电压（正常为0.4~0.7V）。

故障检测点12：断电测量稳压电路精密稳压器引脚阻值（正常为10kΩ）。

故障检测点13：断电测量稳压电路光耦合器输入引脚的管电压（正常为0.8V左右）。

故障检测点14：断电测量输出整流滤波电路中NMOS管的引脚阻值（看是否有短路故障）。

故障检测点15：断电测量输出整流滤波电路中滤波电容阻值（看是否有短路故障）。

故障检测点16：断电测量主开关变压器初级绕组及次级绕组引脚间阻值（正常为0.1~1Ω）。

图 8-6　电脑 ATX 电源电路关键元器件检测点

8.4 ▶ 电脑 ATX 电源电路故障诊断流程图

电脑 ATX 电源电路常见故障主要表现为电源无法启动、电源无输出、电源输出电压不正常等。电脑 ATX 电源电路故障的原因可能是保险管烧坏、滤波电容损坏、开关管损坏、整流桥堆损坏、取样电阻损坏等。如图 8-7 所示为电脑 ATX 电源电路故障检修流程图。

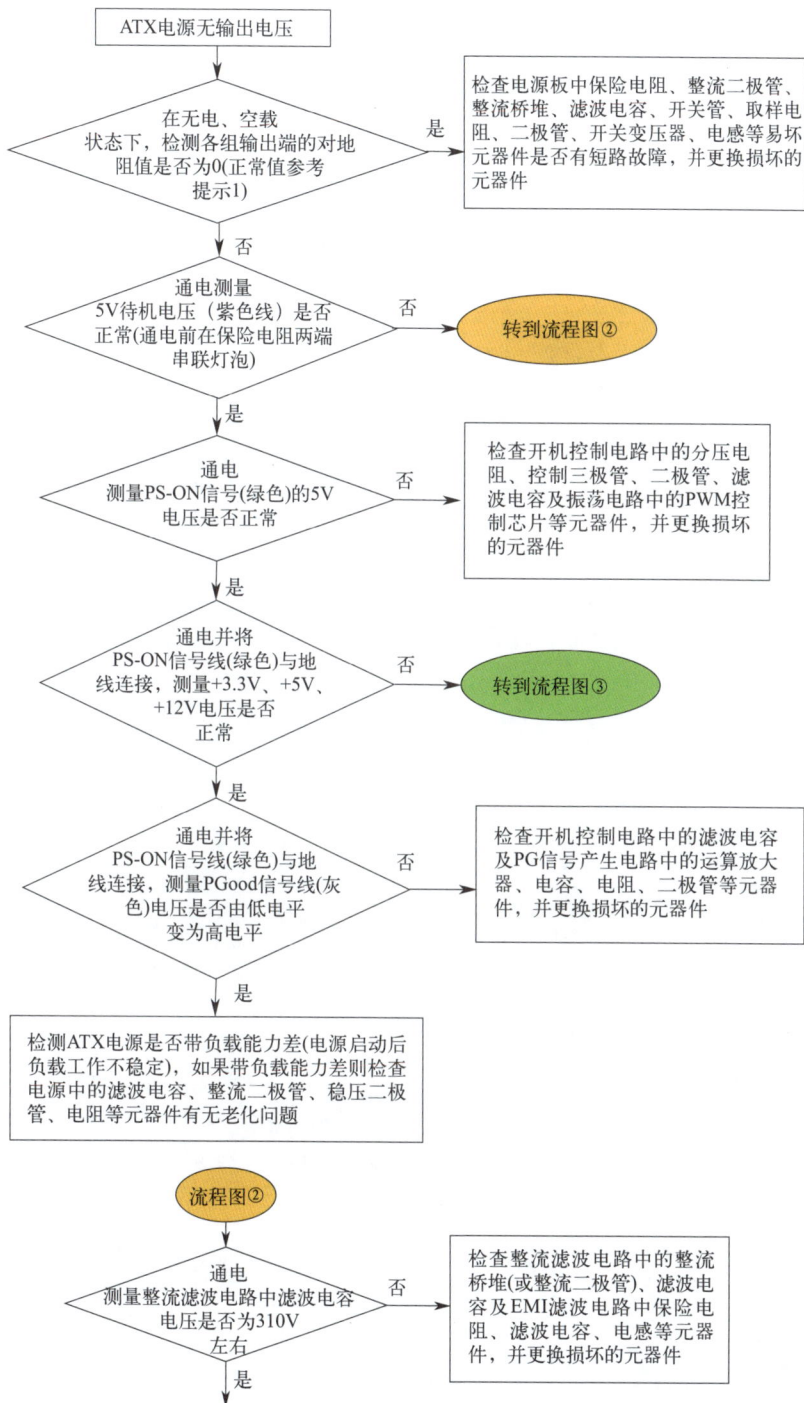

```
┌─────────────────────────┐
│    ATX电源无输出电压      │
└─────────────────────────┘
             │
             ▼
    ╱─────────────────╲                          ┌────────────────────────────┐
   ╱  在无电、空载        ╲        是              │ 检查电源板中保险电阻、整流二极管、 │
  ╱ 状态下，检测各组输出端的对地 ╲───────────────▶│ 整流桥堆、滤波电容、开关管、取样电 │
  ╲ 阻值是否为0(正常值参考        ╱                │ 阻、二极管、开关变压器、电感等易坏 │
   ╲     提示1)              ╱                    │ 元器件是否有短路故障，并更换损坏的 │
    ╲─────────────────╱                          │ 元器件                      │
             │ 否                                 └────────────────────────────┘
             ▼
    ╱─────────────────╲
   ╱    通电测量          ╲         否            ╭──────────────╮
  ╱ 5V待机电压（紫色线）是否 ╲──────────────────▶│  转到流程图②   │
  ╲ 正常(通电前在保险电阻两端  ╱                    ╰──────────────╯
   ╲    串联灯泡)          ╱
    ╲─────────────────╱
             │ 是
             ▼
    ╱─────────────────╲                          ┌────────────────────────────┐
   ╱     通电           ╲          否             │ 检查开机控制电路中的分压电      │
  ╱ 测量PS-ON信号线(绿色)的5V ╲──────────────────▶│ 阻、控制三极管、二极管、滤      │
  ╲ 电压是否正常           ╱                      │ 波电容及振荡电路中的PWM控      │
   ╲                   ╱                        │ 制芯片等元器件，并更换损坏      │
    ╲─────────────────╱                          │ 的元器件                    │
             │ 是                                 └────────────────────────────┘
             ▼
    ╱─────────────────╲
   ╱    通电并将          ╲          否            ╭──────────────╮
  ╱ PS-ON信号线(绿色)与地    ╲──────────────────▶│  转到流程图③   │
  ╲ 线连接，测量+3.3V、+5V、   ╱                    ╰──────────────╯
   ╲ +12V电压是否          ╱
    ╲    正常            ╱
     ╲─────────────────╱
             │ 是
             ▼
    ╱─────────────────╲                          ┌────────────────────────────┐
   ╱    通电并将          ╲          否            │ 检查开机控制电路中的滤波电容     │
  ╱ PS-ON信号线(绿色)与地     ╲──────────────────▶│ 及PG信号产生电路中的运算放大     │
  ╲ 线连接，测量PGood信号线(灰  ╱                    │ 器、电容、电阻、二极管等器       │
   ╲ 色)电压是否由低电平       ╱                     │ 件，并更换损坏的元器件         │
    ╲    变为高电平         ╱                       └────────────────────────────┘
     ╲─────────────────╱
             │ 是
             ▼
┌──────────────────────────────────────┐
│ 检测ATX电源是否带负载能力差(电源启动后     │
│ 负载工作不稳定)，如果带负载能力差则检查     │
│ 电源中的滤波电容、整流二极管、稳压二极      │
│ 管、电阻等元器件有无老化问题              │
└──────────────────────────────────────┘
```

```
          ╭──────────────╮
          │   流程图②      │
          ╰──────────────╯
                 │
                 ▼
        ╱─────────────────╲                      ┌────────────────────────────┐
       ╱     通电           ╲        否           │ 检查整流滤波电路中的整流       │
      ╱ 测量整流滤波电路中滤波电容 ╲──────────────▶│ 桥堆(或整流二极管)、滤波电      │
      ╲ 电压是否为310V          ╱                  │ 容及EMI滤波电路中保险电       │
       ╲    左右            ╱                     │ 阻、滤波电容、电感等元器       │
        ╲─────────────────╱                       │ 件，并更换损坏的元器件        │
                 │ 是                              └────────────────────────────┘
                 ▼
```

图 8-7

检查5V待机电路中开关管、取样电阻、二极管、分压电阻、PWM控制芯片、开关变压器、精密稳压器、光耦合器、稳压器等是否损坏 ── 是 → 更换所有损坏的元器件，并进一步检查其他易坏元器件是否损坏

否 ↓

检查待机电路中输出整流滤波电路中的滤波电容、整流二极管等元器件，并更换损坏的元器件

流程图③

通电测量电源电路板+3.3V、+5V、+12V电压是否为0 ── 否 → 检查稳压电路中的取样电阻、精密稳压器、二极管、三极管等元器件，并更换损坏的元器件

是 ↓

通电测量PFC电路中PFC二极管负极与地之间的电压是否为380V左右 ── 否 → 检查PFC电路中的PFC开关管、PFC二极管、升压电感、滤波电容等元器件，并更换损坏的元器件

是 ↓

检查主开关电路中开关管、开关管连接的取样电阻、二极管、PWM控制芯片、开关变压器等是否损坏 ── 是 → 更换所有损坏的元器件，并进一步检查其他易坏元器件是否损坏

否 ↓

检查主开关电源电路中输出整流滤波电路中的滤波电容、整流二极管、快恢复二极管、电感等是否损坏 ── 是 → 更换损坏的元器件

否 ↓

检查保护电路中的电阻、二极管等元器件，并更换损坏的元器件

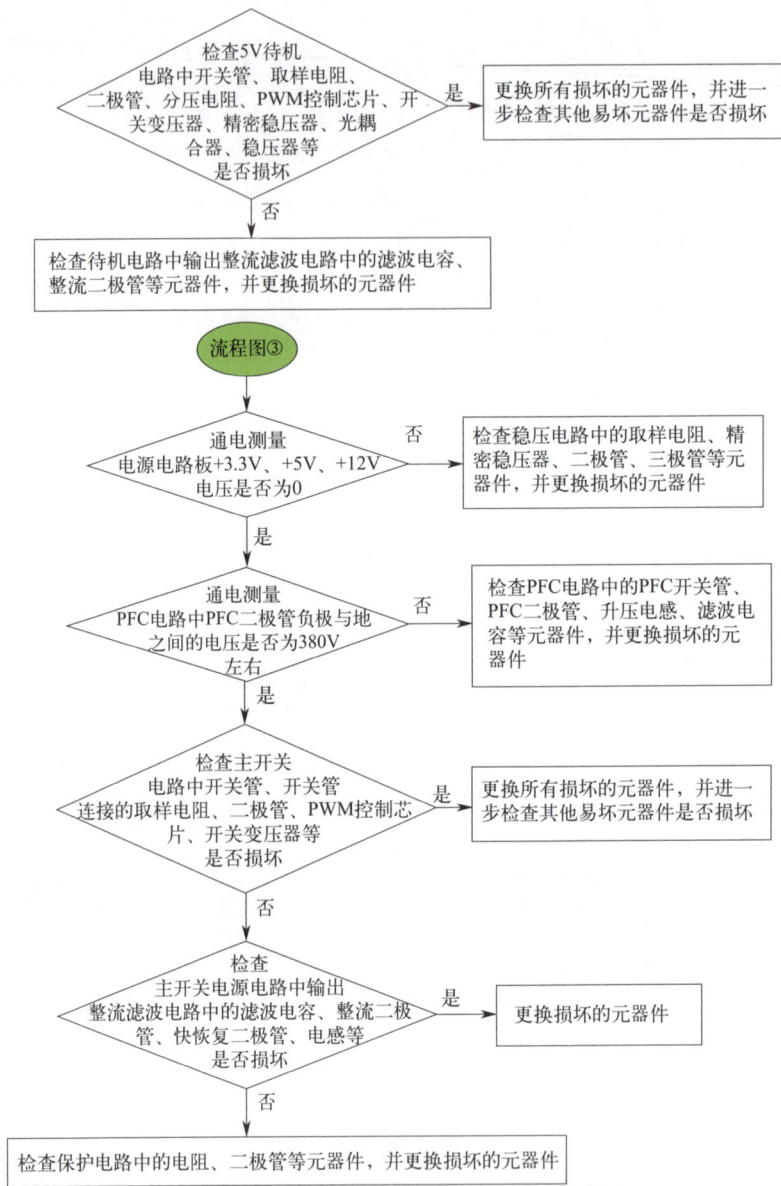

图 8-7　电脑 ATX 电源电路故障检修流程图

提示：正常情况下，5V SB 电源对地阻值 ❶ 为 0.5 左右，+3.3V 和 5V 电源对地阻值为 0.2 ~ 0.5。12V 电源对地阻值为 0.3 ~ 0.7。

❶ 对地阻值测量时，使用的是万用表二极管挡，实际测量出来的值的单位是 V。对地阻值是这种测量方法的一种叫法。

8.5 快速诊断电脑 ATX 电源电路常见故障

如果 ATX 电源无输出电压，应先检测副开关电源电路输出的 5V 待机电压是否正常，如果 5V 待机电压正常，再测量主开关电源电路输出的 5V、12V 等几组电压；如果 5V 待机电压不正常，应先检查副开关电源电路中的问题。

当 ATX 电源的开关电源电路出现故障，无电压输出时，按照下面的方法进行检修。

① 检查开关电源电路板中有无明显损坏的元器件，如图 8-8 所示。

重点检查保险电阻是否熔断，整流桥堆、整流二极管、滤波电容、开关管等有无发黑、炸裂、鼓包、漏液等故障现象，如果有，则重点检查损坏的元器件所在的电路及其前级电路中的元器件。

图 8-8　检查电路板中元器件

② 给保险电阻两端串联一个灯泡（防止通电后炸开关管），然后给电源电路板通电检测电源电路板 5V 待机电压，如图 8-9 所示。

将万用表调到直流电压20V挡，红表笔接电源接头中的5V待机电压线（紫色线），黑表笔接地线（黑色线），测量5V待机电压。如果5V待机电压正常，跳到第⑨步；如果测量的电压值偏低或偏高，则检查副开关电源电路中稳压电路中的取样电阻、精密稳压器及光耦合器的好坏，并更换损坏的元器件。

图 8-9　通电测量输出电压

③ 如果 5V 待机电压为 0，则测量桥式整流滤波电路中 310V 滤波电容两端电压，如图 8-10 所示。

将数字万用表调到直流电压1000V挡，将黑表笔接电容的负极，红表笔接电容的正极，测量直流电压，正常为310V左右。

图 8-10　测量 310V 直流电压

④ 如果 310V 直流电压为 0，则断电检测 EMI 滤波电路和桥式整流滤波电路中的元器件，如图 8-11 所示。

用万用表二极管挡测量整流滤波电路中的整流桥堆或整流二极管的管电压，正常为0.4～1.2V。接着用万用表的蜂鸣挡检测这两个电路中的保险电阻、滤波电容、电感等元器件，如果有损坏的元器件，更换即可。

图 8-11　检测 EMI 滤波电路和整流滤波电路元器件

⑤ 如果③中测量的 310V 直流电压正常，则通电检测 PFC 电路中的滤波电容两端的电压，如图 8-12 所示。

用万用表直流电压1000V挡测量PFC电容器两端的电压，正常值为380V左右。如果电压不正常，将万用表调到二极管挡，检查PFC电路中的PFC开关管、PFC二极管，用万用表蜂鸣挡检测PFC升压电感、PFC电源管理芯片、滤波电容等元器件，并更换损坏的元器件。

图 8-12　检测 PFC 电路

⑥ 如果 PFC 电路输出电压正常，则检测 5V 待机电路中的开关振荡电路，如图 8-13 所示。

在断电情况下，用万用表二极管挡检测5V
待机电路中的集成式电源管理芯片（集成开
关管）的VDD端与S端间的管电压，正常为
0.5V左右。如果为0，则是击穿损坏。接着
测量电源芯片连接的二极管的管电压，正常
也为0.5V左右。然后用万用表电阻挡检测
电源管理芯片连接的取样电阻是否有短路或
断路故障，滤波电容是否被击穿，开关变压
器绕组是否断路。如果有问题，更换故障元
器件。

图8-13　检测开关振荡电路

⑦ 如果 5V 待机电路中的开关振荡电路正常，则检测 5V 待机电路中的输出整流滤波电路，如图 8-14 所示。

在断电情况下，用万用表二极管挡
检测5V待机电路的输出整流滤波电
路中整流二极管的管电压，正常为
0.5V左右。再用蜂鸣挡检测滤波电
容，如果阻值为0，说明滤波电容
击穿损坏。如果有问题，更换故障
元器件。

图8-14　检测输出电路

⑧ 若5V待机电路的输出整流滤波电路正常，再检测保护电路，如图8-15所示。

将万用表调到蜂鸣挡，红黑表笔分别
接保护电路中的取样电阻及精密稳压
器的引脚，检测它们有无短路损坏。
如果有损坏，更换损坏的元器件。

图8-15　检测保护电路

⑨ 如果测量的 5V 待机电压正常，说明 EMI 滤波电路、整流滤波电路、PFC
电路均正常，接着检测输出接口中的 12V 供电电压是否正常。如图 8-16 所示。

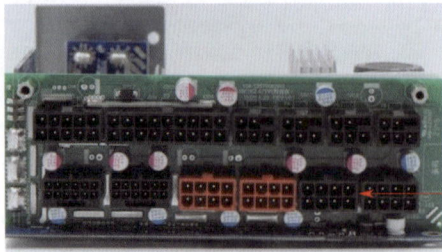

将万用表调到直流电压20V挡，红黑两只表笔接主开关电源电路的输出端口中12V电压输出端和接地端，测量12V电压。如果测量的电压值偏低或偏高，则检查主开关电源电路中稳压电路中的取样电阻、精密稳压器及光耦合器的好坏，并更换损坏的元器件。

图 8-16　测量 12V 供电电压

⑩ 如果 12V 供电电压为 0，由于 5V 待机电压正常，说明 EMI 滤波电路、整流滤波电路、PFC 电路均正常，故障可能是主开关电源电路中开关振荡电路或输出整流滤波电路问题引起的。接着通电检测主开关电源电路中的 PWM 控制芯片的启动引脚是否有启动电压，如图 8-17 所示。

将万用表调到直流电压20V挡，红表笔接PWM芯片的VCC引脚，黑表笔接芯片的GND引脚，测量启动电压。如果启动电压不正常，再用万用表的电阻挡检测启动电阻，若损坏则更换启动电阻。

图 8-17　测量启动电压

⑪ 如果 PWM 控制芯片的启动电压正常，接着检测开关振荡电路中其他元器件，如图 8-18 所示。

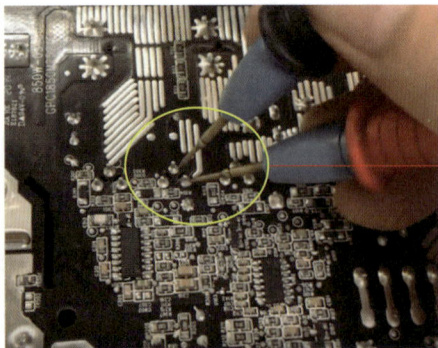

在断电情况下，用万用表二极管挡检测开关管的任意两只引脚间的管电压，如果为0，则是被击穿；正常其中会有一组的管电压为0.5V左右。接着测量开关管连接的二极管的管电压，正常也为0.5V左右。然后用万用表电阻挡检测开关管连接的取样电阻是否有短路或断路故障。再测量开关变压器绕组间的阻值是否为无穷大。如果有问题，更换故障元器件。

图 8-18　检测开关振荡电路开关管等元器件

全彩图解
开关电源芯片级维修

⑫ 如果主开关电源电路中的开关振荡电路正常，则检测主开关电源电路中的输出电路，如图 8-19 所示。

在断电情况下，用万用表二极管挡检测主开关电源电路的输出电路中整流二极管或快恢复二极管的管电压，正常为0.4～1.2V。再用蜂鸣挡检测滤波电容，如果阻值为0，说明滤波电容击穿损坏。如果有问题，更换故障元器件。

图 8-19　检测输出电路

⑬ 如果主开关电源电路中输出电路正常，则用万用表电阻挡检测主开关电源电路中的保护电路中的取样电阻及精密稳压器的引脚，检测它们有无短路损坏。如果有损坏，更换损坏的元器件。

8.6 ▶ 动手维修：电脑 ATX 电源电路故障维修实战

8.6.1　500W ATX 电源炸保险故障维修实战

（1）故障现象

客户送来一台鑫谷超级战舰 F7 ATX 电源，反映这台 ATX 电源开机保险炸了，无法正常开机工作，风扇不转。

（2）故障检测与维修

炸保险说明 ATX 电源中有严重的短路故障，首先需要重点检查电源电路板中发生短路故障的元器件。

ATX 电源炸保险，不开机故障维修方法如下。

① 从外面散热孔中观察内部保险管，发现已经烧坏，接着拆开电源外壳，拆下电源电路板进行检查，如图 8-20 所示。

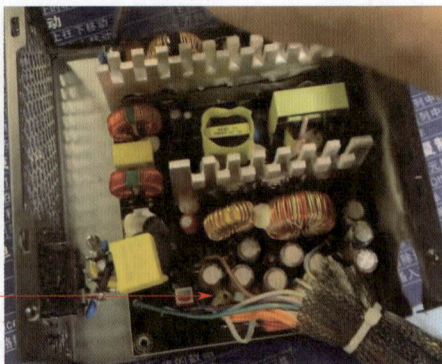

检查电源电路板中有无烧黑、漏液、鼓包、炸裂等明显损坏的元器件。经检查，除了保险管外，未发现其他明显损坏的元器件。

图 8-20　检查电源电路板中元器件

② 保险管烧断说明电路中有很严重的短路故障，接着用万用表检测电路板中的关键元器件，如图 8-21 所示。

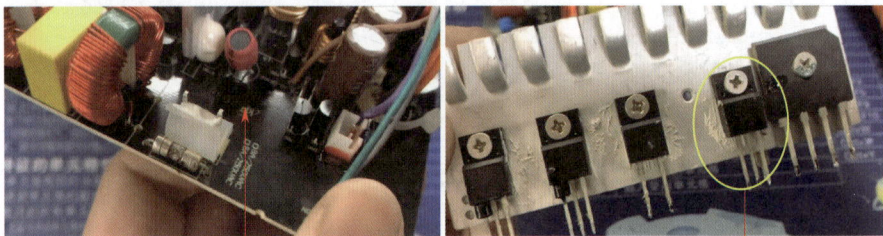

用万用表的二极管挡检测整流桥堆、整流二极管、开关管等，用万用表的蜂鸣挡检测电路中的电阻、电容等元器件。经检查，发现PFC开关管击穿损坏，其他元器件未发现短路损坏的问题。

图 8-21　检测电路板中元器件

③ 拆下被击穿的 PFC 开关管，再次用万用表检测确定是否击穿，如图 8-22 所示。

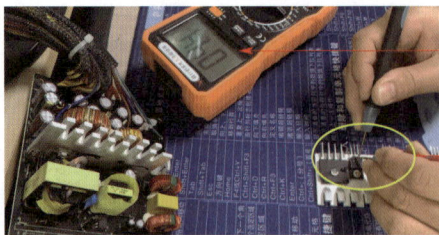

将万用表调到二极管挡，两只表笔接开关管的任意两只引脚测量，发现有两次测量值为0.044V，说明开关管确实被击穿损坏。由于再未发现其他短路元器件，接着更换一个同型号的开关管准备通电测试。

图 8-22　检测并更换损坏的开关管

全彩图解
开关电源芯片级维修

④ 在保险管两端串接灯泡，然后给电源电路板通电测试，如图 8-23 所示。

将灯泡串接到电路板，然后通电。发现灯泡闪一下就熄灭（如果灯泡一直亮说明电路中还有短路问题），说明电源电路板的副开关电源电路工作正常。接着将万用表调到直流电压20V挡，测量5V待机电压，测量值为5.14V，电压正常。

图 8-23　通电测试

⑤ 开机测试，如图 8-24 所示。

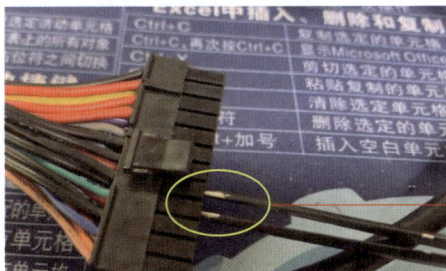

用镊子将电源接头中的PS-ON（绿色线）和地线（黑色）短接，启动电源。短接后发现灯泡一直亮，说明电路中主开关电源电路有短路故障，赶紧断开电源。

图 8-24　开机测试

⑥ 断开电源后，先对大容量电容进行放电，然后用万用表检测主开关电源电路中的元器件，发现之前更换的 PFC 开关管又被击穿了。然后检查其他元器件，如图 8-25 所示。

由于PFC开关管又被击穿，因此重点检查PFC电路中的元器件。用万用表蜂鸣挡检测PFC电路中的元器件，发现有个10Ω电阻被击穿，另外，驱动电路中的三极管阻值也异常，怀疑已经损坏。更换损坏的元器件。

图 8-25　检测 PFC 电路中元器件

157

⑦ 给电源电路板重新通电，灯泡正常闪一下后熄灭，再开机也未发现问题。接着用万用表检测 5V、12V、-12V 电压，电压均正常，如图 8-26 所示。

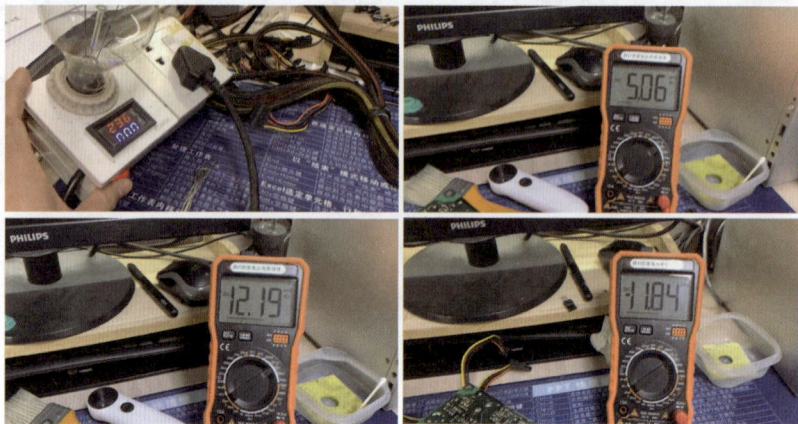

图 8-26　测试电源

⑧ 将电源电路板安装好，接上负载进行测试，如图 8-27 所示。

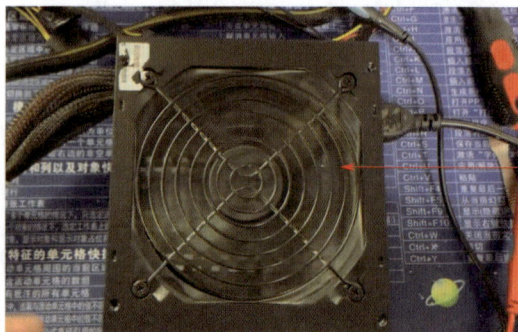

安装好电源电路板后，接上供电，然后接到电脑上进行测试。电脑运行正常，运行大型游戏测试，也未出现问题，故障排除。

图 8-27　接上负载测试

8.6.2　400W ATX 电源输出电压为 0 故障维修实战

（1）故障现象

客户送来一台长城四核王 500S ATX 电源，反映这台 ATX 电源开机无输出，电脑无法正常开机工作，风扇不转。

（2）故障检测与维修

开机输出电压为 0 说明 ATX 电源中的主开关电源电路有故障，需要重点检查电源电路板中主开关电源电路中的元器件故障。

ATX 电源无输出故障维修方法如下。

① 将 ATX 电源连接到测试板（测试板连接灯泡），然后通电，发现测试板中 5V 待机电压指示灯被点亮，接着打开测试板中的开关，观察输出电压，如图 8-28 所示。

打开测试板上的开关，发现输出电压显示屏显示0V，并闪动。说明输出电压不正常。

图 8-28　通电开机检测

② 拆开电源外壳，先对电路板中大容量电容进行放电，然后拆下电源电路板进行检查，如图 8-29 所示。

检查电路板中的元器件，发现在输出电路中很多滤波电容有鼓包损坏的情况。

图 8-29　检查电源电路板

③ 用万用表检查电路板中关键元器件，未发现短路损坏的元器件，接着更换损坏的电容，如图 8-30 所示。

将鼓包的电容全部更换掉，准备通电测试。

图 8-30　更换损坏的电容器

④ 更换损坏的电容器后，将电路板接上测试板进行测试，如图 8-31 所示。

接上测试板后，通电开机，发现输出电压依旧不太正常。3.3V电压输出为3.03V，5V电压输出为3.8V，都偏低。

图 8-31　测试电路板

⑤ 怀疑稳压控制电路有问题导致输出电压偏低。接着断开电源，检测稳压控制电路中的元器件，如图 8-32 所示。

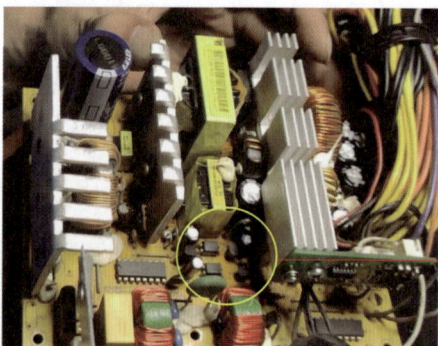

用万用表的二极管挡检测稳压控制电路中的光耦合器，用万用表的电阻挡检测精密稳压器和取样电阻等关键元器件。经检查，发现光耦合器损坏。

图 8-32　检测稳压控制电路中的元器件

⑥ 将损坏的光耦合器拆下，然后用光耦合器测试仪再次检测，如图 8-33 所示。

将拆下的光耦合器安装到测试仪测试，确定损坏。接着用同型号的光耦合器更换损坏的光耦合器，然后准备通电测试。

图 8-33　测试并更换光耦合器

⑦ 将测试板连接到电源电路板，通电开机测试，如图 8-34 所示。

接上测试板后，通电开机，测得3.3V电压输出为3.39V，5V电压输出为5.07V，电压正常。然后将ATX电源安装好，再次接上测试板进行测试，测试电压依旧正常，故障排除。

图 8-34　通电测试

8.6.3　650W 电竞 ATX 电源通电无输出故障维修实战

（1）故障现象

客户送来一台艾湃电竞 AN-650M ATX 电源，反映这台 ATX 电源无法开机，无输出，风扇不转，且保险管被烧断。

（2）故障检测与维修

无法开机，无输出，保险管熔断，说明 ATX 电源中的电源电路有严重的短路故障，需要重点检查电源电路板中短路损坏的元器件。

ATX 电源无法开机，无输出故障维修方法如下。

① 由于客户反映保险管烧断，所以直接拆机检查电源电路板中的元器件外观，如图 8-35 所示。

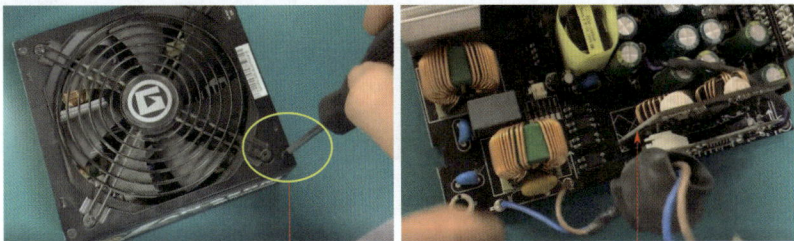

拆开ATX电源外壳，然后检查电路板中的元器件，看有无烧黑、炸裂、鼓包、漏液等明显损坏的元器件。经检查，除了保险管烧断，未发现其他明显损坏的元器件。

图 8-35　检查电路板中元器件

② 用万用表的二极管挡检测电路板中的二极管、三极管等元器件，用万用表的蜂鸣挡检测电阻、电容等元器件。经检测，发现 PFC 开关管、PFC 二极管、PWM 控制芯片、二极管等几个元器件被击穿损坏，如图 8-36 所示。

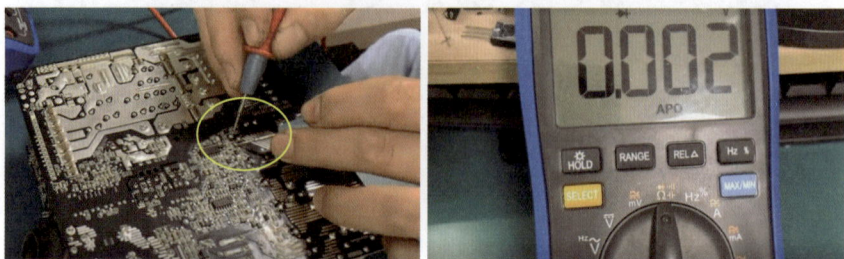

图 8-36　检测电路板中的元器件

③ 检测完后，将损坏的元器件拆下，更换同型号的元器件，如图 8-37 所示。

用热风枪将损坏的开关管、二极管、PWM电源控制芯片等拆下，然后将同型号的元器件焊接到电路板。

图 8-37　更换损坏的元器件

④ 将检测仪接到电源电路板准备通电测试，如图 8-38 所示。

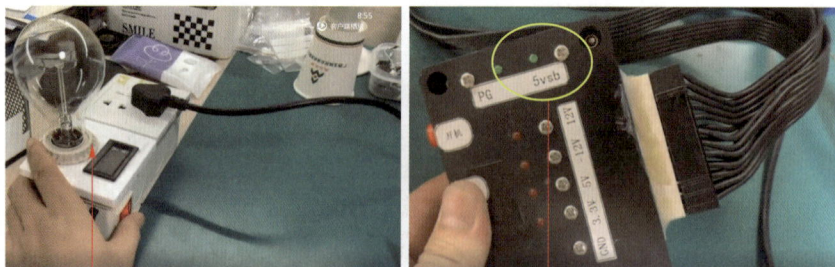

将电源电路板的电源接口接到检测仪上，并将检测仪的电源线连接到串接灯泡的插座。接着打开插座的电源开关，通电后，发现检测仪上的5V待机电压指示灯没亮，说明5V待机电压没输出。

图 8-38　通电测试

⑤ 怀疑 5V 待机电路有问题，接着检测副开关电源电路，如图 8-39 所示。

在通电情况下，用万用表直流电压 1000V 挡测量大容量滤波电容两脚之间的380V电压，测量值为0V。由于之前检测过整流桥堆、电容器等元器件，未发现损坏，怀疑副开关电源电路并没有启动。

图 8-39　检测副开关电源电路

⑥ 检查 ATX 电源的开关，发现此电源的 5V 待机电路由电源的开关控制。接着将开关焊接好，如图 8-40 所示。

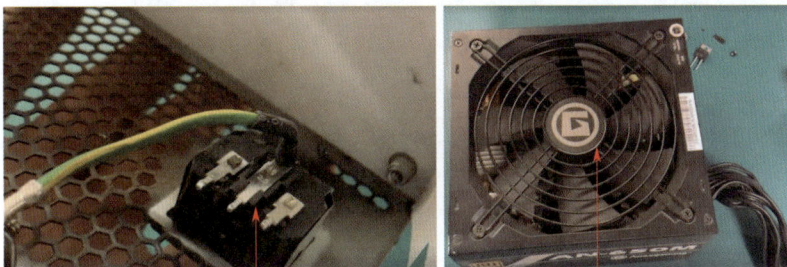

将电源小板焊接到外壳的开关上，然后将电源外壳装好。准备通电测试。

图 8-40　安装开关

⑦ 将检测仪连接到 ATX 电源，然后通电，看到 5V 待机电压指示灯点亮，说明 5V 待机电压正常。然后打开开关测试，如图 8-41 所示。

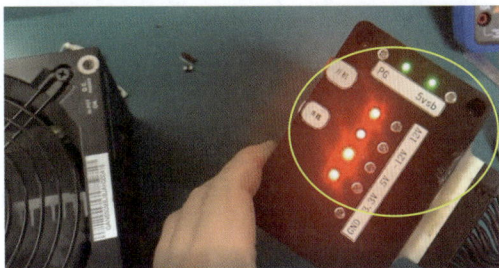

打开开关启动电源，看到各个输出电压的指示灯均点亮，说明输出电压正常了。

图 8-41　启动测试

⑧ 测量各输出电压，如图 8-42 所示。

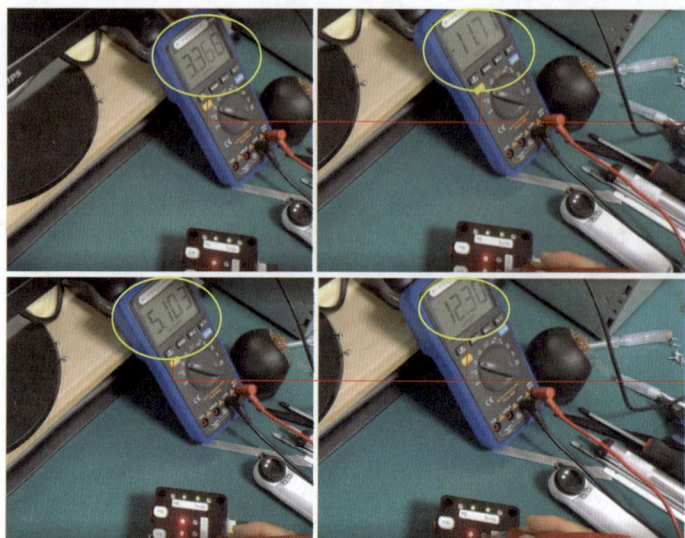

用万用表直流电压20V挡，测量3.3V、5V、12V、−12V各输出电压。输出电压均正常，故障排除。

图 8-42　测量各输出电压

第9章

液晶显示器开关电源
电路故障维修实战

在液晶显示器的故障中，开关电源电路的故障率是最高的，因此掌握液晶显示器开关电源电路故障的维修技术，就可以维修液晶显示器大部分故障。本章将重点讲解液晶显示器开关电源电路中易坏芯片元器件、故障检测点、故障检修流程图、常见故障维修和故障维修实战案例等内容。

9.1 看图识液晶显示器电源电路板芯片电路

液晶显示器开关电源电路的功能主要是将220V市电进行滤波、整流、降压和稳压后输出一路或多路低压直流电压。从外观看，开关电源电路一般位于液晶显示器的中间部位，电路板上通常加有散热片，如图9-1所示为液晶显示器开关电源电路。

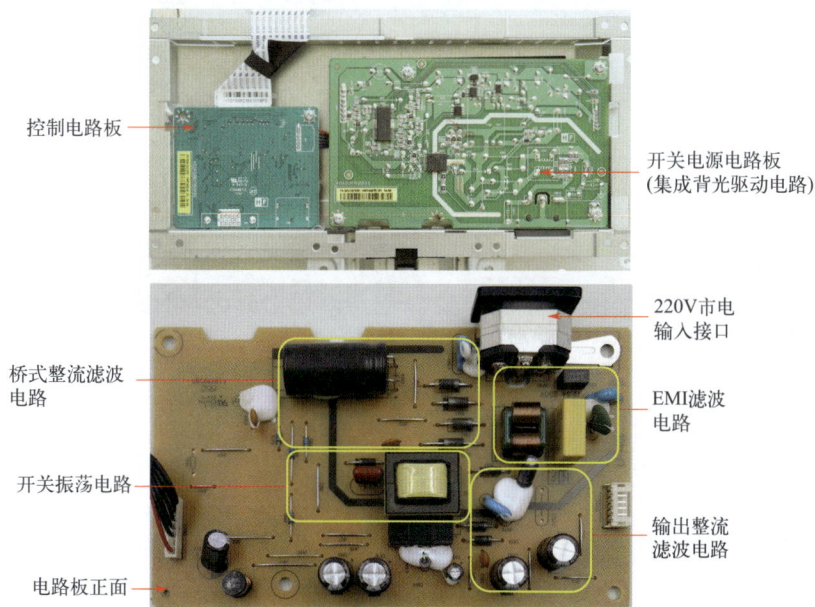

图 9-1

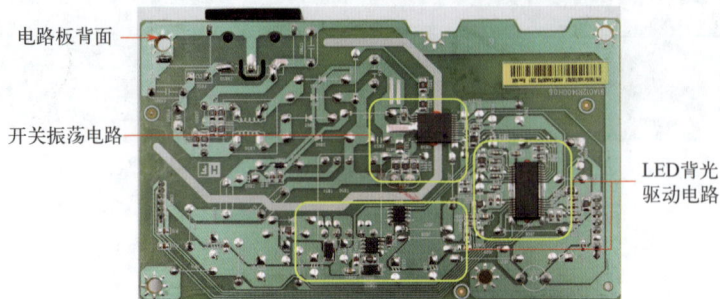

图 9-1 液晶显示器开关电源电路

从电路结构上来看，液晶显示器开关电源电路主要由 EMI 滤波电路、桥式整流滤波电路、开关振荡电路、整流滤波电路、稳压电路等组成。如图 9-2 所示为开关电源电路的组成框图。

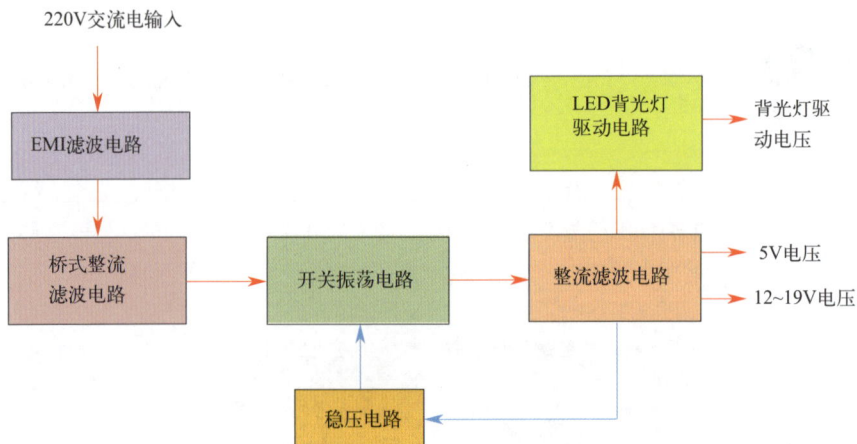

图 9-2　开关电源电路的组成框图

9.2　液晶显示器开关电源电路易坏芯片元器件

液晶显示器的开关电源电路易坏元器件主要有：熔断电阻、整流桥堆、滤波电容、开关管、电源控制芯片、取样电阻、开关变压器、整流二极管、滤波电容、电感、精密稳压器、光耦合器等，如图 9-3 所示。

全彩图解
开关电源芯片级维修

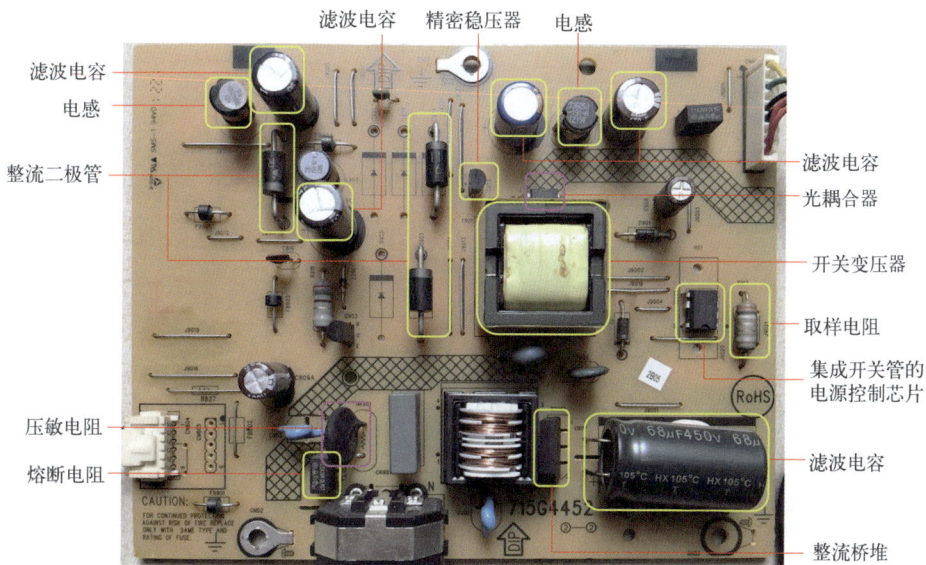

图 9-3　开关电源电路易坏元器件

液晶显示器开关电源电路故障检测点

由于开关电源电路工作在高压、大电流及高温的环境中，一些部件的故障率较高，如整流二极管、整流桥堆、滤波电容、开关管、取样电阻、电源控制芯片等，因此在检测开关电源电路故障时，可以重点检测这些易坏元器件，来帮助查找故障原因。下面总结液晶显示器开关电源电路的故障检测点。

9.3.1　开关电源电路各功能电路位置以及电压检测点

如图 9-4 所示，将开关电源电路中各主要功能电路采用框注的方式进行标注，同时注明功能电路的关键电压检测点，根据检测点的信号去判断各功能电路是否工作正常。

9.3.2　开关电源电路关键电压检测点

在诊断开关电源电路故障时，可以通过测量电路中关键电压信号来排查故障发生在哪个功能电路中。如通过测量整流滤波电路中滤波电容的 310V 直流电压是否正常，来判断 EMI 滤波电路和整流滤波电路是否工作正常，以此来缩小故障排查区域，快速找到故障点。如图 9-5 所示为液晶显示器开关电源电路关键电压检测点。

167

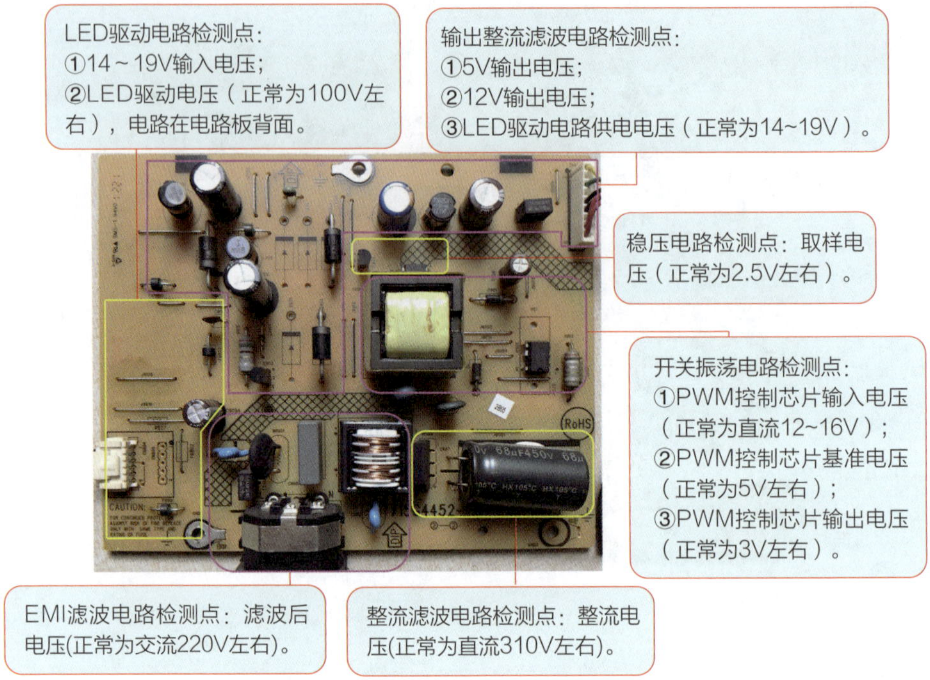

LED驱动电路检测点：
①14～19V输入电压；
②LED驱动电压（正常为100V左右），电路在电路板背面。

输出整流滤波电路检测点：
①5V输出电压；
②12V输出电压；
③LED驱动电路供电电压（正常为14~19V）。

稳压电路检测点：取样电压（正常为2.5V左右）。

开关振荡电路检测点：
①PWM控制芯片输入电压（正常为直流12～16V）；
②PWM控制芯片基准电压（正常为5V左右）；
③PWM控制芯片输出电压（正常为3V左右）。

EMI滤波电路检测点：滤波后电压（正常为交流220V左右）。

整流滤波电路检测点：整流电压（正常为直流310V左右）。

图9-4　各功能电路位置以及电压检测点

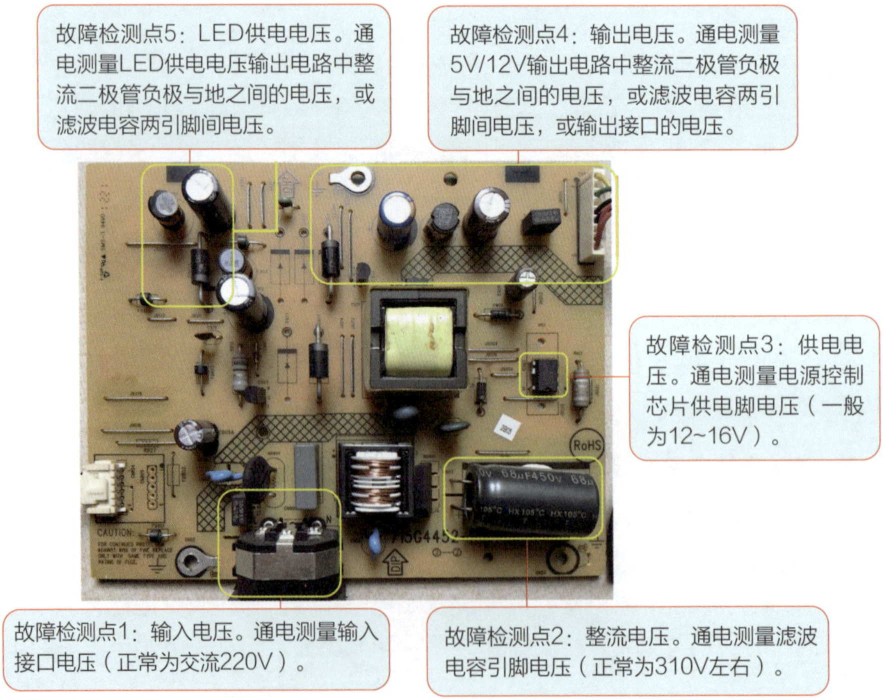

故障检测点5：LED供电电压。通电测量LED供电电压输出电路中整流二极管负极与地之间的电压，或滤波电容两引脚间电压

故障检测点4：输出电压。通电测量5V/12V输出电路中整流二极管负极与地之间的电压，或滤波电容两引脚间电压，或输出接口的电压。

故障检测点3：供电电压。通电测量电源控制芯片供电脚电压（一般为12～16V）。

故障检测点1：输入电压。通电测量输入接口电压（正常为交流220V）。

故障检测点2：整流电压。通电测量滤波电容引脚电压（正常为310V左右）。

图9-5　液晶显示器开关电源电路关键电压检测点

9.3.3　开关电源电路关键元器件检测点

在检查液晶显示器开关电源电路故障时，要重点检测电路中故障率较高的元器件，这样可以快速找到故障原因。下面总结液晶显示器开关电源电路关键元器件检测点（关键元器件检测实战具体内容参考第3章）。如图9-6所示为液晶显示器开关电源电路关键元器件检测点。

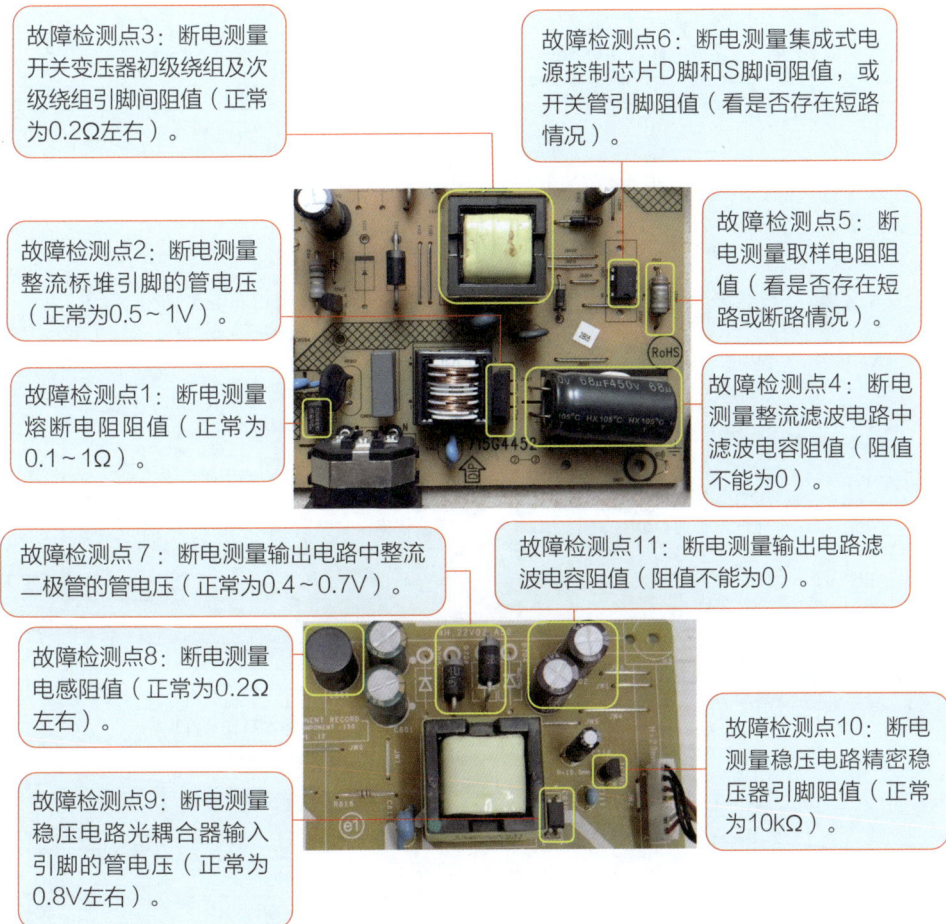

故障检测点3：断电测量开关变压器初级绕组及次级绕组引脚间阻值（正常为0.2Ω左右）。

故障检测点6：断电测量集成式电源控制芯片D脚和S脚间阻值，或开关管引脚阻值（看是否存在短路情况）。

故障检测点2：断电测量整流桥堆引脚的管电压（正常为0.5~1V）。

故障检测点5：断电测量取样电阻阻值（看是否存在短路或断路情况）。

故障检测点1：断电测量熔断电阻阻值（正常为0.1~1Ω）。

故障检测点4：断电测量整流滤波电路中滤波电容阻值（阻值不能为0）。

故障检测点7：断电测量输出电路中整流二极管的管电压（正常为0.4~0.7V）。

故障检测点11：断电测量输出电路滤波电容阻值（阻值不能为0）。

故障检测点8：断电测量电感阻值（正常为0.2Ω左右）。

故障检测点10：断电测量稳压电路精密稳压器引脚阻值（正常为10kΩ）。

故障检测点9：断电测量稳压电路光耦合器输入引脚的管电压（正常为0.8V左右）。

图9-6　液晶显示器开关电源电路关键元器件检测点

9.4 ▶ 液晶显示器开关电源电路故障诊断流程图

液晶显示器开关电源电路常见故障主要表现为开机电源指示灯不亮，无显示等。

液晶显示器开关电源电路故障的原因可能是保险管烧坏、滤波电容损坏、开关管或集成开关管的电源管理芯片损坏、整流桥堆损坏、取样电阻损坏等。如图9-7所示为液晶显示器开关电源电路故障检修流程图。

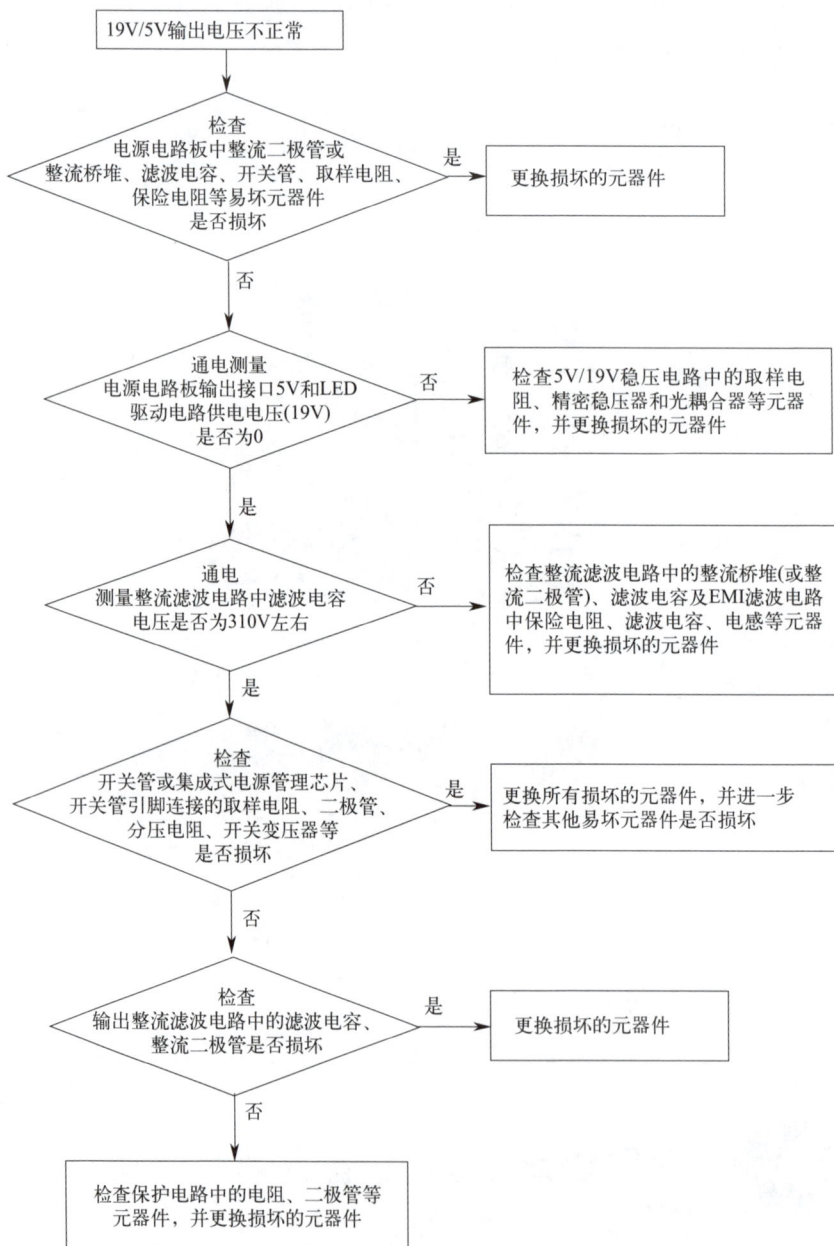

```
            ┌──────────────────────┐
            │  19V/5V输出电压不正常   │
            └──────────┬───────────┘
                       ↓
          ╱──────────────────────╲
         ╱          检查            ╲      是    ┌──────────────────────┐
        ╱  电源电路板中整流二极管或    ╲────────→│   更换损坏的元器件       │
        ╲ 整流桥堆、滤波电容、开关管、取样电阻、╱     └──────────────────────┘
         ╲ 保险电阻等易坏元器件       ╱
          ╲     是否损坏           ╱
           ╲──────────┬─────────╱
                      │否
                      ↓
          ╱──────────────────────╲
         ╱         通电测量         ╲      否    ┌──────────────────────┐
        ╱  电源电路板输出接口5V和LED   ╲────────→│检查5V/19V稳压电路中的取样电│
        ╲  驱动电路供电电压(19V)      ╱          │阻、精密稳压器和光耦合器等元器│
         ╲    是否为0              ╱           │件，并更换损坏的元器件       │
          ╲──────────┬─────────╱            └──────────────────────┘
                     │是
                     ↓
          ╱──────────────────────╲
         ╱         通电           ╲      否    ┌──────────────────────┐
        ╱ 测量整流滤波电路中滤波电容   ╲────────→│检查整流滤波电路中的整流桥堆(或整│
        ╲  电压是否为310V左右        ╱          │流二极管)、滤波电容及EMI滤波电路│
         ╲──────────┬─────────╱            │中保险电阻、滤波电容、电感等元器│
                    │是                        │件，并更换损坏的元器件       │
                    ↓                        └──────────────────────┘
          ╱──────────────────────╲
         ╱          检查            ╲     是    ┌──────────────────────┐
        ╱ 开关管或集成式电源管理芯片、  ╲────────→│更换所有损坏的元器件，并进一步  │
        ╲ 开关管引脚连接的取样电阻、二极管、╱        │检查其他易坏元器件是否损坏    │
         ╲ 分压电阻、开关变压器等      ╱          └──────────────────────┘
          ╲    是否损坏           ╱
           ╲──────────┬─────────╱
                      │否
                      ↓
          ╱──────────────────────╲
         ╱          检查            ╲     是    ┌──────────────────────┐
        ╱ 输出整流滤波电路中的滤波电容、 ╲────────→│   更换损坏的元器件       │
        ╲  整流二极管是否损坏        ╱          └──────────────────────┘
         ╲──────────┬─────────╱
                    │否
                    ↓
            ┌──────────────────────┐
            │ 检查保护电路中的电阻、二极管等│
            │ 元器件，并更换损坏的元器件   │
            └──────────────────────┘
```

图9-7　液晶显示器开关电源电路故障检修流程图

9.5　快速诊断液晶显示器开关电源电路常见故障

液晶显示器故障中有很大一部分是开关电源电路不能正常工作造成的，当液晶显示器出现无法开机等故障后，通常先检测开关电源电路。下面将讲解液晶显示器常见故障维修方法。

9.5.1　液晶显示器开关电源电路故障诊断思路

液晶显示器开关电源电路故障通常会造成花屏、开机黑屏、显示屏上有杂波、按电源开关无反应、开机无电、指示灯不亮等故障现象。其中开机黑屏、开机无反应、开机指示灯不亮等故障通常是开关电源电路没有输出电压引起的。

无电压输出故障诊断思路如图 9-8 所示。

①开关电源电路没有输出电压，说明电源电路没有工作，或处于保护状态。这时可以首先测量310V滤波电容两端的电压来判断故障范围。

②如果310V电容没有电压，则是310V电容之前有断路点。重点检查前级电路元器件是否存在开路、接触不良、铜膜断开、虚焊等情况。

③如果310V电容有电压，则关掉电源，检测310V电容两端电压消失情况。如果电压很快消失，则说明电路已经起振，重点检查保护电路。

④如果310V电容两端电压很长时间都不消失，说明电路没有起振，重点检查PWM控制器的启动电阻、PWM控制器是否虚焊，开关管、稳压二极管等是否正常。

图 9-8　无电压输出故障检修思路

而花屏、显示屏上有杂波故障通常是开关变压器次级的输出整流滤波电路中的电容漏电引起的。电容漏电造成输出电压不足，电流小，导致信号驱动控制电路工作不正常，输出信号异常引起花屏故障。

输出电压过低故障诊断思路如图 9-9 所示。

①输出电压过低说明稳压控制电路可能有问题，除此之外，开关管、开关变压器、310V滤波电容性能下降，输出电路中整流二极管、电容失效，负载有短路元器件等也会引起输出电压过低的情况。

②在检查时，可以先给电源电路板接一个假负载（30W/12V灯泡），然后测量输出电压。如果输出电压正常则是负载电路有短路元器件；如果输出电压依然低，接着检测输出电路整流二极管、滤波电容，及开关管、开关变压器、310V滤波电容等元器件的性能是否正常。

图 9-9　输出电压过低故障检修思路

9.5.2　快速诊断开关电源电路无电压输出故障

当液晶显示器开关电源电路无电压输出时，其检修方法如下。

① 在断电状态下检查电源电路板有无明显损坏的元器件。如图 9-10 所示。

拆下液晶显示器的电源电路板，检查保险电阻是否熔断，再观察电源电路板上是否有烧焦、发黑、鼓包、炸裂等明显损坏的元器件。如果有，则检查损坏元器件所在单元电路板中的其他元器件是否短路损坏，同时检查损坏元器件周围的元器件是否有损坏。在排查无其他故障的情况下，才能更换损坏的元器件。

图 9-10　检查电源电路板中元器件

② 在保险电阻两端连接一个灯泡,然后通电测量 5V 输出电压,如图9-11所示。

将万用表调到直流电压200V挡，红表笔接5V输出端，黑表笔接地，测量输出电压。如果电源电路板5V输出电压不为0，但不正常，则检查稳压电路中的取样电阻、精密稳压器、光耦合器等元器件。

图 9-11　通电测量 5V 输出电压

③ 如果测量的输出电压为 0V，接着测量整流滤波电路中滤波电容两端的 310V 电压，如图 9-12 所示。

将万用表调到直流电压1000V挡，测量整流滤波电路中大容量电容两引脚间的电压，正常为310V左右。

图 9-12　测量滤波电容两端的电压

④ 如果 310V 电压不正常，则检查 EMI 滤波电路和整流滤波电路中的元器件，如图 9-13 所示。

检查EMI滤波电路中的保险电阻、电容、电感，整流滤波电路中的整流二极管或整流桥堆、滤波电容等元器件，并更换损坏的元器件。

图 9-13　检查 EMI 滤波电路和整流滤波电路中的元器件

⑤ 如果④中测量的 310V 电压正常，则 EMI 滤波电路和整流滤波电路正常，接着在断电情况下检测开关振荡电路，如图 9-14 所示。

在断电情况下，用万用表二极管挡检测开关管的任意两只引脚间的管电压，如果为0，则是被击穿；正常其中会有一组的管电压为0.5V左右。接着测量开关管连接的二极管的管电压，正常也为0.5V左右。然后用万用表电阻挡检测开关管连接的取样电阻、PWM控制芯片启动电阻是否有短路或断路故障。再测量开关变压器绕组间的阻值是否为无穷大。如果有问题，更换故障元器件。

图 9-14　检测开关振荡电路

⑥ 通电检测开关振荡电路中 PWM 控制芯片，如图 9-15 所示。

将万用表调到直流电压200V挡，通电检测开关振荡电路中的PWM控制芯片的供电电压，如果不正常就检测启动电阻是否断路损坏。如果供电电压正常，接着检测5V基准电压是否正常。如果供电电压正常，而基准电压不正常，则可能是PWM芯片损坏。

图 9-15　检测 PWM 控制芯片

⑦ 如果开关振荡电路中元器件均正常，接着检测输出整流滤波电路中的元器件，如图 9-16 所示。

在断电情况下，用万用表二极管挡检测输出电路中整流二极管的管电压，正常为0.5V左右。再用蜂鸣挡检测滤波电容，如果阻值为0，说明滤波电容击穿损坏。

图 9-16　检测输出电路

9.6 动手维修：液晶显示器开关电源电路故障维修实战

9.6.1　液晶显示器通电指示灯不亮，无显示故障维修实战

（1）故障现象

客户送来一台华硕液晶显示器，反映这台液晶显示器通电后指示灯不亮，无显示。

（2）故障检测与维修

通常液晶显示器通电无显示故障可能是电源电路板故障，或控制电路板故障引起的，通常先重点测量电源电路板中 310V 电压和输出的 19V 电压等关键电压是

否正常，再判断故障出现在哪部分电路。

液晶显示器通电无显示故障维修方法如下。

① 拆开液晶显示器外壳，然后给电源电路板接电，准备进行检测。如图 9-17 所示。

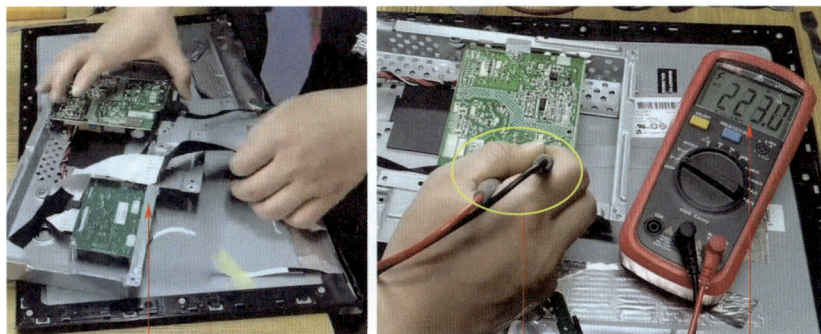

先拆开显示器外壳，拆下电路板。给电源电路板接电，然后将万用表调到交流电压1000V挡，测量输入接口电压。测量值为223V，输入电压正常。

图 9-17　测量输入电压

② 测量整流滤波电路中大容量电容两端的电压，如图 9-18 所示。

将万用表调到直流电压1000V挡，两只表笔接整流滤波电路中滤波电容两只引脚，测量的电压值为297.9V，电压正常，说明整流滤波电路及前级电路均正常。

图 9-18　测量 310V 滤波电容的电压

③ 测量输出端的 5V 输出电压，如图 9-19 所示。

④ 测量输出给 LED 驱动板的 19V 供电电压，如图 9-20 所示。

⑤ 用灯泡的连接线接 310V 电容器的两只引脚，给电容器放电。然后用万用表检测输出电路中的关键元器件，如图 9-21 所示。

⑥ 继续检测输出整流滤波电路中的滤波电容、稳压二极管等元器件，未发现短路的元器件。更换损坏的元器件并测量 19V 和 5V 输出端电压，如图 9-22 所示。

将万用表调到直流电压200V
挡，两只表笔接输出整流滤波
电路中滤波电容两只引脚，测
量5V输出电压，测量值为
0.003V，几乎无输出电压。

图 9-19　测量 5V 输出电压

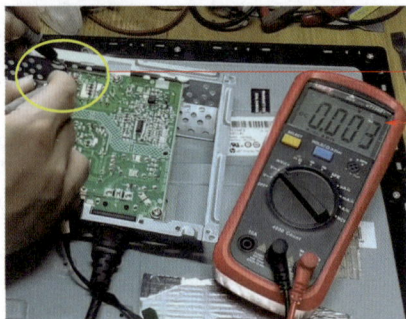

将万用表两只表笔接19V电
压输出电路中滤波电容两只
引脚，测量19V供电电压，
测量值为0.003V，几乎无
供电电压。

图 9-20　测量 19V 供电电压

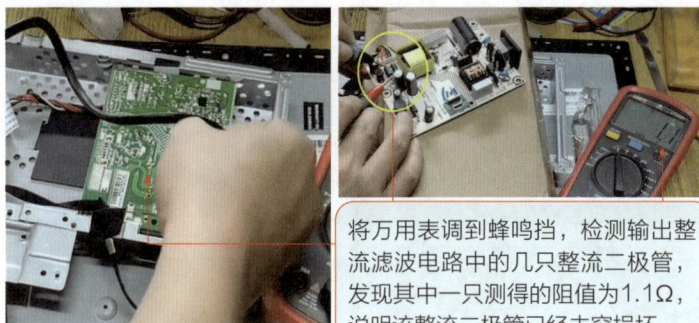

将万用表调到蜂鸣挡，检测输出整
流滤波电路中的几只整流二极管，
发现其中一只测得的阻值为1.1Ω，
说明该整流二极管已经击穿损坏。

图 9-21　检测整流二极管

用电烙铁更换掉损坏的整流二极
管，然后给电路板通电，用万用
表直流电压200V挡，测量19V和
5V输出端电压，测量值为18.61V
和5.01V，电压恢复正常。

图 9-22　更换损坏的元器件并测量 19V 和 5V 输出端电压

⑦ 将电源电路板安装回显示器，进行测试，如图 9-23 所示。

安装好显示器电路板后，将显示器接到电脑，然后开机测试。显示器可以正常显示了，故障排除。

图 9-23　测试液晶显示器

9.6.2　液晶显示器不通电、无显示故障维修实战

（1）故障现象

客户发来一台故障液晶显示器的电源电路板维修，说这台液晶显示器不通电，无显示。

（2）故障检测与维修

液晶显示器不通电和无显示故障一般都是电源电路板故障引起的。对于电源电路板故障，先检查有无明显损坏的元器件，然后检测电路板中主要的元器件（如开关管、电源控制芯片、整流二极管、电阻等）是否有短路问题，最后再通电检测输出电压。

液晶显示器不通电、无显示故障维修方法如下。

① 检查电源电路板中的元器件，如图 9-24 所示。

通过检查电源电路板，发现电路板中的一个电阻器被烧黑了。

图 9-24　检查电源电路板中元器件

② 电路板中有烧坏的元器件，说明电路板中有元器件发生了短路故障，接着检测电路板中其他元器件。如图 9-25 所示。

将万用表调到二极管挡，检测开关管任意两只引脚，发现有一次测量值为0，说明开关管被击穿短路。

图 9-25　检测电路板中其他元器件

③ 检测电源控制芯片周边的电阻器等元器件，如图 9-26 所示。

经检测，发现有一个电阻器阻值为无穷大，已经开路损坏。

图 9-26　检测电源控制芯片周边电阻器

④ 测量电源控制芯片信号输出引脚对地阻值，如图 9-27 所示。

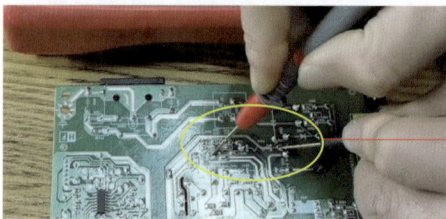

将万用表调到二极管挡，红表笔接地，黑表笔接电源控制芯片信号输出引脚，测量其对地阻值。发现对地阻值非常小，说明电源控制芯片已经损坏。

图 9-27　检测电源控制芯片

⑤ 检测输出整流滤波电路中的整流二极管等元器件，如图 9-28 所示。

用万用表二极管挡检测输出整流滤波电路中的整流二极管，发现5V电压输出电路中整流二极管的管电压为0.5V，但18V电压输出电路中的整流二极管的管电压为0，说明二极管被击穿损坏。

图 9-28　检测整流二极管

⑥ 更换损坏的元器件，准备给电路板通电进行测试，如图 9-29 所示。

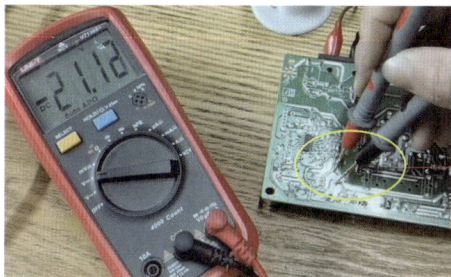

先在电源输入端的保险电阻的两端串接一个灯泡，防止烧板子。之后给电路板通电，用万用表直流电压200V挡测量18V输出端电压。输出电压为21.12V，有点偏高。

图 9-29　通电测试

⑦ 再测量输出端 5V 电压，如图 9-30 所示。

测量输出端5V电压，发现测量的电压在4～6V之间不断跳变，5V输出电压不正常。

图 9-30　测量输出端 5V 电压

⑧ 通常输出电压不稳是电源控制芯片的供电电压不正常引起的，接下来检测电源控制芯片的供电电路，如图 9-31 所示。

将万用表调整为蜂鸣挡，然后检查电源控制芯片供电电路中的元器件，发现有个电阻器开路损坏。

图 9-31　检测供电电路

⑨ 更换损坏的电阻器后，再次给电路板通电，测量 5V 电压，如图 9-32 所示。

将万用表调到直流电压200V挡，测量5V电压。测量值为5V，很稳定，电压正常。

图 9-32　再次测量 5V 电压

⑩ 测量 LED 驱动电路的 18V 供电电压，如图 9-33 所示。

接着测量18V供电电压，测量值为17.47V，电压正常。电源电路板故障排除。

图 9-33　测量 LED 驱动电路 18V 供电电压

9.6.3　液晶显示器通电指示灯不亮故障维修实战

（1）故障现象

客户送来一台明基液晶显示器，说此液晶显示器通电指示灯不亮，无法显示。

（2）故障检测与维修

液晶显示器通电指示灯不亮故障一般都是电源电路板故障引起的，重点检查电源电路板方面的故障。

液晶显示器通电指示灯不亮故障维修方法如下。

① 拆开液晶显示器外壳，准备进行检测，如图 9-34 所示。

拆开液晶显示器外壳，拆下电源电路板，然后检查电路板中有无明显烧黑、鼓包漏液、炸裂等损坏的元器件。经检查，发现电路板背面的电源控制芯片炸裂损坏。

图 9-34　检测电路板

② 电源控制芯片炸裂，通常是电路中其他元器件短路引起的。接下来检测电路板中的易坏元器件，如图 9-35 所示。

③ 用万用表检测输出整流滤波电路中的整流二极管等元器件，如图 9-36 所示。

全彩图解
开关电源芯片级维修

将万用表调整为蜂鸣挡，检测保险电阻的阻值。经检测，保险电阻的阻值为0.2Ω，阻值正常，保险电阻正常。

图 9-35　检测保险电阻

将万用表调到二极管挡，检测输出整流滤波电路中的整流二极管。经检测，整流二极管的管电压为0.503V，正常。再检测输出电路中的滤波电容的阻值，阻值正常。

图 9-36　检测整流二极管等元器件

④ 更换损坏的电源控制芯片，准备进行通电测试。如图 9-37 所示。

先更换损坏的电源控制芯片，之后在保险管上串接一个灯泡，防止短路引起炸板，然后给电路板接上电源供电，用万用表直流电压200V挡测量输出端5V输出电压，测量值为9.94V，电压偏高。

图 9-37　通电测试

⑤ 电压偏高通常是稳压电路有问题，接着检测稳压电路中的元器件，如图9-38所示。

⑥ 更换损坏的元器件后，给电路板通电，再次进行测试，如图 9-39 所示。

⑦ 将电路板装回液晶显示器，通电试机，如图 9-40 所示。

将万用表调到二极管挡，检测稳压电路中的光耦合器，发现光耦合器损坏。接着更换损坏的光耦合器。

图 9-38　检测稳压电路中的元器件

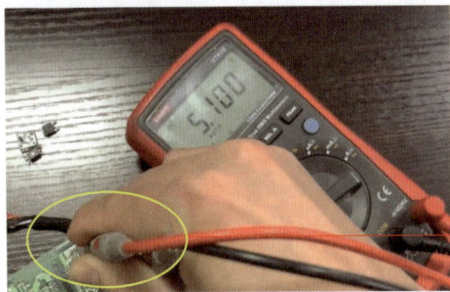

将万用表调到直流电压200V挡，测量5V和19V输出电压，测量值为5.1V和19.01V，电压恢复正常。

图 9-39　检测输出电压

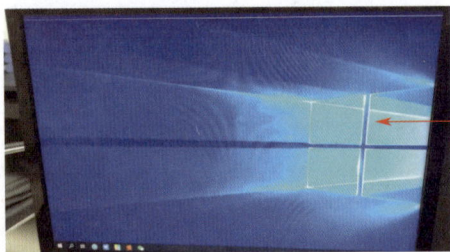

将液晶显示器连接电脑测试，显示正常，故障排除。

图 9-40　连接电脑测试

第 10 章

打印机开关电源电路故障维修实战

打印机开关电源主要为打印机的电路提供工作电压，一旦开关电源电路出现问题，就会导致打印机出现无法开机、无法打印等故障，而且开关电源电路故障在打印机故障中占比较高，因此掌握打印机开关电源电路故障的维修技术，对打印机维修人员来说非常必要。本章将重点讲解打印机开关电源电路中易坏芯片元器件、故障检测点、故障检修流程图、常见故障维修和故障维修实战案例等内容。

10.1　看图识打印机电源电路板芯片电路

打印机开关电源电路的功能主要是将 220V 市电进行滤波、整流、降压和稳压后输出一路或多路低压直流电压。从外观看，开关电源电路一般位于打印机的中间部位，电路板上通常加有散热片，如图 10-1 所示为打印机开关电源电路。

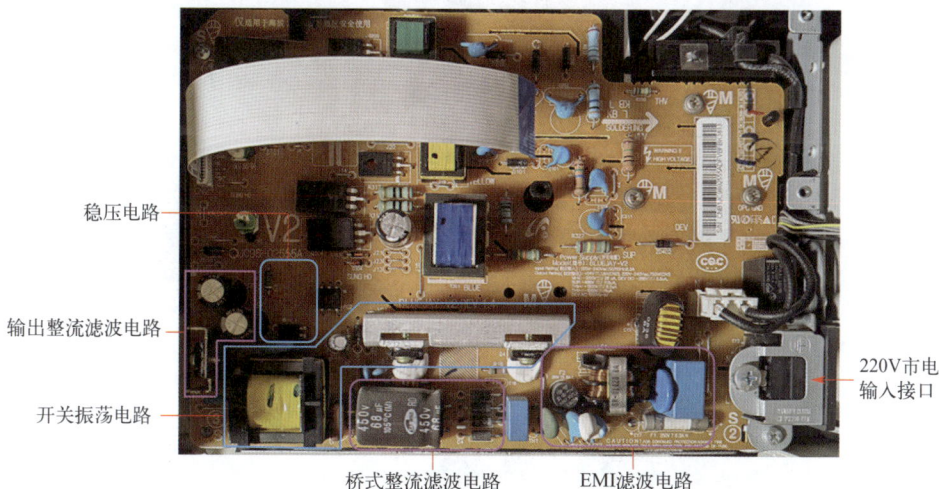

稳压电路
输出整流滤波电路
开关振荡电路
桥式整流滤波电路
EMI滤波电路
220V市电输入接口

图 10-1　打印机开关电源电路

从电路结构上来看，打印机开关电源电路主要由 EMI 滤波电路、桥式整流滤波电路、开关振荡电路、输出整流滤波电路、稳压电路等组成。如图 10-2 所示为开关电源电路的组成框图。

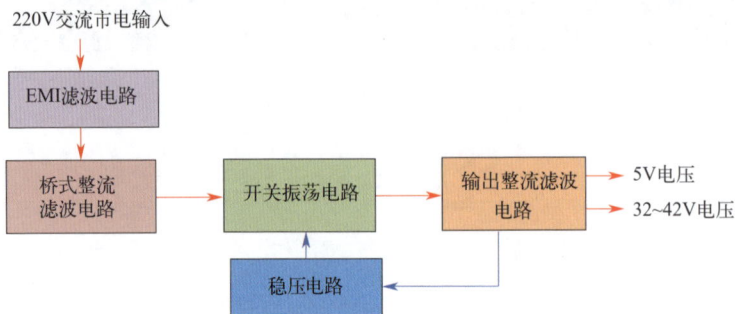

图 10-2　开关电源电路的组成框图

10.2 ▸ 打印机开关电源电路易坏芯片元器件

打印机的开关电源电路易坏元器件主要有：熔断电阻、整流桥堆、滤波电容、开关管、电源控制芯片、取样电阻、开关变压器、整流二极管、滤波电容、电感、精密稳压器、光耦合器等，如图 10-3 所示。

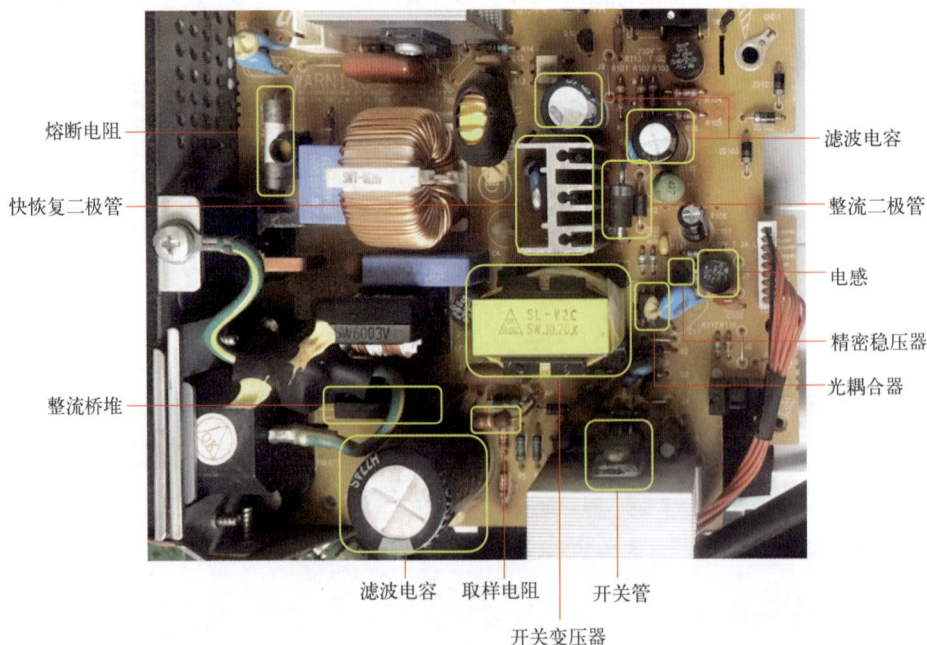

图 10-3　开关电源电路易坏元器件

10.3 ▶ 打印机开关电源电路故障检测点

由于开关电源电路工作在高压、大电流及高温的环境中，一些部件的故障率较高，如整流二极管、整流桥堆、滤波电容、开关管、取样电阻、电源控制芯片等，因此在检测开关电源电路故障时，可以重点检测这些易坏元器件，来帮助查找故障原因。下面总结打印机开关电源电路的故障检测点。

10.3.1 开关电源电路各功能电路位置以及电压检测点

如图 10-4 所示，将开关电源电路中各主要功能电路采用框注的方式进行标注，同时注明功能电路的关键电压检测点，根据检测点的信号去判断各功能电路是否工作正常。

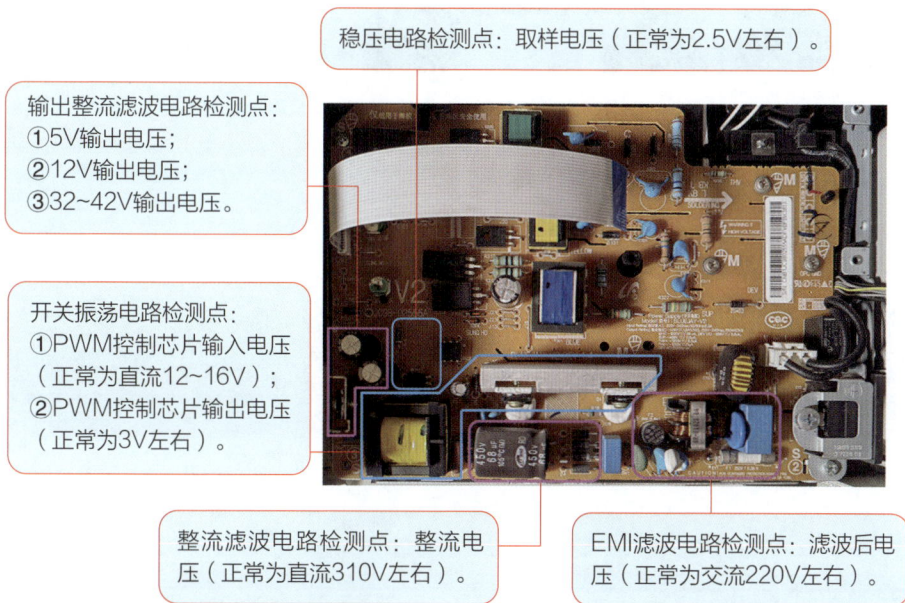

稳压电路检测点：取样电压（正常为2.5V左右）。

输出整流滤波电路检测点：
①5V输出电压；
②12V输出电压；
③32~42V输出电压。

开关振荡电路检测点：
①PWM控制芯片输入电压
（正常为直流12~16V）；
②PWM控制芯片输出电压
（正常为3V左右）。

整流滤波电路检测点：整流电压（正常为直流310V左右）。

EMI滤波电路检测点：滤波后电压（正常为交流220V左右）。

图 10-4　各功能电路位置以及电压检测点

10.3.2 开关电源电路关键电压检测点

在诊断开关电源电路故障时，可以通过测量电路中关键电压信号来排查故障发生在哪个功能电路中。如通过测量整流滤波电路中滤波电容的 310V 直流电压是否正常，来判断 EMI 滤波电路和整流滤波电路是否工作正常，以此来缩小故障排查区域，快速找到故障点。如图 10-5 所示为打印机开关电源电路关键电压检测点。

故障检测点4：输出电压。通电测量5V/35V输出电路中整流二极管负极与地之间的电压，或滤波电容两引脚间电压，或输出接口的电压。

故障检测点3：取样电压。通电测量精密稳压器芯片R引脚电压（正常为2.5V）。

故障检测点2：输入电压。通电测量输入接口电压（正常为交流220V）。

故障检测点1：整流电压。通电测量滤波电容引脚电压（正常为310V左右）。

图 10-5　打印机开关电源电路关键电压检测点

10.3.3　开关电源电路关键元器件检测点

在检查打印机开关电源电路故障时，要重点检测电路中故障率较高的元器件，这样可以快速找到故障原因。下面总结打印机开关电源电路关键元器件检测点（关键元器件检测实战具体内容参考第3章）。如图10-6所示为打印机开关电源电路关键元器件检测点。

故障检测点2：断电测量整流二极管引脚的管电压（正常为0.4～0.7V）。

故障检测点3：断电测量整流滤波电路滤波电容阻值（阻值不能为0）。

故障检测点1：断电测量熔断电阻阻值（正常为0.1～1Ω）。

故障检测点4：断电测量开关管引脚阻值（看是否存在短路情况）。

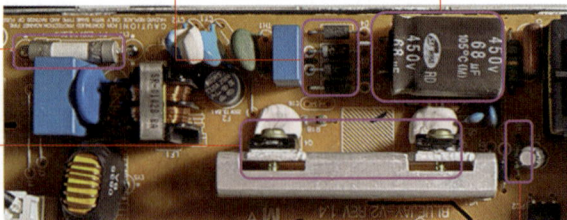

故障检测点5：断电测量取样电阻阻值（看是否存在短路或断路情况）。

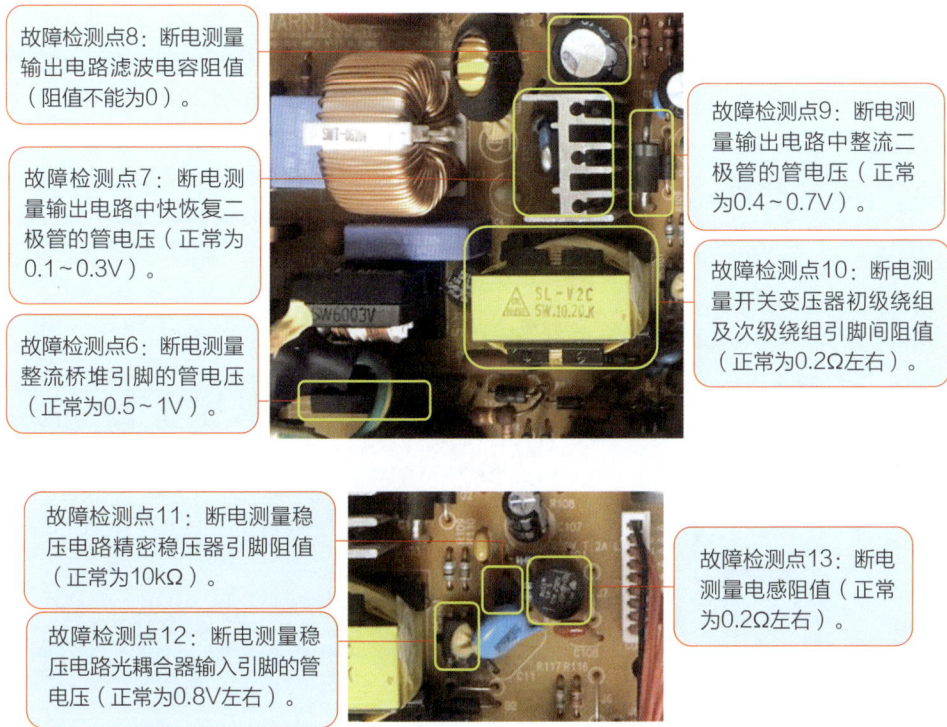

故障检测点8：断电测量输出电路滤波电容阻值（阻值不能为0）。

故障检测点9：断电测量输出电路中整流二极管的管电压（正常为0.4~0.7V）。

故障检测点7：断电测量输出电路中快恢复二极管的管电压（正常为0.1~0.3V）。

故障检测点10：断电测量开关变压器初级绕组及次级绕组引脚间阻值（正常为0.2Ω左右）。

故障检测点6：断电测量整流桥堆引脚的管电压（正常为0.5~1V）。

故障检测点11：断电测量稳压电路精密稳压器引脚阻值（正常为10kΩ）。

故障检测点13：断电测量电感阻值（正常为0.2Ω左右）。

故障检测点12：断电测量稳压电路光耦合器输入引脚的管电压（正常为0.8V左右）。

图 10-6　打印机开关电源电路关键元器件检测点

10.4 打印机开关电源电路故障诊断流程图

打印机开关电源电路常见故障主要表现为开机电源指示灯不亮且打印机无反应、开机电源指示灯一闪即灭等。打印机开关电源电路故障的原因可能是保险管烧坏、滤波电容损坏、开关管烧坏、整流二极管损坏、取样电阻损坏等。如图 10-7 所示为打印机开关电源电路故障检修流程图。

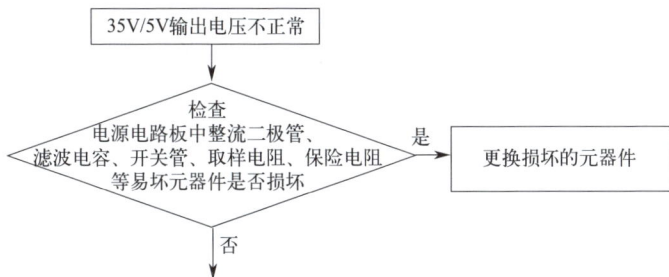

图 10-7

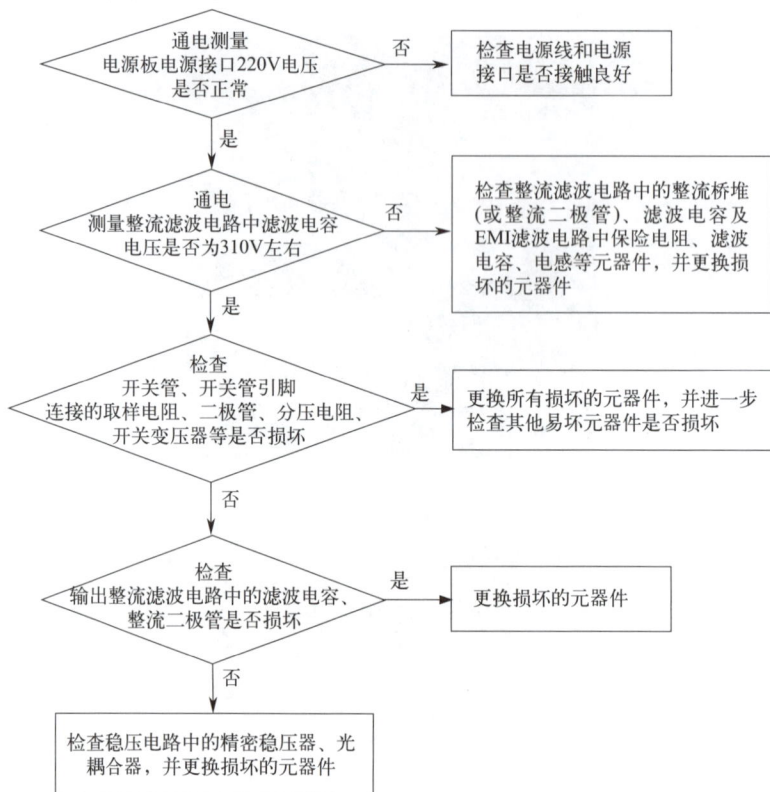

通电测量电源板电源接口220V电压是否正常 —否→ 检查电源线和电源接口是否接触良好

是↓

通电测量整流滤波电路中滤波电容电压是否为310V左右 —否→ 检查整流滤波电路中的整流桥堆（或整流二极管）、滤波电容及EMI滤波电路中保险电阻、滤波电容、电感等元器件，并更换损坏的元器件

是↓

检查开关管、开关管引脚连接的取样电阻、二极管、分压电阻、开关变压器等是否损坏 —是→ 更换所有损坏的元器件，并进一步检查其他易坏元器件是否损坏

否↓

检查输出整流滤波电路中的滤波电容、整流二极管是否损坏 —是→ 更换损坏的元器件

否↓

检查稳压电路中的精密稳压器、光耦合器，并更换损坏的元器件

图 10-7　打印机开关电源电路故障检修流程图

10.5 快速诊断打印机开关电源电路常见故障

　　打印机中开关电源电路工作在高电压、大电流的环境中，故障率较高。打印机开关电源电路易出现无电压输出或输出电压不正常的故障，导致打印机出现开机无法打印、无法开机、开机指示灯不亮等故障现象。而这些故障通常是保险管烧坏、整流二极管损坏、滤波电容击穿损坏、开关管击穿烧坏、取样电阻断路损坏、稳压电路异常、保护电路异常等引起的。下面将重点讲解打印机的开关电源电路故障诊断维修方法。

　　打印机开关电源电路故障检查方法如下。

　　① 清洁电源电路板上积聚的灰尘污物，如图 10-8 所示。

　　② 检查开关电源电路板上是否有明显损坏的元器件。如图 10-9 所示。

　　③ 检查电源电路板是否存在短路故障，如图 10-10 所示。

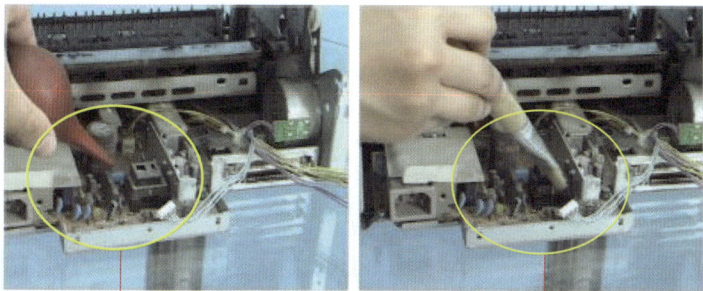

使用吹气皮囊或软毛刷清理电源电路板上积聚的灰尘污物，清洁时注意电路板上的元器件和接插件。

图 10-8　清洁电路板

重点检查电源电路板上是否有破裂、烧坏、鼓包、烧黑等明显损坏的元器件。如果有，则应重点检查损坏的元器件，一般这是出现故障的主要原因。

图 10-9　检查开关电源电路板中元器件的外观

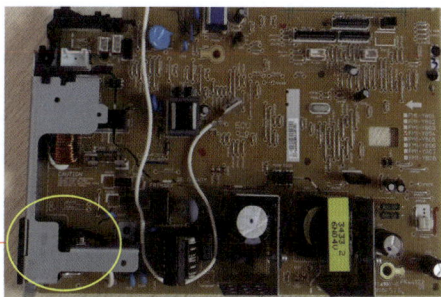

将万用表调到欧姆400k挡，红黑表笔接电源电路板上电源线接口端子，测量其正反向阻值。正常时其阻值为100kΩ以上，如果阻值过低，说明电源电路板内部存在短路，应该重点检查大容量滤波电容、开关管、整流二极管或整流桥堆等元器件。

图 10-10　检测电源电路板是否存在短路

④ 检测开关电源电路中的元器件是否有短路或断路故障。如图 10-11 所示。

189

将万用表调到蜂鸣挡，检测开关电源电路中的保险电阻、滤波电容、开关管、整流二极管、稳压器、取样电阻等元器件是否有短路或断路故障。如果开关管被击穿损坏，除了更换开关管外，还要检测开关管S极连接的电流取样电阻的阻值是否正常，因为开关管损坏后，电流取样电阻会因受冲击而阻值变大或断路。另外，开关管的G极串联的电阻、PWM控制芯片往往受强电冲击容易损坏，必须同时进行检测。除此之外，还要检查负载回路有无短路现象。

图 10-11　检测开关电源电路主要元器件

⑤ 通电检测高压滤波电容两端有无 310V 左右直流电压输出（为保险起见，在通电前，在保险电阻两端串接一个灯泡）。如图 10-12 所示。

将万用表调到直流电压1000V挡，红黑两只表笔接高压滤波电容两只引脚，测量其电压。若无310V左右的直流电压，则重点检查整流滤波电路中的整流二极管、滤波电容，EMI滤波电路中的滤波电容、电感等元器件。

图 10-12　测量高压滤波电容两脚的电压

⑥ 在整流滤波之后的 310V 电压正常的情况下，检测 PWM 芯片的启动电压是否正常，基准电压是否正常。如图 10-13 所示。

将万用表调到直流电压20V挡，红表笔接PWM芯片的供电引脚（或基准电压输出引脚），黑表笔接地进行测量（一般启动电压为12~16V，基准电压为5V）。如果启动电压不正常，则检查启动电阻是否断路，启动电阻连接的滤波电容是否损坏（击穿或电容量下降）。一般滤波电容容量下降会导致PWM芯片启动电压下降。

图 10-13　测量 PWM 芯片启动电压和基准电压

⑦ 如果PWM控制芯片正常,则测量输出整流滤波电路的5V和34V输出电压,如图10-14所示。

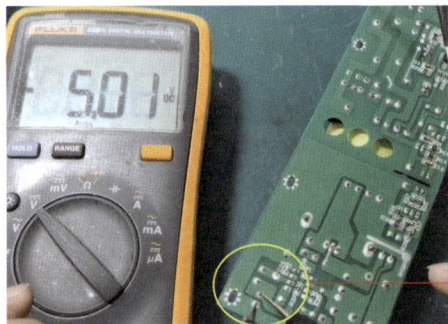

将万用表调到直流电压200V挡,红表笔分别接5V和34V输出接口,黑表笔接地进行测量。如果输出电压不稳定,则检测稳压电路中的取样电阻、光耦合器和精密稳压器等元器件,并更换损坏的元器件。

图10-14 测量输出电压

⑧ 如果输出电压为0,则检测开关变压器线圈间的阻值(正常小于1Ω),同时检测输出整流滤波电路中整流二极管、滤波电容等元器件,如图10-15所示。

将万用表调到二极管挡,红表笔接整流二极管的正极,黑表笔接负极,测量管电压,正常为0.5V左右。用蜂鸣挡测量滤波电容阻值,如果阻值为0,则说明滤波电容短路损坏。

图10-15 检测输出整流滤波电路元器件

10.6 动手维修:打印机开关电源电路故障维修实战

10.6.1 HP打印机开机无反应故障维修实战

(1)故障现象

客户送来一台HP1005激光打印机,反映这台打印机打开电源开关无显示且无法打印。

(2)故障检测与维修

通常打印机开机无反应故障可能是开关电源电路故障引起,需要重点检查电源电路板故障。HP 打印机开机无反应故障维修方法如下。

① 在通电检测前，先检查一下电路板中是否有明显损坏的元器件，如图 10-16 所示。

先拆下激光打印机的电源电路板，然后仔细检查电源电路板中有没有烧黑、炸裂、鼓包、漏液等明显损坏的元器件。

图 10-16 检查打印机电源电路板元器件

② 经检查，发现开关管边上一个电阻器开裂损坏。如图 10-17 所示。

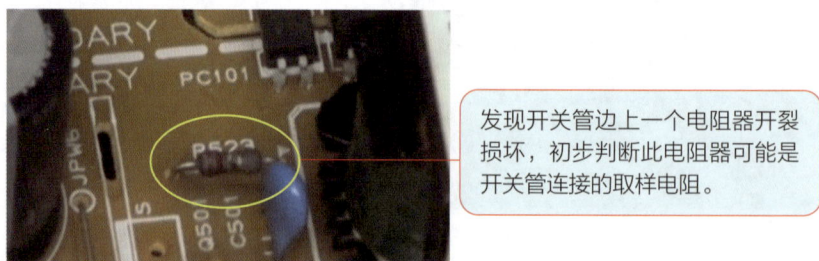

发现开关管边上一个电阻器开裂损坏，初步判断此电阻器可能是开关管连接的取样电阻。

图 10-17 发现损坏的元器件

③ 由于其可能是开关管连接的取样电阻，接下来检测开关管是否正常。如图 10-18 所示。

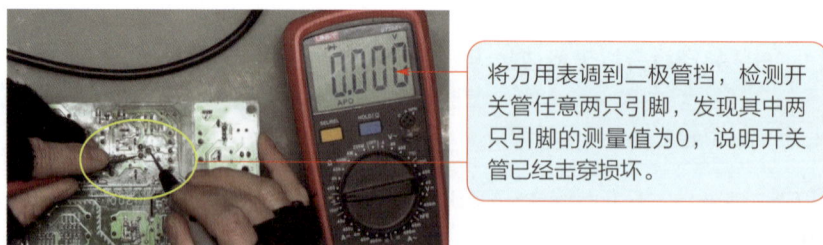

将万用表调到二极管挡，检测开关管任意两只引脚，发现其中两只引脚的测量值为0，说明开关管已经击穿损坏。

图 10-18 检测开关管好坏

④ 为防止在路测量不准确，拆下开关管，再次测量，如图 10-19 所示。

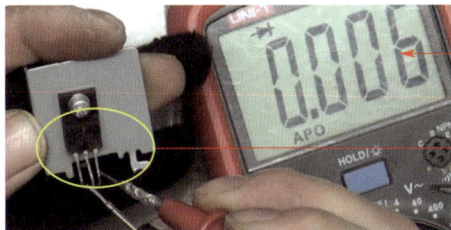

拆下开关管，用万用表二极管挡再次测量其引脚的管电压，测量值为0.006V，确定损坏。

图 10-19　拆下并检测开关管

⑤ 检测电源电路板中的其他元器件，如图 10-20 所示。

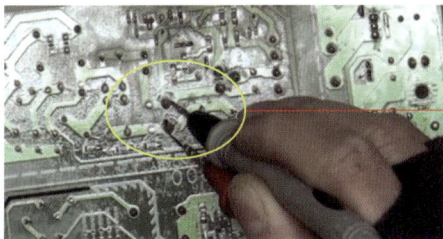

接下来检测电路板中EMI滤波电路中的保险管、电容器，整流滤波电路中的滤波电容、整流桥堆，开关振荡电路中的电源控制芯片、开关变压器等元器件，均未发现短路损坏。

图 10-20　检测电路板中其他元器件

⑥ 检测开关管周围的二极管，如图 10-21 所示。

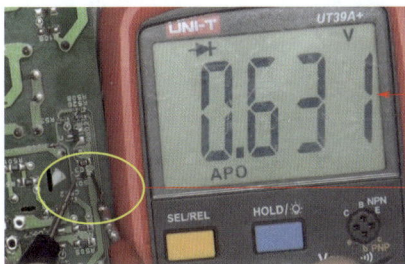

将万用表调到二极管挡，测量开关管周围的二极管的管电压，测量值为0.631V，正常。

图 10-21　检测二极管

⑦ 检测输出电路中的整流二极管、滤波电容等，如图 10-22 所示。

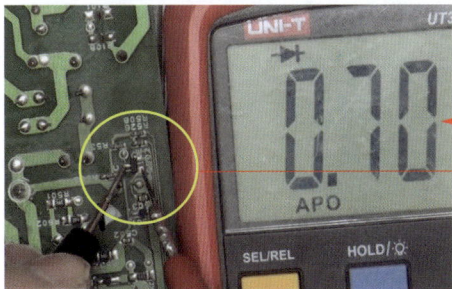

用万用表二极管挡测量输出电路中的整流二极管的管电压，测量值为0.7V，正常。再用蜂鸣挡测量输出电路中滤波电容的阻值，也未发现短路问题。

图 10-22　检测输出电路元器件

⑧ 更换损坏的开关管和电阻器，准备通电测试，如图 10-23 所示。

用同型号的开关管更换损坏的开关管，同时更换损坏的电阻器。

图 10-23　更换损坏的元器件

⑨ 给电路板保险管串接一个灯泡，防止电路板通电后短路炸开关管。然后给电路板接上电源进一步测试。如图 10-24 所示。

将万用表调到直流电压 400V 挡，测量整流滤波电路中 310V 电容两只引脚间的电压，测量值为 335V，电压正常。

图 10-24　通电测量

⑩ 测量输出端电压，如图 10-25 所示。

将万用表两只表笔接输出端引脚，测量输出端电压，测量值为 24.16V，电压正常。

图 10-25　测量输出电压

⑪ 将电源电路板安装回打印机，然后通电试机，如图 10-26 所示。

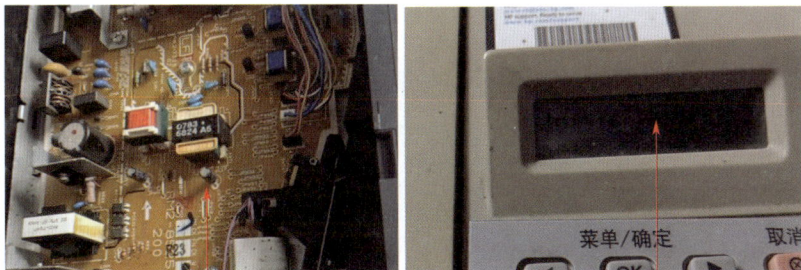

> 将电源电路板安装回打印机，然后通电试机。打印机显示屏有信息显示，打印测试页，也正常，故障排除。

图 10-26　通电试机

10.6.2　打印机无法开机故障维修实战

（1）故障现象

客户发来一个打印机的电源电路板，反映这台打印机通电无法开机。

（2）故障检测与维修

通常打印机无法开机故障都是电源电路板故障引起的，需要重点检查电源电路板中损坏的元器件。打印机无法开机故障维修方法如下。

① 仔细检查电源电路板中的元器件外观，如图 10-27 所示。

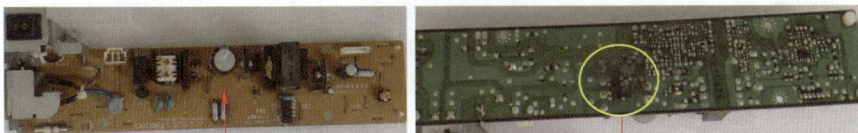

> 仔细检查电源电路板中有没有烧黑、炸裂、鼓包、漏液等明显损坏的元器件，经检查，发现电路板背面有一块烧黑的地方。

图 10-27　检查电路板中的元器件外观

② 检测保险电阻，如图 10-28 所示。

> 将万用表调到蜂鸣挡，两只表笔接保险电阻的两端，测量值为0.6Ω，正常。

图 10-28　检测保险电阻

195

③ 观察发现电路板中还有一个保险电阻，继续检测，如图 10-29 所示。

继续检测第二只保险电阻，在电路板背面检测保险电阻的两只引脚，测量值为无穷大，说明保险电阻已经烧断损坏。

图 10-29　检测第二只保险电阻

④ 保险电阻烧断说明电源电路中有短路的元器件。接着检测电路板烧黑位置的几个二极管，如图 10-30 所示。

将万用表调到二极管挡，红表笔接二极管正极，黑表笔接负极，测量二极管的管电压，测量值为0.4V。继续测量发现有两个二极管的管电压都为0，说明已经击穿损坏。

图 10-30　检测二极管

⑤ 继续检测开关振荡电路、输出电路、稳压电路中的关键元器件，如图 10-31 所示。

继续检测开关振荡电路中的开关管、电源控制芯片、取样电阻，输出电路中的整流二极管、电容器，稳压电路中的光耦合器、精密稳压器、电阻等元器件，未发现损坏的元器件。

图 10-31　继续检测其他元器件

⑥ 更换掉损坏的元器件，准备通电测试。如图 10-32 所示。

图 10-32 更换损坏的元器件

⑦ 给电路板的保险电阻串接一个灯泡，通电测试，如图 10-33 所示。

图 10-33 通电测试

10.6.3 打印机通电指示灯不亮故障维修实战

（1）故障现象

客户发来一个打印机的电源电路板，反映这台打印机通电指示灯不亮，无法打印。

（2）故障检测与维修

通常打印机通电指示灯不亮，无法打印故障都是电源电路板故障引起的，需要重点检查电源电路板中损坏的元器件。打印机通电指示灯不亮故障维修方法如下。

① 通电检测前，先检查一下电路板中是否有明显损坏的元器件，如图 10-34 所示。

图 10-34 检查电路板元器件

② 检查电路板中的保险电阻是否烧断，如图 10-35 所示。

197

找到保险电阻，用万用表蜂鸣挡从电路板背面进行检测，测量值为无穷大，说明保险电阻已经烧断损坏。

图 10-35　检测保险电阻

③ 检测整流滤波电路中的电容器和整流桥堆，如图 10-36 所示。

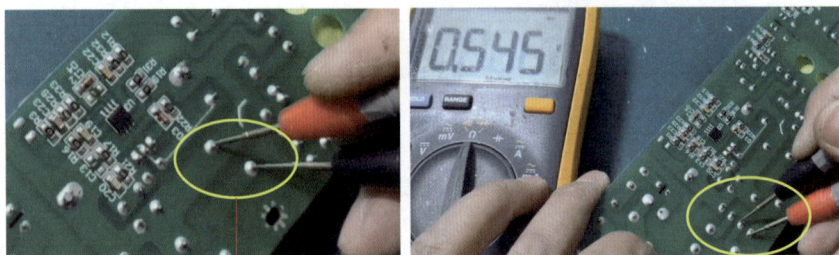

用万用表蜂鸣挡检测电容器两只引脚，未发现短路问题。

再用万用表二极管挡测量整流桥堆的引脚的管电压，测量值为 0.545V，均正常。

图 10-36　检测整流滤波电路元器件

④ 检测开关管，如图 10-37 所示。

将万用表调到二极管挡，两只表笔接开关管的任意两只引脚，测量值为0，说明开关管已经击穿损坏。

图 10-37　检测开关管

⑤ 检测电源控制芯片是否损坏，如图 10-38 所示。

将万用表调至二极管挡，两只表笔分别接电源控制芯片的驱动信号输出引脚和接地脚。测量值为0.559V。

然后调换表笔，再次测量，测量值为0.907V，两次测量值不为0或无穷大，测量值正常。

图 10-38　检测电源控制芯片

⑥ 再检测电源控制芯片输出引脚和供电电路输入端，如图 10-39 所示。

将万用表调至二极管挡，两只表笔分别接电源控制芯片输出引脚和电源控制芯片供电电路输入端，测量值为0.646V，说明电源控制芯片没有短路故障。

图 10-39　继续检测电源控制芯片

⑦ 检测开关管周围的元器件，如图 10-40 所示。

检测开关管周围的电阻、电容、二极管等元器件，未发现短路问题。然后更换损坏的开关管，准备通电测试。

图 10-40　检测开关管周围元器件

⑧ 给电路板接上电源，通电测试，如图 10-41 所示。
⑨ 再测量 5V 输出电压，如图 10-42 所示。

先在电路板的保险管引脚串联一只灯泡，防止电路板有短路导致二次损坏。然后用万用表直流电压200V挡测量输出电压。测量值为38.27V，电压正常。

图 10-41　测量输出电压

用万用表直流电压200V挡测量5V输出电压，测量值为5.01V，输出电压正常，故障排除。

图 10-42　测量 5V 输出电压

第 11 章

变频器开关电源电路故障维修实战

变频器中的开关电源电路主要为变频器的整机控制电路提供工作电压，这部分电路很重要，如果出现故障，会导致变频器无法正常工作。本章将重点讲解变频器开关电源供电电路的易坏芯片元器件、故障检测点、故障检修流程图、常见故障维修和故障维修实战案例等内容。

11.1 ▶ 看图识变频器电源电路板芯片电路

变频器的开关电源电路主要用来产生 +5V、+15V、−15V、+24V 及驱动电路供电电压 E1 ~ E5 等直流电压，为变频器的各种电路等供电。

11.1.1 变频器开关电源电路组成

从电路结构上来看，变频器开关电源电路主要由开关振荡电路、输出整流滤波电路、稳压控制电路等电路组成。如图 11-1 所示为变频器的开关电源电路及其组成框图。

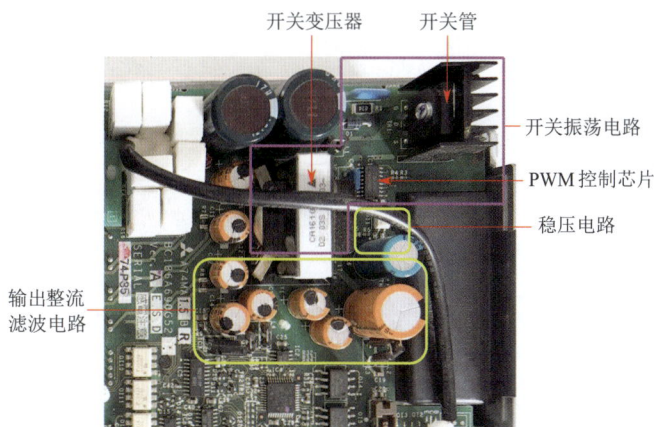

图 11-1

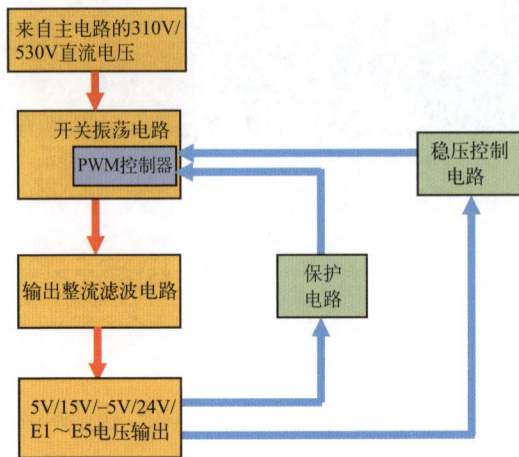

图 11-1　变频器的开关电源电路及其组成框图

11.1.2　变频器开关电源电路的供电来源分析

在变频器的开关电源电路中，供电电源一般有以下几种来源形式。

（1）直接取自变频器主电路的整流电路

通过变频器的 R、S、T 电源输入端输入变频器主电路中的 380V 交流电，经过整流电路和直流滤波电路处理后变为 530V 左右的高压直流电，有一部分变频器的开关电源电路的供电就取自此 530V 直流电。一般变频器厂家会将获取直流电的端口标注为 P 端（P1 端）和 N 端（－端），如图 11-2 所示。

（2）取自变频器主电路滤波电容

有一部分变频器的开关电源电路的供电取自主电路的直流滤波电路中的滤波电容，由于直流滤波电路中的两只滤波电容串联于直流回路上，两只电容对530V 直流电压形成分压，因此每只滤波电容上的电压为 265V 左右。如图 11-3所示。

（3）取自电源输入端（R、S、T）

有一部分变频器的开关电源电路的供电取自电源输入口，即从 R、S、T 输入端子中的任两相上取得。从 R、S、T 输入端子中的任两相取得的 380V 交流电，经过变压器转变为 220V 交流电，再经过整流滤波电路处理后变为 310V 直流电，然后给开关电源电路供电。如图 11-4 所示。

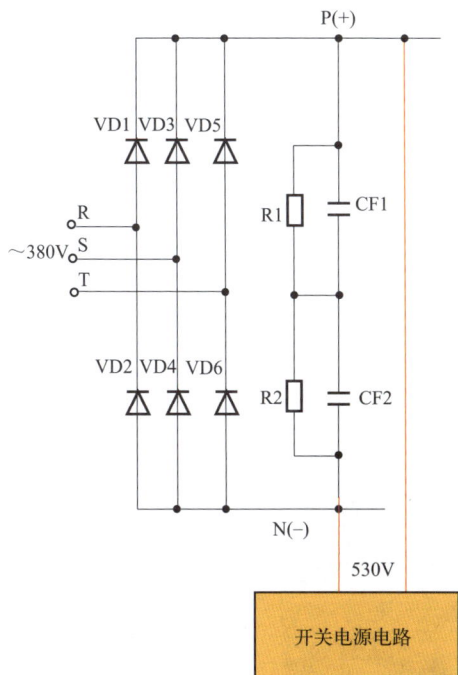

图 11-2 开关电源电路供电来源形式（一）

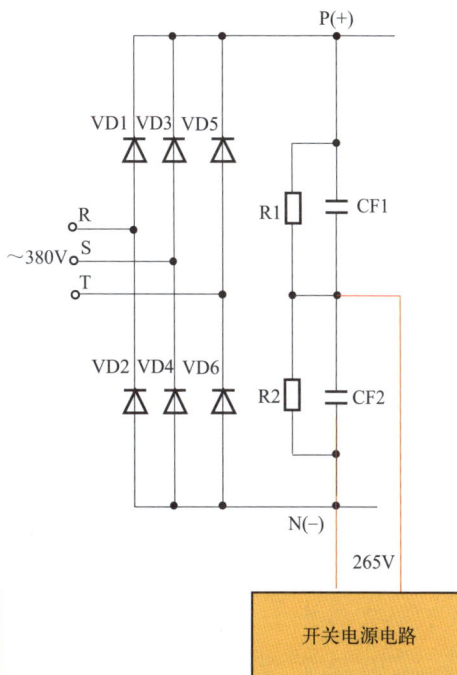

图 11-3 开关电源电路供电来源形式（二）

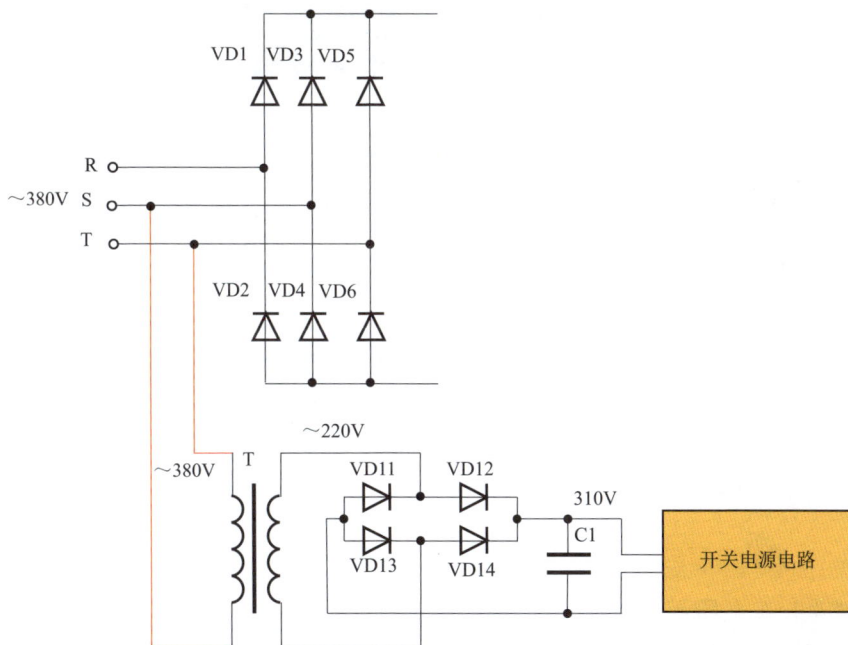

图 11-4 开关电源电路供电来源形式（三）

11.2 变频器开关电源电路易坏芯片元器件

变频器的开关电源电路易坏元器件主要有：熔断电阻、整流二极管、滤波电容、开关管、PWM 控制芯片、开关变压器、取样电阻、稳压器、快恢复二极管、精密稳压器、光耦合器等，如图 11-5 所示。

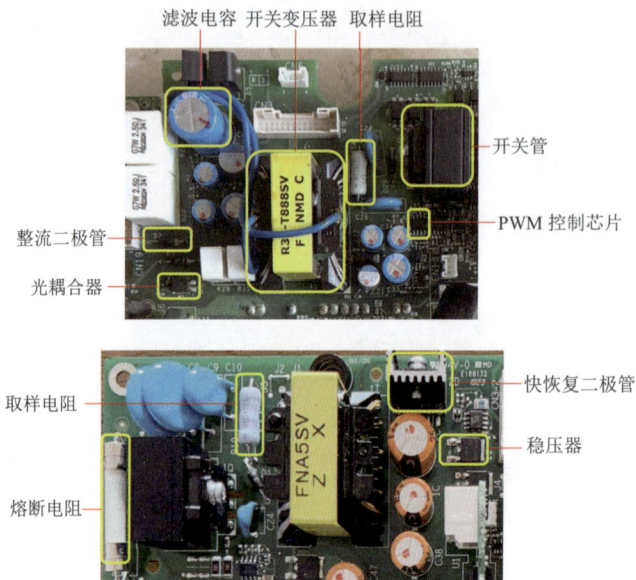

图 11-5　开关电源电路易坏元器件

11.3 变频器开关电源电路故障检测点

在检测变频器的开关电源电路的故障时，可能会发现几个故障率较高的部件，如整流二极管、充电电阻、滤波电容、开关管、开关变压器、快恢复二极管、光耦合器、稳压器等。在检测开关电源电路故障时，会经常需要检测一些易坏部件的好坏，以排除好的元器件，找到故障元器件。下面总结一下变频器中开关电源电路的常见故障检测点。

11.3.1　开关电源电路各功能电路位置以及电压检测点

如图 11-6 所示，将开关电源电路中各主要功能电路采用框注的方式进行标注，同时注明功能电路的关键电压检测点，根据检测点的信号去判断各功能电路是否工作正常。

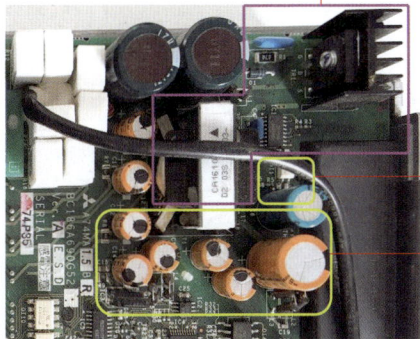

开关振荡电路检测点:
①PWM控制芯片输入电压(正常为12~16V);
②PWM控制芯片基准电压(正常为5V左右);
③PWM控制芯片输出电压(正常为3V左右)。

稳压电路检测点: 取样电压(正常为2.5V左右)。

输出整流滤波电路检测点:
①24V输出电压;
②15V输出电压;
③5V/3.3V输出电压。

图 11-6　各功能电路位置以及电压检测点

11.3.2　开关电源电路关键电压检测点

在诊断变频器开关电源电路故障时,可以通过测量电路中关键电压信号来排查故障发生在哪个功能电路中。如通过测量 PFC 电路中滤波电容的 380V 直流电压是否正常,来判断 EMI 滤波电路和整流滤波电路是否工作正常,以此来缩小故障排查区域,快速找到故障点。如图 11-7 所示为变频器开关电源电路关键电压检测点。

故障检测点1: 输入电压。通电测量熔断电阻一端与N端电压,或P、N接口电压(正常为直流310V或530V)。

故障检测点2: 输出电压。通电测量24V/15V输出电路中整流二极管负极与地的电压或滤波电容两引脚间电压。

故障检测点3: 输出电压。通电测量稳压器输出脚5V电压。

故障检测点4: 供电电压。通电测量电源控制芯片供电脚电压(一般为12~16V)。

图 11-7　变频器开关电源电路关键电压检测点

11.3.3　开关电源电路关键元器件检测点

在检查变频器开关电源电路故障时，要重点检测电路中故障率较高的元器件，这样可以快速找到故障原因。下面总结变频器开关电源电路关键元器件检测点（关键元器件检测实战具体内容参考第3章）。如图11-8所示为变频器开关电源电路关键元器件检测点。

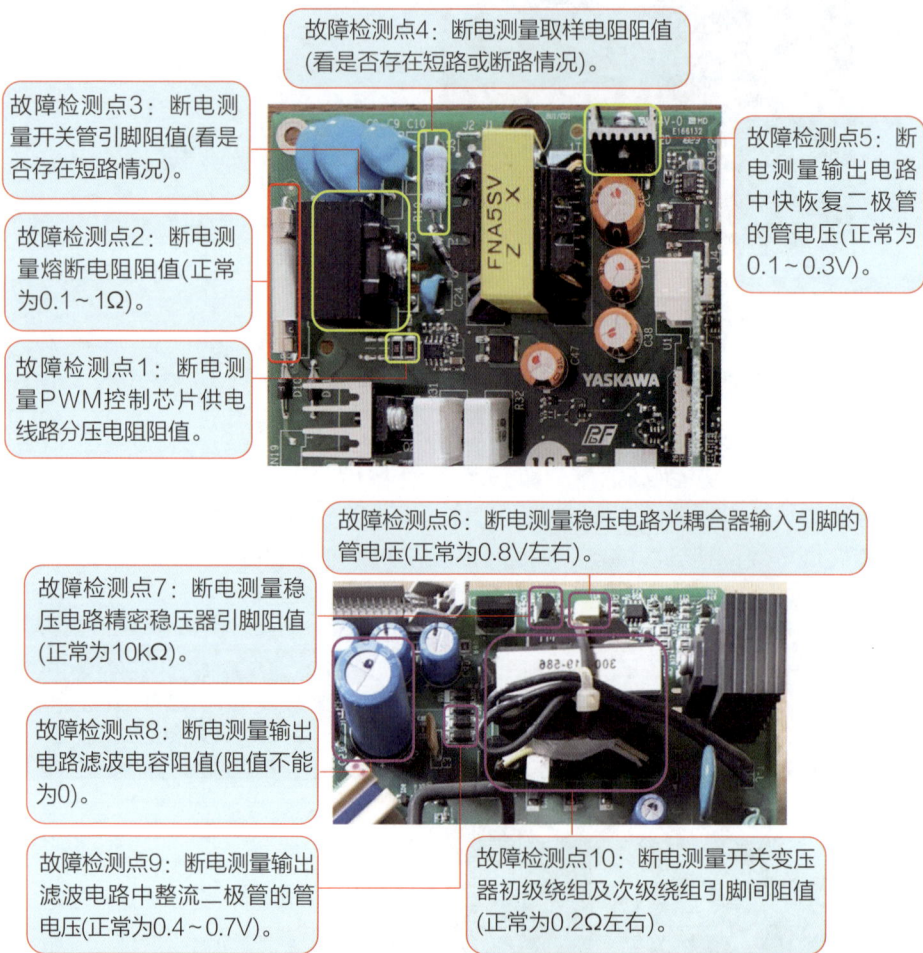

故障检测点4：断电测量取样电阻阻值(看是否存在短路或断路情况)。

故障检测点3：断电测量开关管引脚阻值(看是否存在短路情况)。

故障检测点5：断电测量输出电路中快恢复二极管的管电压(正常为0.1~0.3V)。

故障检测点2：断电测量熔断电阻阻值(正常为0.1~1Ω)。

故障检测点1：断电测量PWM控制芯片供电线路分压电阻阻值。

故障检测点6：断电测量稳压电路光耦合器输入引脚的管电压(正常为0.8V左右)。

故障检测点7：断电测量稳压电路精密稳压器引脚阻值(正常为10kΩ)。

故障检测点8：断电测量输出电路滤波电容阻值(阻值不能为0)。

故障检测点9：断电测量输出滤波电路中整流二极管的管电压(正常为0.4~0.7V)。

故障检测点10：断电测量开关变压器初级绕组及次级绕组引脚间阻值(正常为0.2Ω左右)。

图11-8　变频器开关电源电路关键元器件检测点

11.4　变频器开关电源电路故障诊断流程图

当变频器的开关电源电路有故障时，可以参考开关电源电路故障检修流程对变

全彩图解
开关电源芯片级维修

频器进行检测，检测时重点检测每个电路模块的关键测试点，通过测试点快速准确地找出故障的部件，并修复开关电源电路故障。

开关电源电路故障主要是整流滤波电路故障、开关振荡电路故障、输出电路故障、稳压电路故障、保护电路故障等引起的，一般会出现上电无显示、开机指示灯不亮、输出的直流电压过高等故障现象，开关电源电路故障检修流程图如图 11-9 所示。

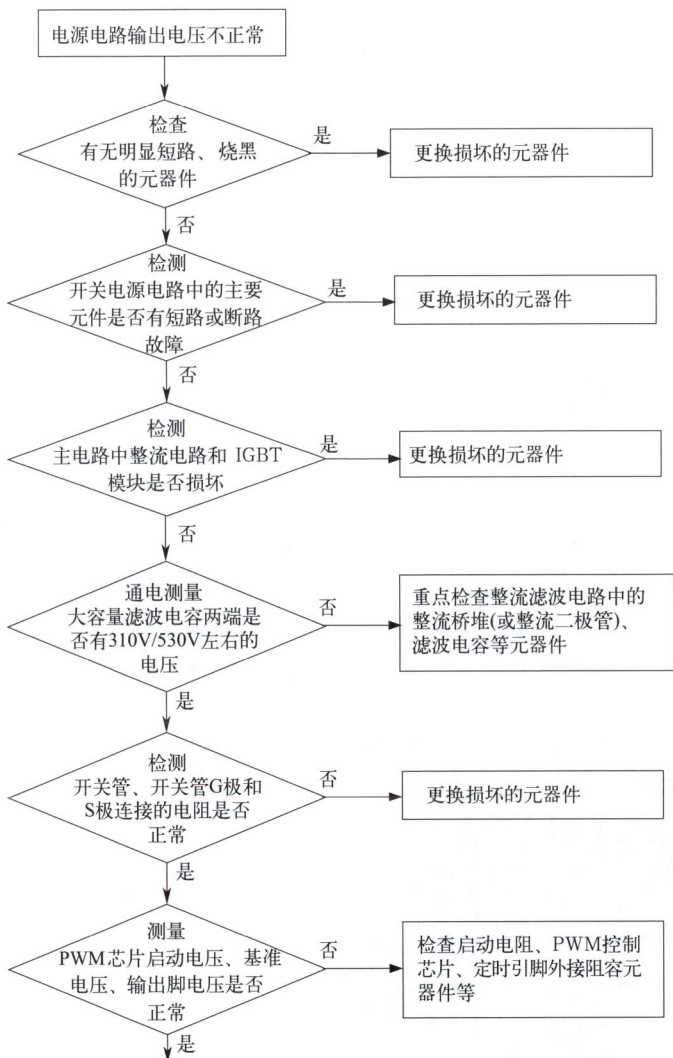

图 11-9

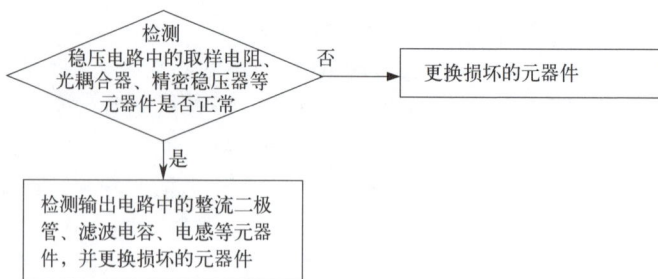

图 11-9 　开关电源电路故障检修流程图

11.5　快速诊断变频器开关电源电路常见故障

变频器中开关电源电路工作在高电压、大电流的环境下，特别容易出现故障。而开关电源电路一旦出现故障，就会导致变频器开机无显示、无法开机、开机指示灯不亮、开机出现错误代码等。下面将重点讲解变频器的开关电源电路故障现象、原因分析及故障维修方法。

11.5.1　快速诊断变频器通电无反应，显示面板无显示故障

当变频器出现通电后无反应，显示面板无显示，且 24V 和 10V 控制端子的电压为 0 故障时，可以按照下面的方法进行检测。

① 由于 24V 和 10V 控制端子的电压为 0，因此应先检查开关电源电路。首先检查主电路中的整流电路和逆变电路有无损坏，然后再通电检查变频器开关电源电路中的输入电压（530V 左右直流电压）是否正常，如图 11-10 所示。

将万用表挡位调到750V直流电压挡，然后红表笔接P(+)端子，黑表笔接N(−)端子，测量整流电路整流后的直流电压。如果输入电压为三相380V，测量的电压正常应为530V左右；如果输入电压为单相220V，测量的电压正常应该为310V左右。注意，测完母线电压后，在检测开关电源电路中的元器件前，要对电容进行放电处理。

图 11-10　测量直流母线电压

② 开始检测开关电源电路。用万用表的欧姆挡检测开关管有无击穿短路现象，如图 11-11 所示。如果开关管被击穿损坏，除了更换开关管外，还要检测开关管 S 极连接的电流取样电阻有无开路，因为开关管损坏后，电流取样电阻会因受冲击而阻值变大或断路。另外，开关管的 G 极串联的电阻、PWM 芯片往往受强电冲击容易损坏，必须同时进行检测，除此之外，还要检查负载回路有无短路现象。

开关管故障一般都是被击穿。因此可以通过测量引脚间阻值来判断好坏。将数字万用表调到蜂鸣挡，然后两只表笔分别测量三只引脚中的任意两只，如果测量的阻值为0，蜂鸣器发出报警声，则说明开关管有问题。

图 11-11　检测开关管好坏

③ 如果开关管没有损坏，且其 G 极串联的电阻、S 极连接的电流取样电阻等均正常，进一步检查开关电源电路中的振荡电路。首先在通电的情况下，检测 PWM 芯片（以 3844 为例）的第 7 脚启动电压是否正常。如图 11-12 所示。

将万用表调到直流电压20V挡，红表笔接PWM芯片(以3844为例)的第7脚，黑表笔接第5脚(接地脚)进行测量(测量值正常应该为16V)。如果启动电压不正常，接着检查启动电阻是否断路，启动电阻连接的滤波电容是否损坏(击穿或电容量下降)。一般滤波电容容量下降会导致PWM芯片启动电压下降。

图 11-12　测量 PWM 芯片启动电压

④ 如果 PWM 芯片第 7 脚启动电压正常，则测量 PWM 芯片（以 3844 为例）第 8 脚的电压，正常应该有 5V 直流电压。如图 11-13 所示。

⑤ 如果测量第 8 脚的电压正常（为 5V），则测量第 6 脚输出电压，正常应该有几伏输出电压。如图 11-14 所示。

将万用表调到直流电压20V挡，红表笔接PWM芯片(以3844为例)的第8脚，黑表笔接第5脚(接地脚)进行测量(测量值正常应该为5V)。如果第8脚电压正常，则说明PWM芯片开始工作了；如果第8脚电压为0，而第7脚电压正常，说明PWM芯片没有工作，可能损坏了。

图 11-13　测量第 8 脚的基准电压

如果输出电压正常，说明振荡电路基本正常，故障可能在稳压电路；如果第6脚输出电压为0，则先检查第8脚、第4脚外接的电阻和电容定时元器件及第6脚外围电路中的元器件。

图 11-14　测量 PWM 芯片输出电压

⑥ 如果测得第 8 脚、第 6 脚输出电压都为 0，但第 7 脚电压正常，PWM 芯片外围定时元器件也正常，则 PWM 芯片（以 3844 为例）损坏，直接更换一个 PWM 芯片即可。

⑦ 检查稳压电路时，首先对 PWM 芯片（以 3844 为例）单独上电（将 16V 可调电源的红黑接线柱分别接到第 7 脚和第 5 脚），然后短接稳压电路中光耦合器的输入侧（如 PC817 的输入侧为 1 和 2 引脚）。如图 11-15 所示。

①如果振荡电路起振，说明故障在光耦合器输入侧外围电路，重点检查外围电路中的精密稳压器、取样电阻等元器件。
②如果振荡电路仍不起振，则故障可能在稳压电路中的光耦合器的输出侧电路，重点检查光耦合器输出侧连接的电阻等元器件。

图 11-15　短接光耦合器输入侧引脚并检测其他元器件

11.5.2 变频器开机听到"打嗝"声或"吱吱"声故障维修方法

如果变频器的负载电路出现异常，导致电源过载（即过电流故障），会引发过电流保护电路动作，从而导致变频器的开关电源出现间歇振荡，发出"打嗝"声或"吱吱"声，或出现显示面板时亮时熄（闪烁）的故障。

当变频器的输出电流异常上升时，会引起电源变压器的一次绕组励磁电流的大幅度上升，同时在开关管的 S 极连接的电流采样电阻上形成 1V 以上的电压信号，促使 PWM 芯片（以 3844 为例）内部电流检测保护电路开始工作，使第 6 脚停止输出电压信号，振荡电路停止振荡，达到保护电路的目的；当开关管的 S 极电流采样电阻上过电流信号消失后，PWM 芯片又开始输出电压信号，振荡电路又重新开始工作，如此循环往复，开关电源就会出现间歇振荡现象。

变频器发出"打嗝"声或"吱吱"声故障维修方法如下。

① 观察开关电源电路的输出电路中的大滤波电容有无鼓包、漏液等明显损坏的现象，如图 11-16 所示。

如果滤波电容有损坏，直接更换同型号的电容器。

图 11-16 检查滤波电容（一）

② 用数字万用表的蜂鸣挡测量开关电源输出电路中的滤波电容的阻值。如图 11-17 所示。

①如果阻值为0或很小，说明电容有短路直通现象，可能是输出电路中的整流二极管有短路。
②另外，这些电容器(特别是那些使用时间较长的变频器中的电容器)容易老化，最好拆下这些电容器，测量一下它们的电容量是否减少。

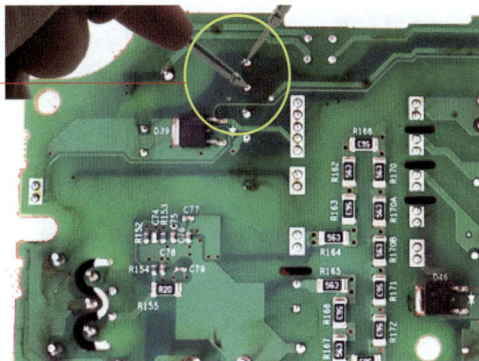

图 11-17 检测滤波电容（二）

③ 接着用数字万用表的二极管挡测量输出电路中的整流二极管的管电压，来判断整流二极管的好坏。如图 11-18 所示。

整流二极管的管电压正常为 0.6V 左右，如果管电压为0或较低，或为无穷大，则整流二极管损坏，更换同型号的整流二极管即可。

图 11-18　检测整流二极管

④ 如果开关电源电路的输出电路无异常，则可能为负载电路有短路故障元器件。可以通过对各路负载断电进行逐一排除。如拔下风扇供电端子，变频器恢复正常工作，则为 24V 散热风扇出现故障。

11.5.3　变频器输出的直流电压过高故障维修方法

变频器输出电压过高或过低故障通常是稳压电路故障引起的，一般稳压电路的取样电阻、光耦合器、精密稳压器等元器件损坏或性能下降，会使反馈电压幅度不足，造成输出电压过高或过低。

变频器输出的直流电压过高故障维修方法如下：

① 在稳压电路中的光耦合器的输出端并联一只 10kΩ 电阻，然后开机测试输出电压大小。如果输出电压回落，说明光耦合器输出侧稳压电路正常，故障应该是光耦合器损坏或输入侧电路中的电阻损坏。如图 11-19 所示。

光耦合器、取样电阻(在电路板背面)等元器件

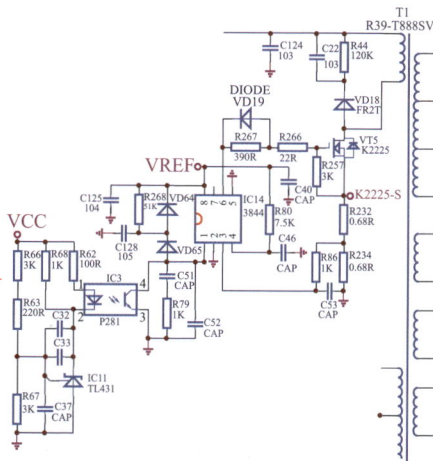

①在图中光耦合器IC3的输出端(即第
3、4引脚端)并联一只10kΩ电阻,然
后开机测试输出电压大小。
②如果输出电压回落,说明光耦合器
IC3输出侧稳压电路正常(即光耦合器
IC3第3、4到PWM芯片之间的元器
件正常),故障应该是光耦合器IC3损
坏或光耦合器输入侧电路中的电阻损
坏(即取样电阻R62、R63、R66、
R67、R68中有损坏的电阻)。

图 11-19　判断稳压电路故障点

② 在光耦合器第 1 脚连接的取样电阻（如图中的 R62）上并联 500Ω 电阻，
测量变频器的输出电压。如图 11-20 所示。

PWM芯片、取样电阻等元器件

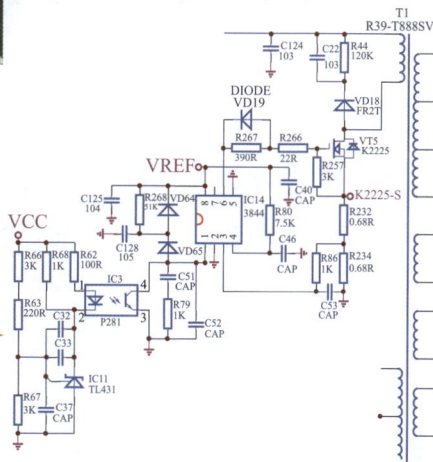

①如果变频器输出电压有显著回落,
说明光耦合器是正常的,故障为精密
稳压器IC11性能不良(更换同型号的
芯片即可),或精密稳压器IC11外接
电阻R67损坏(阻值变小或断路)。
②如果输出电压没有回落,那说明光
耦合器IC3损坏,更换同型号的光耦
合器即可。

图 11-20　检测输出电压

11.6 动手维修：变频器开关电源电路故障维修实战

11.6.1 变频器通电无显示故障维修实战

（1）故障现象

客户送来一台汇川变频器，反映这台变频器通电无显示。

（2）故障检测与维修

通常变频器通电无显示故障可能是开关电源电路故障引起，但也可能是主电路故障引起，需要逐步排查故障。变频器通电无显示故障维修方法如下。

第1步：拆开变频器的外壳，准备做进一步检测。如图11-21所示。

拆开变频器的外壳

图11-21 拆开变频器外壳

第2步：检测变频器中的整流二极管和IGBT模块是否有短路故障，防止通电造成变频器电路二次损坏，如图11-22所示。

第3步：检测开关管是否正常，如图11-23所示。

第4步：给电源电路板通电，然后测量直流母线电压，如图11-24所示。

第5步：断开供电，并给滤波电容放电，准备进一步检查，如图11-25所示。

第6步：准备检测开关电源电路板，先将电源电路板从散热片上拆下来。之后给电源电路板通电，测量PWM控制芯片的供电电压是否正常，如图11-26所示。

第7步：测量PWM控制芯片（2844）第8脚的5V基准电压是否正常，如图11-27所示。

第8步：怀疑PWM控制芯片供电电路有损坏的元器件，接着排查PWM控制芯片供电电路中的所有元器件，发现有一个二极管损坏。如图11-28所示。

①将数字万用表调到二极管挡，将红表笔接直流母线的负极，即N端子(或−端子)，黑表笔分别接R、S、T三个端子，测量三次，测量的值都为0.498V。接着再将黑表笔接直流母线的正极，即P端子(或+端子)，红表笔分别接R、S、T三个端子，测量三次，测量的值也都是0.498V，说明整流电路中的整流二极管都正常。

②将红表笔接直流母线的负极，即N端子(或−端子)，黑表笔分别接L1、L2、L3(或U、V、W)三个端子，测量三次，测量的值都为0.46V，说明逆变电路中下臂的三个变频元器件都正常。然后将黑表笔接直流母线的正极，即P端子(或+端子)，红表笔分别接L1、L2、L3(或U、V、W)三个端子，测量三次，测量的值也都是0.46V，说明逆变电路上臂变频元器件都正常。

图 11-22　检测变频器中的整流二极管（或整流桥堆）和 IGBT 模块

用万用表的蜂鸣挡测量开关管的任意两个引脚间的阻值，未发现开关管有短路情况(阻值为0的情况)。

图 11-23　检测开关管好坏

将万用表调到直流电压750V挡，红黑表笔分别接P(+)端子和N(−)端子，测量的电压值为508.4V，电压正常。

图 11-24　测量直流母线电压

可以用灯泡或大阻值电阻连接P(+)端子和N(−)端子来放电。

图 11-25　给滤波电容放电

将万用表调到直流电压20V挡，然后用两只表笔测量PWM控制芯片的供电电路的电压。发现供电电压在12V到15V之间不断地跳变，说明供电电压不正常。

图 11-26　测量 PWM 控制芯片的供电电压

将万用表红表笔接PWM控制芯片第8脚，黑表笔接地，测量电压。测量的电压值也是在不断地跳变。

图 11-27　测量 PWM 控制芯片第 8 脚基准电压

用万用表蜂鸣挡检测PWM控制芯片供电电路中的元器件，发现有个二极管短路损坏。

图 11-28　检测 PWM 控制芯片供电电路

第 9 步：检查开关电源电路中其他元器件，发现有几个滤波电容老化，容量下降。更换掉性能不良的滤波电容及损坏的二极管，如图 11-29 所示。

对于输出电路中的滤波电容，可以拆下来用数字电桥测量其容量和 D 值，来判断其性能是否下降。

图 11-29　更换损坏的元器件

第 10 步：通电测试，如图 11-30 所示。

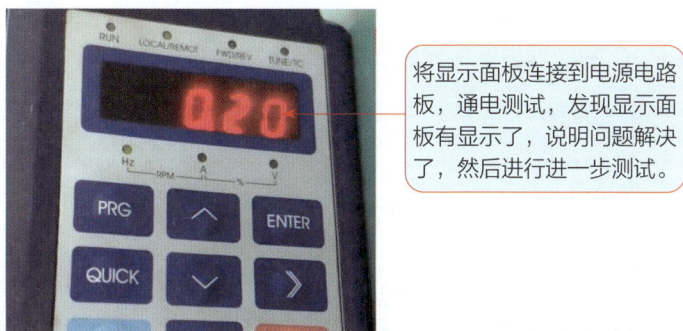

将显示面板连接到电源电路板，通电测试，发现显示面板有显示了，说明问题解决了，然后进行进一步测试。

图 11-30　通电测试

第 11 步：安装变频器电路板，如图 11-31 所示。

先在 IGBT 模块上涂抹一层散热硅脂，然后将电源电路板固定到散热片上，并安装好变频器的外壳。

图 11-31　安装 IGBT 模块及外壳

第 12 步：先通电测试，再将变频器连接电动机进一步测试，电动机运转正常，且变动频率依然运转正常，变频器故障排除。如图 11-32 所示。

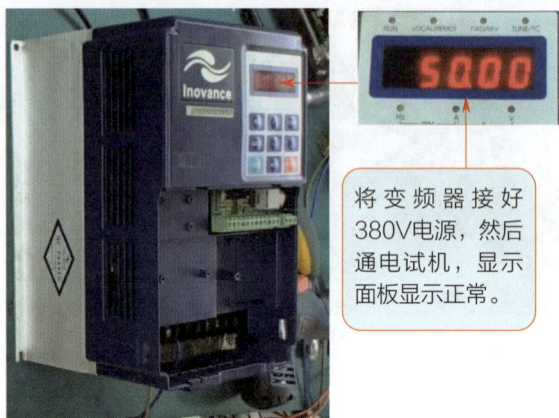

将变频器接好
380V电源，然后
通电试机，显示
面板显示正常。

图 11-32　通电试机

11.6.2　HLP-C 变频器显示板无显示故障维修实战

（1）故障现象

一台故障海利普 HLP-C 变频器，客户反映通电显示板无显示。

（2）故障检测与维修

通常无显示故障与开关电源故障和主电路故障都有关系，重点检查这两个电路。变频器显示板无显示故障维修方法如下。

第 1 步：对于这种故障，要在通电检测前，先用万用表检测一下整流电路和 IGBT 模块是否有问题，防止通电造成变频器电路二次损坏。如图 11-33 所示。

第 2 步：拆开变频器外壳，然后给变频器接上电源，准备检测电源电路板。如图 11-34 所示。

第 3 步：测量 PWM 控制芯片基准电压，如图 11-35 所示。

第 4 步：将电源电路板拆下，再拆下 PWM 控制芯片启动电路中的滤波电容，准备进一步检查。如图 11-36 所示。

第 5 步：用万用表检测拆下的滤波电容，如图 11-37 所示。

第 6 步：换好滤波电容后，通电测试一下。如图 11-38 所示。

第 7 步：装好变频器电路板，并连接负载进行测试，如图 11-39 所示。

①将数字万用表调到二极管挡，将红表笔接直流母线的负极，即N端子(或−端子)，黑表笔分别接R、S、T三个端子，测量三次，测量的值都为0.4649V。接着再将黑表笔接直流母线的正极，即P端子(或+端子)，红表笔分别接R、S、T三个端子，测量三次，测量的值都是0.4649V，说明整流电路中的整流二极管都正常。

②将红表笔接直流母线的负极，即N端子(或−端子)，黑表笔分别接U、V、W三个端子，测量三次，测量的值都为0.46V，说明逆变电路中下臂的三个变频元器件都正常。然后将黑表笔接直流母线的正极，即P端子(或+端子)，红表笔分别接U、V、W三个端子，测量三次，测量的值也都是0.46V，说明逆变电路上臂变频元器件都正常。

图 11-33　检测整流电路和 IGBT 模块

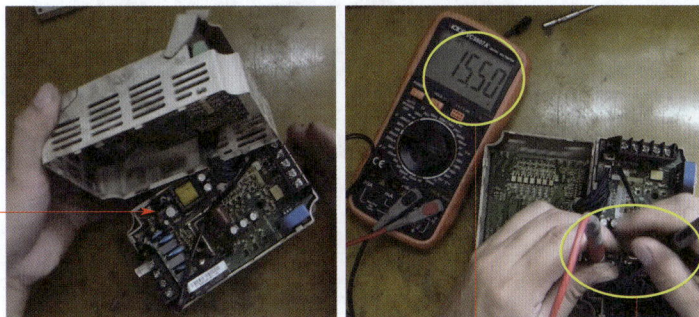

①拆开变频器外壳，并给变频器接上电源，准备检测开关电源电路。

②将万用表挡位调到直流电压20V挡，黑表笔接PWM芯片(3844)的第5脚，红表笔接第7脚。测量PWM芯片的启动电压(正常为16V)。测量的电压为15.5V，启动电压偏低。

图 11-34　检测开关电源电路

11.6.3　变频器显示面板闪烁，不开机故障维修实战

（1）故障现象

客户送来一台变频器，反映这台变频器通电后，显示面板一直闪烁，无法开机。

将万用表黑表笔接第5脚，红表笔接第8脚，测量基准电压。测量的电压为0.29V，正常应该为5V，说明PWM芯片没有工作。由于第2步测量的启动电压偏低，怀疑是PWM芯片的供电电路有元器件工作不良。根据经验，一般电路中的滤波电容容量下降容易导致供电电压下降。

图 11-35　测量基准电压

先将电源电路板拆下，然后用电烙铁将启动电路中的滤波电容拆下，准备测量其电容量。

图 11-36　拆卸滤波电容

将万用表调到200μF电容挡，然后红黑表笔接电容器的两只引脚，测量其容量。测量值为13.59μF，而所测电容器的标称容量为33μF，说明电容器老化损坏。

更换一只同型号的滤波电容器。

图 11-37　检测电容器

将显示面板连接好，然后通电测试，发现变频器可以正常显示了。看来故障是老化的滤波电容引起的。

图 11-38　测试变频器

安装电路板时，先在IGBT模块上涂抹散热硅脂，然后再将电源电路板安装到散热片上，并固定好，然后装好显示屏和外壳。将负载电动机连接到变频器，通电测试。发现变频器开机后可以正常显示，且设置参数后，负载电动机运转正常，变频器故障排除。

图 11-39　连接负载测试变频器

（2）故障检测与维修

通常变频器显示面板闪烁的故障都是开关电源电路故障或负载短路引起的，重点检查开关电源电路。变频器显示面板闪烁故障维修方法如下。

第 1 步：对于这种故障，要在通电检测前，先用万用表检测整流电路和 IGBT 模块是否有问题，防止通电造成变频器电路二次损坏。如图 11-40 所示。

第 2 步：拆开变频器的外壳准备检查开关电源电路。先观察一下是否有明显损坏的元器件，观察之后未发现明显损坏的元器件。之后给电源电路板接外接 530V 直流电源，通电检查。发现此时显示面板显示正常了。如图 11-41 所示。

第 3 步：由于这次通电测试是在未连接散热风扇的情况下进行的，而且显示正常了，因此怀疑是散热风扇问题引起的故障。如图 11-42 所示。

第 4 步：准备检测几个散热风扇，看是否有短路故障。如图 11-43 所示。

第 5 步：经测试，发现风扇内部有短路。如图 11-44 所示。

①将数字万用表调到二极管挡，红表笔接直流母线的负极，即N(−)端子，黑表笔分别接R、S、T三个端子，测量三次，测量的值都为0.415V。接着再将黑表笔接直流母线的正极，即P(+)端子，红表笔分别接R、S、T三个端子，测量三次，测量的值都是0.415V，说明整流电路中的整流二极管都正常。

②将红表笔接直流母线的负极，即N(−)端子，黑表笔分别接U、V、W三个端子，测量三次，测量的值都为0.46V，说明逆变电路中下臂的三个变频元器件都正常。然后将黑表笔接直流母线的正极，即P(+)端子，红表笔分别接U、V、W三个端子，测量三次，测量的值也都是0.46V，说明逆变电路上臂变频元器件都正常。

图 11-40　检测整流电路和 IGBT 模块

直接通过外接直流电源来供电，通电后发现此时显示面板显示正常了。

图 11-41　通电检查电路板

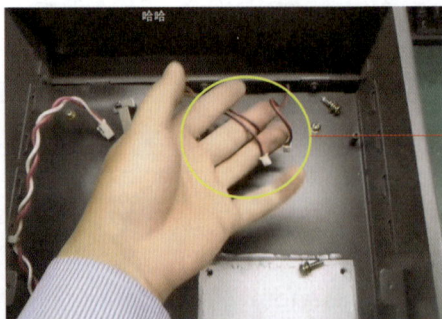

未连接散热风扇的情况下，变频器显示正常。

图 11-42　检查测试条件

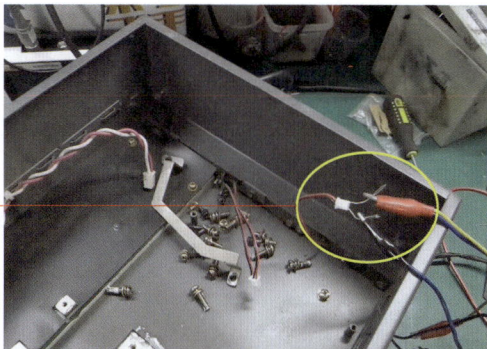

将可调电源的线夹直接接散热
风扇的电源线进行测试。

图 11-43　测试散热风扇

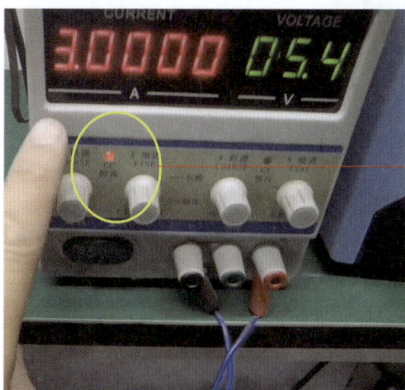

开始测试，发现其中一个散热风扇
连接到可调电源后，电流指示灯亮
起，说明此风扇内部有短路。

图 11-44　查找故障风扇

第 6 步：拆下损坏的散热风扇，然后换上一个新风扇。如图 11-45 所示。

更换损坏的散热
风扇。

图 11-45　更换损坏的风扇

第 7 步：安装好变频器的电路板及外壳，然后给变频器连接 380V 电源，进行测试。如图 11-46 所示。

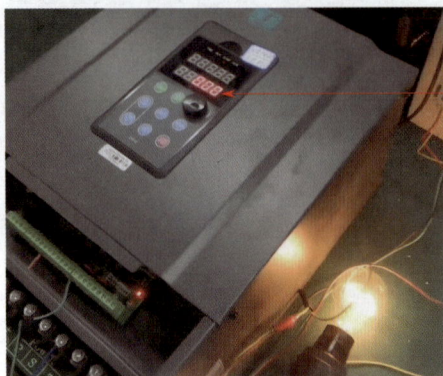

给变频器连接380V电源，并连接负载，然后通电试机。变频器显示面板显示正常，连接的负载工作也正常，变频器故障排除。

图 11-46　测试变频器

第 12 章

伺服驱动器开关电源电路故障维修实战

伺服驱动器中的开关电源电路主要为伺服驱动器的整机控制电路提供工作电压，这部分电路很重要，如果出现故障，将导致伺服驱动器无法正常工作。本章将重点讲解伺服驱动器开关电源电路中易坏芯片元器件、故障检测点、故障检修流程图、常见故障维修和故障维修实战案例等内容。

12.1 看图识伺服驱动器电源电路板芯片电路

伺服驱动器的开关电源电路主要用来产生 24V、15V、−15V、5V 等低压直流电压，为伺服驱动器的各种电路提供工作电压。其中，处理器（CPU）及附属电路、控制电路、操作显示面板需要 5V 供电，电流、电压、温度等故障检测电路和控制电路需要 ±15V 供电，控制端子、工作继电器线圈需要 24V 供电，驱动电路需要约为 22V 供电。该四路供电往往又经稳压电路处理成 +15V、−7.5V 的正、负电源供驱动电路，为 IPM 逆变输出电路提供激励电流。可以说开关电源电路正常工作是伺服驱动器正常工作的先决条件。

12.1.1 伺服驱动器开关电源电路组成

伺服驱动器开关电源电路主要由整流滤波电路、开关振荡电路、输出整流滤波电路、稳压控制电路、保护电路等组成。如图 12-1 和图 12-2 所示为伺服驱动器开关电源电路组成框图和伺服驱动器电源电路板中开关电源电路实物图。

12.1.2 伺服驱动器开关电源电路的供电来源

伺服驱动器的开关电源电路的供电电源一般有以下几种来源形式。

（1）取自交流电源输入端（R、S、T 中的两相或独立输入 L11 和 L21）

大部分伺服驱动器的开关电源电路的供电取自电源输入口，即从 R、S、T 或

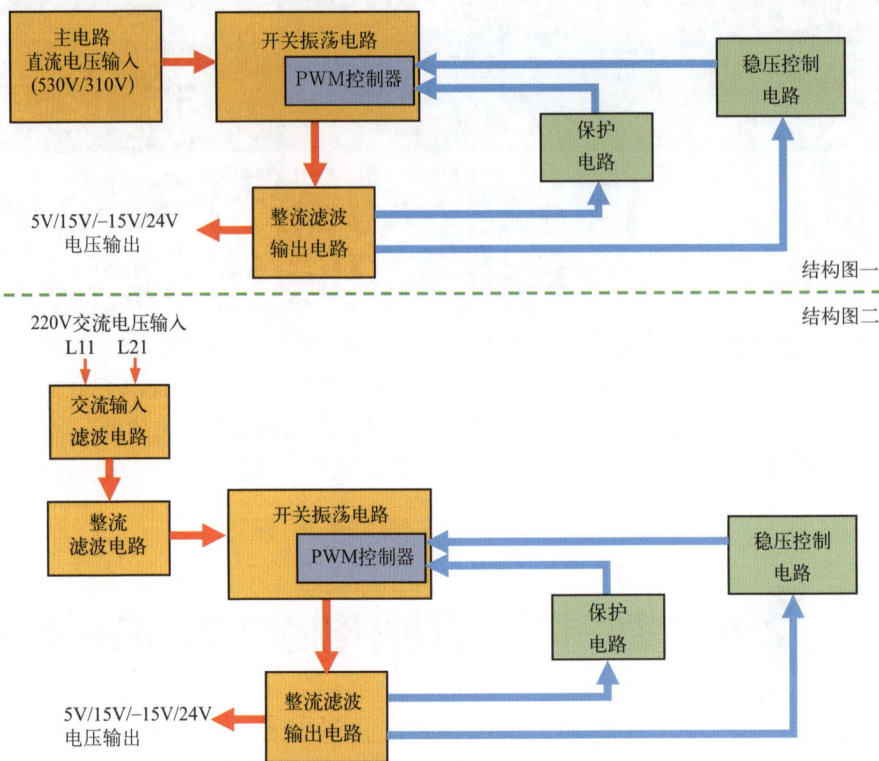

图 12-1 伺服驱动器开关电源电路的组成框图

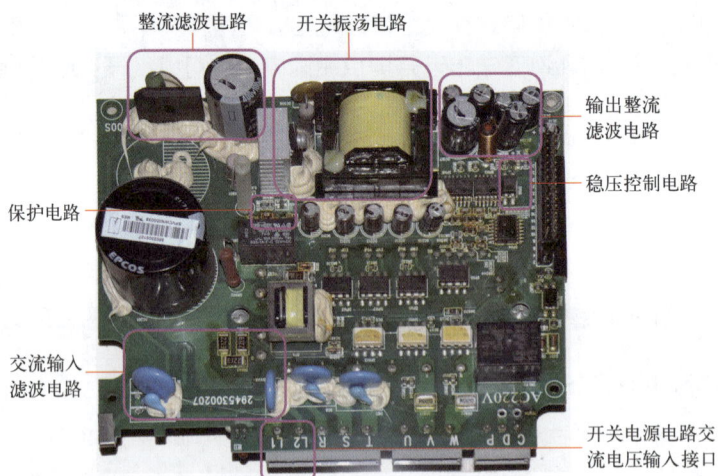

图 12-2 伺服驱动器开关电源电路实物图

L1、L2、L3 输入端子中的任两相上取得，或由 L11 和 L21 单独为开关电源电路提供输入电源，如图 12-3 所示。

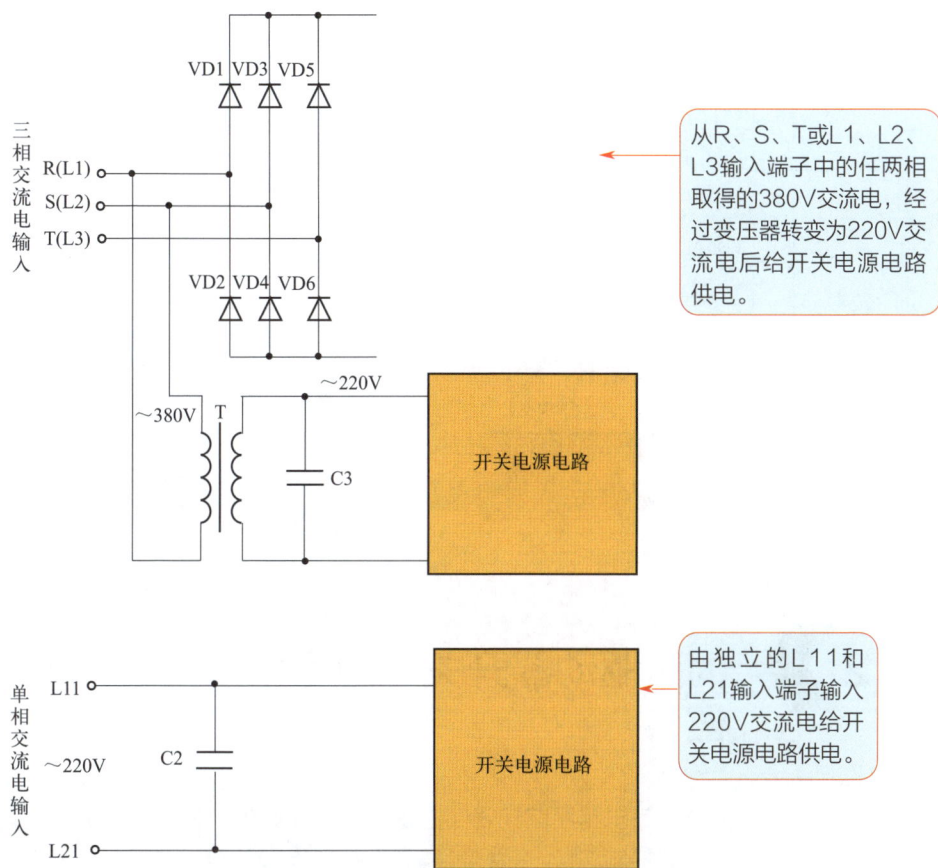

三相交流电输入

R(L1)
S(L2)
T(L3)

VD1 VD3 VD5

VD2 VD4 VD6

~380V T ~220V C3

开关电源电路

从R、S、T或L1、L2、L3输入端子中的任两相取得的380V交流电，经过变压器转变为220V交流电后给开关电源电路供电。

单相交流电输入

L11

~220V C2

L21

开关电源电路

由独立的L11和L21输入端子输入220V交流电给开关电源电路供电。

图 12-3　开关电源电路供电来源形式（一）

（2）直接取自伺服驱动器主电路的整流电路

一些伺服驱动器的开关电源电路的供电电源取自主电路中整流滤波电路处理后的直流电压（即输入的三相 380V 交流电经过三相整流电路整流，再经过滤波电路滤波后输出的 530V 左右的直流电压）。一般伺服驱动器厂家会将获取直流电的端口标注为 P 端（P1 端）和 N 端（－端）等，如图 12-4 所示。

有一部分伺服驱动器的开关电源电路的供电取自主电路的直流滤波电路中的滤波电容，由于直流滤波电路中的两只滤波电容串联于直流回路上，两只电容对530V 直流电压形成分压，因此每只滤波电容上的电压为 265V 左右。如图 12-5所示。

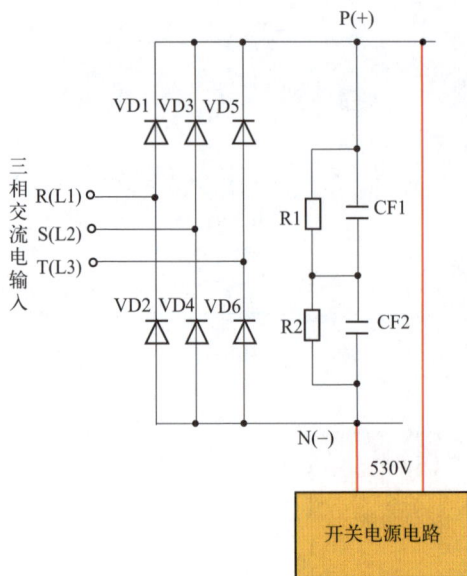

图 12-4 开关电源电路供电来源形式（二）　　图 12-5 开关电源电路供电来源形式（三）

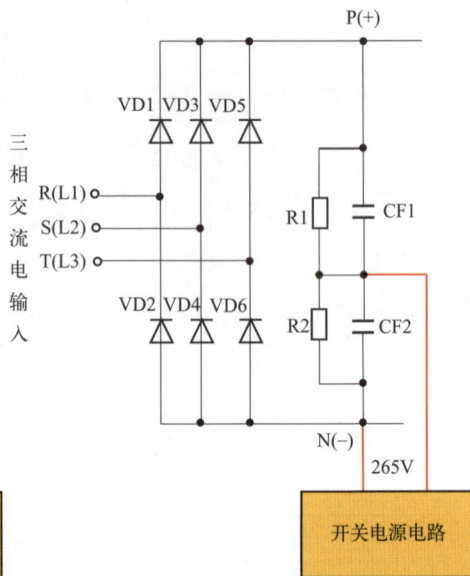

12.2 伺服驱动器开关电源电路易坏芯片元器件

伺服驱动器的开关电源电路易坏元器件主要有：整流桥堆、整流二极管、滤波电容、开关管、PWM电源控制芯片、开关变压器、取样电阻、稳压器、快恢复二极管、精密稳压器、光耦合器、电感、分压电阻等，如图 12-6 所示。

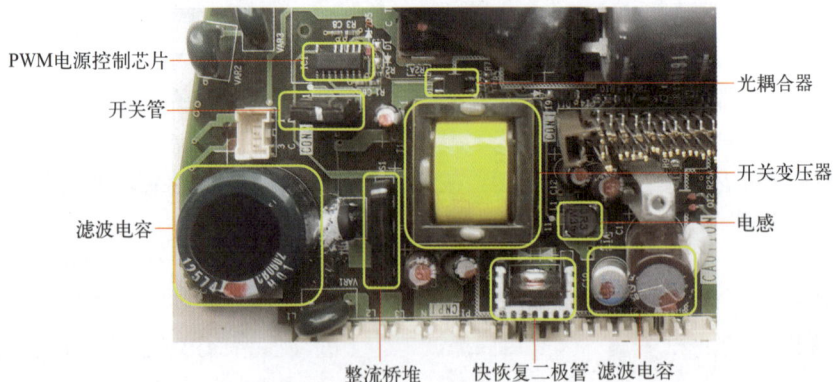

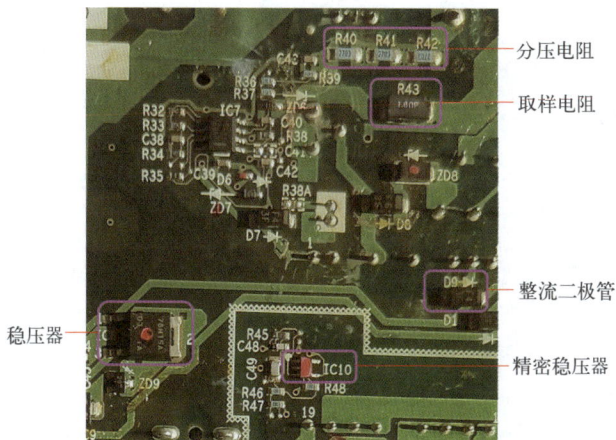

图 12-6　开关电源电路易坏元器件

12.3 伺服驱动器开关电源电路故障检测点

在检测伺服驱动器的开关电源电路的故障时，可能会发现几个故障率较高的部件，如整流桥堆、滤波电容、开关管、开关变压器、快恢复二极管、稳压器、光耦合器等。在检测开关电源电路故障时，会经常需要检测一些易坏部件的好坏，以排除好的元器件，找到故障元器件。下面总结伺服驱动器中开关电源电路的常见故障检测点。

12.3.1　开关电源电路各功能电路位置以及电压检测点

如图 12-7 所示，将开关电源电路中各主要功能电路采用框注的方式进行标注，同时注明功能电路的关键电压检测点，根据检测点的信号去判断各功能电路是否工作正常。

12.3.2　开关电源电路关键电压检测点

在诊断伺服驱动器开关电源电路故障时，可以通过测量电路中关键电压信号来排查故障发生在哪个功能电路中。如通过测量整流滤波电路中滤波电容的 310V 直流电压是否正常，来判断 EMI 滤波电路和整流滤波电路是否工作正常，以此来缩小故障排查区域，快速找到故障点。如图 12-8 所示为伺服驱动器开关电源电路关键电压检测点。

12.3.3　开关电源电路关键元器件检测点

在检查伺服驱动器开关电源电路故障时，要重点检测电路中故障率较高的元器

229

整流滤波电路检测点：整流电压
(正常为直流300V左右)。

开关振荡电路检测点：
①PWM控制芯片输入电压(正常为
12～16V)；
②PWM控制芯片基准电压(正常为
5V左右)；
③PWM控制芯片输出电压(正常为
3V左右)。

稳压电路检测点：取样电压(正
常为2.5V左右)。

输出整流滤波电路检测点：
①24V输出电压；②15V输出电压；
③－15V输出电压；④5V输出电压。

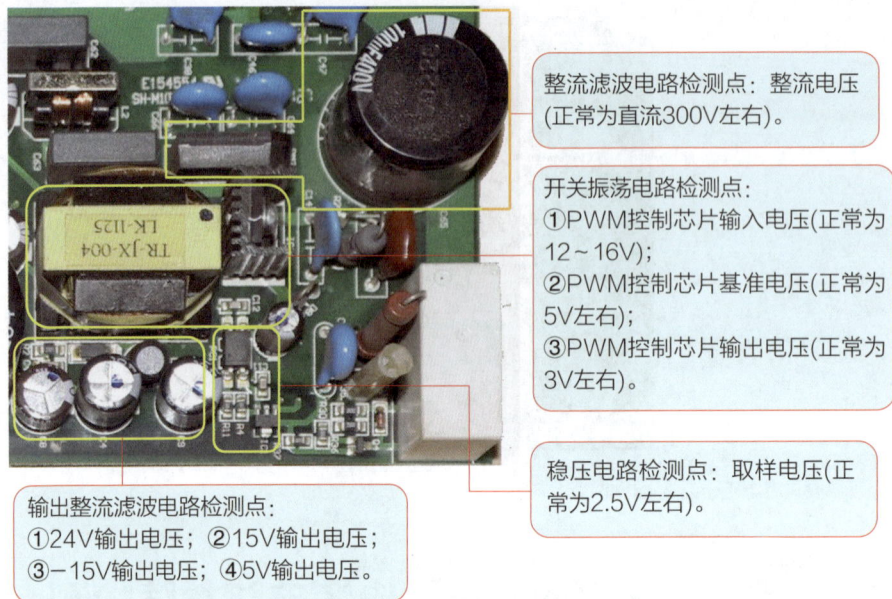

图12-7 各功能电路位置以及电压检测点

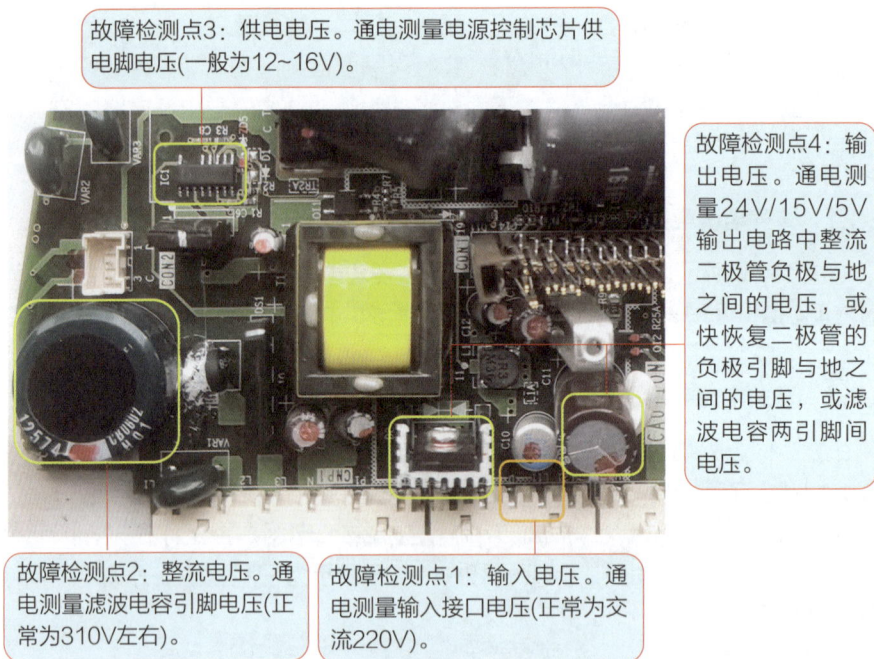

故障检测点3：供电电压。通电测量电源控制芯片供
电脚电压(一般为12～16V)。

故障检测点4：输
出电压。通电测
量24V/15V/5V
输出电路中整流
二极管负极与地
之间的电压，或
快恢复二极管的
负极引脚与地之
间的电压，或滤
波电容两引脚间
电压。

故障检测点2：整流电压。通
电测量滤波电容引脚电压(正
常为310V左右)。

故障检测点1：输入电压。通
电测量输入接口电压(正常为交
流220V)。

图12-8 伺服驱动器开关电源电路关键电压检测点

件，这样可以快速找到故障原因。下面总结伺服驱动器开关电源电路关键元器件检测点（关键元器件检测实战具体内容参考第 3 章）。如图 12-9 所示为伺服驱动器开关电源电路关键元器件检测点。

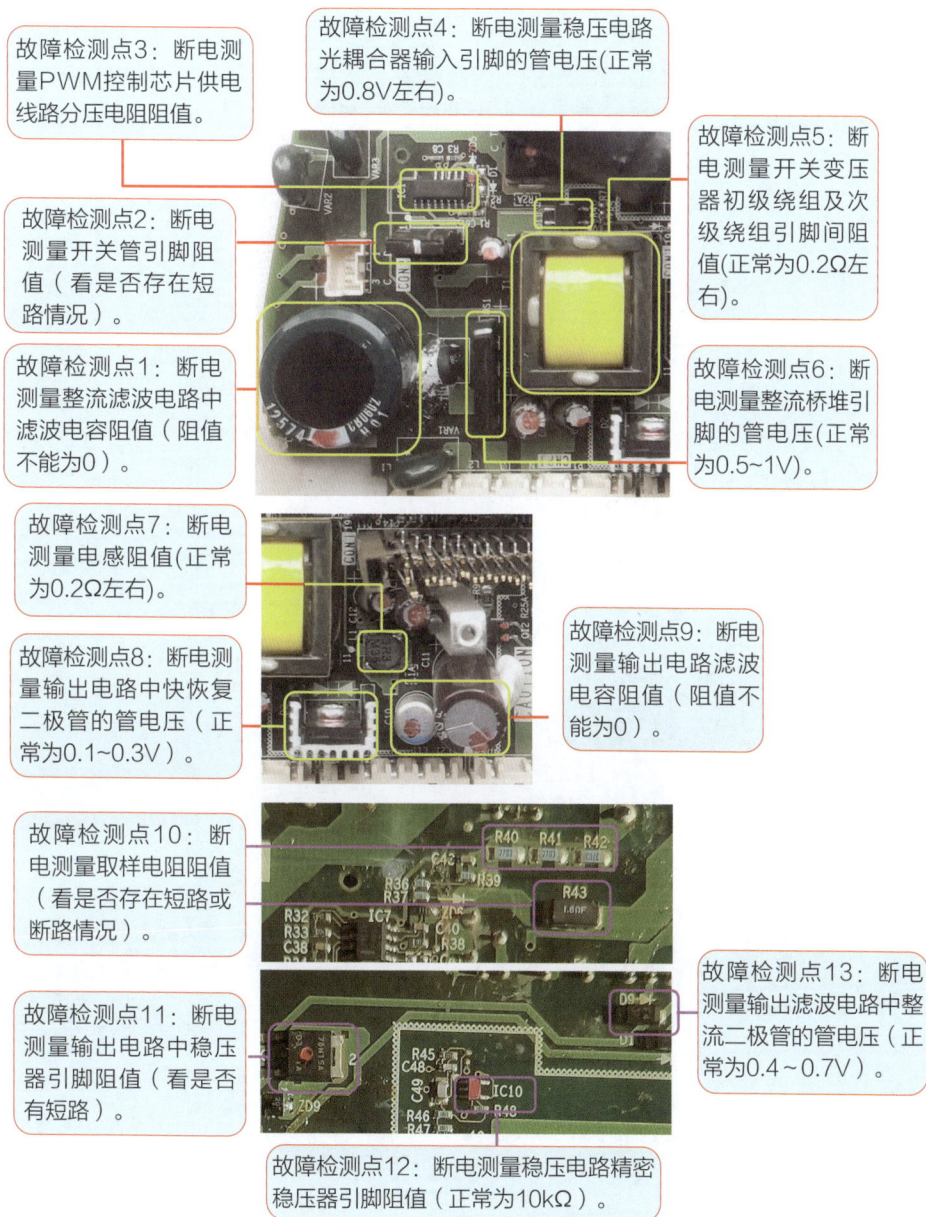

故障检测点3：断电测量PWM控制芯片供电线路分压电阻阻值。

故障检测点4：断电测量稳压电路光耦合器输入引脚的管电压(正常为0.8V左右)。

故障检测点5：断电测量开关变压器初级绕组及次级绕组引脚间阻值(正常为0.2Ω左右)。

故障检测点2：断电测量开关管引脚阻值（看是否存在短路情况）。

故障检测点1：断电测量整流滤波电路中滤波电容阻值（阻值不能为0）。

故障检测点6：断电测量整流桥堆引脚的管电压(正常为0.5~1V)。

故障检测点7：断电测量电感阻值(正常为0.2Ω左右)。

故障检测点8：断电测量输出电路中快恢复二极管的管电压（正常为0.1~0.3V）。

故障检测点9：断电测量输出电路滤波电容阻值（阻值不能为0）。

故障检测点10：断电测量取样电阻阻值（看是否存在短路或断路情况）。

故障检测点11：断电测量输出电路中稳压器引脚阻值（看是否有短路）。

故障检测点13：断电测量输出滤波电路中整流二极管的管电压（正常为0.4~0.7V）。

故障检测点12：断电测量稳压电路精密稳压器引脚阻值（正常为10kΩ）。

图 12-9 开关电源电路关键元器件检测点

12.4 伺服驱动器开关电源电路故障诊断流程图

伺服驱动器的开关电源电路故障主要是整流滤波电路故障、开关振荡电路故障、输出电路故障、稳压电路故障、保护电路故障等引起的。对伺服驱动器开关电源电路故障的检测主要就围绕这些重点电路来进行，伺服驱动器开关电源电路故障检修流程图如图 12-10 所示。

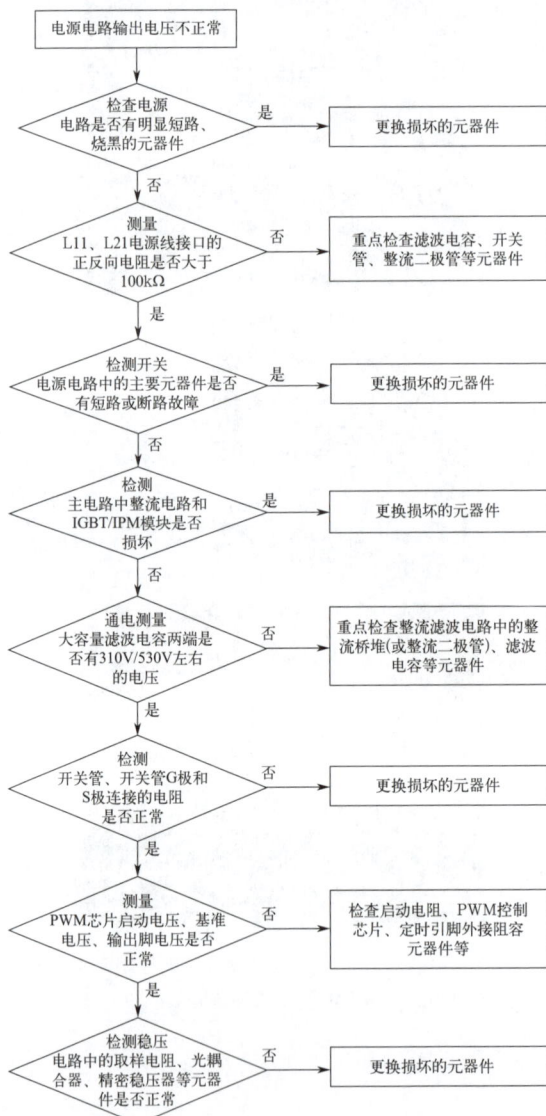

电源电路输出电压不正常

检查电源电路是否有明显短路、烧黑的元器件 — 是 → 更换损坏的元器件

否

测量 L11、L21 电源线接口的正反向电阻是否大于 100kΩ — 否 → 重点检查滤波电容、开关管、整流二极管等元器件

是

检测开关电源电路中的主要元器件是否有短路或断路故障 — 是 → 更换损坏的元器件

否

检测主电路中整流电路和 IGBT/IPM 模块是否损坏 — 是 → 更换损坏的元器件

否

通电测量大容量滤波电容两端是否有 310V/530V 左右的电压 — 否 → 重点检查整流滤波电路中的整流桥堆（或整流二极管）、滤波电容等元器件

是

检测开关管、开关管 G 极和 S 极连接的电阻是否正常 — 否 → 更换损坏的元器件

是

测量 PWM 芯片启动电压、基准电压、输出脚电压是否正常 — 否 → 检查启动电阻、PWM 控制芯片、定时引脚外接阻容元器件等

是

检测稳压电路中的取样电阻、光耦合器、精密稳压器等元器件是否正常 — 否 → 更换损坏的元器件

检测输出电路中的整流二极
管、滤波电容、电感等元器
件，并更换损坏的元器件

图 12-10　伺服驱动器开关电源电路故障检修流程图

12.5 　快速诊断伺服驱动器开关电源电路常见故障

伺服驱动器开关电源电路中的很多元器件（如整流桥堆、整流二极管、滤波电容、开关管、开关变压器等）工作在高电压、大电流、高温的环境中，比较容易出现损坏。下面将重点讲解伺服驱动器开关电源电路故障的维修方法。

12.5.1　快速诊断开关电源电路无输出故障

在检测伺服驱动器的开关电源电路时，可以先在断电情况下检查开关电源电路有无明显损坏的元器件，电路有无短路情况，再在加电的情况下检测各个关键点电压是否正常，以此来找出故障点。

检查方法如下：

① 在断电状态下检查开关电源电路板的元器件的外观，如图 12-11 所示。

重点检查电源电路板上是否有破裂、烧坏、鼓包、烧黑等明显损坏的元器件。如果有，则应重点检查损坏的元器件，一般这是出现故障的主要原因。

图 12-11　检查开关电源电路板元器件的外观

② 检查电源电路板是否存在短路故障，如图 12-12 所示。

③ 由于有些伺服驱动器的开关电源电路的供电电源取自主电路，因此还要检测一下主电路中的整流电路是否有短路情况。如图 12-13 所示。

④ 检测开关电源电路中的元器件是否有短路或断路故障。如图 12-14 所示。

233

测量的阻值为111.6kΩ

将万用表调到欧姆400k挡，然后红黑表笔接电源电路板上L1、L2、L3（或R、S、T）中的两个端子，或L11、L21电源线接口端子，测量其正反向阻值。正常时其阻值为100kΩ以上，如果阻值过低，说明电源电路板内部存在短路故障，应该重点检查大容量滤波电容、开关管、整流二极管或整流桥堆等元器件。

图 12-12　检测电源电路板是否存在短路故障

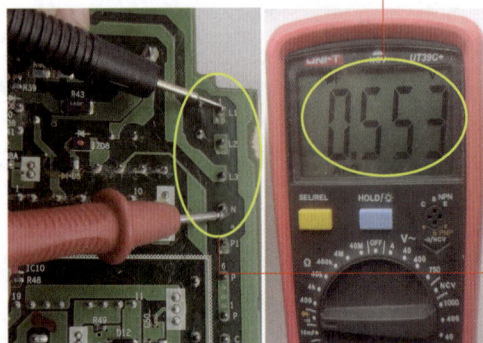

测量的值为0.553V

将万用表调到二极管挡，红表笔接N端子，黑表笔分别接L1、L2、L3（或R、S、T）端子测量管电压，正常为0.5V左右。之后将黑表笔接P端子，红表笔分别接L1、L2、L3（或R、S、T）端子测量，测量值正常为0.5V左右。如果测量的管电压为0或无穷大，说明整流桥堆损坏或整流二极管损坏。

图 12-13　检测整流电路

将万用表调到蜂鸣挡，检测开关电源电路中的滤波电容、开关管，输出电路中的整流二极管（或快恢复二极管）、稳压器、取样电阻等元器件是否有短路或断路故障。如果开关管被击穿损坏，除了更换开关管外，还要检测开关管S极连接的电流取样电阻的阻值是否正常，因为开关管损坏后，电流取样电阻会因受冲击而阻值变大或断路。另外，开关管的G极串联的电阻、PWM芯片往往受强电冲击容易损坏，必须同时进行检测。除此之外，还要检查负载回路有无短路现象。

图 12-14　检测开关电源电路主要元器件

⑤ 准备加电检测，为防止加电后烧坏主电路中的整流桥堆、IGBT 模块或 IPM 模块，在加电检测前，应先在断电情况下检测电源电路板中的整流桥堆、IGBT 模块或 IPM 模块，确认无短路后再加电进行检测。如图 12-15 所示。

将万用表调到二极管挡，红表笔接N端子，黑表笔分别接U、V、W端子，测量值正常为0.45V左右。之后将黑表笔接P端子，红表笔分别接U、V、W端子，测量值正常为0.45V左右。如果测量的值为0或无穷大，说明IGBT模块或IPM模块损坏。

图 12-15　IPM 模块的检测方法

⑥ 在通电检测时，通电后要先观察电源电路板是否有元器件冒烟等现象，若有，要及时切断供电进行检修。然后测量高压滤波电容两端有无 310V 直流电压输出。如图 12-16 所示。

将万用表调到直流电压1000V挡，红黑两只表笔接高压滤波电容两只引脚，测量其电压。若无310V左右的电压，则重点检查整流滤波电路中的整流桥堆（或整流二极管）、滤波电容等元器件。

图 12-16　测量高压滤波电容两脚的电压

⑦ 如果在断电情况下检测开关管没有损坏，且其 G 极串联的电阻、S 极连接的电流取样电阻等均正常，则进一步检查开关电源电路中的振荡电路。在通电的情况下，检测 PWM 芯片（以 MC33364 为例）的第 12 脚启动电压是否正常。如图 12-17 所示。

⑧ 如果 PWM 芯片第 12 脚启动电压正常，则测量 PWM 芯片（以 MC33364 为例）第 6 脚的基准电压，正常应该有 5V 直流电压。如图 12-18 所示。

⑨ 如果测得第 6 脚的电压（5V 电压）正常，则测量第 11 脚输出电压，正常应该有几伏输出电压。如图 12-19 所示。

⑩ 如果测得第 6 脚、第 11 脚输出电压都为 0，但第 12 脚电压正常，PWM 芯片外围定时元器件也正常，则 PWM 芯片（以 MC33364 为例）损坏，直接更换一个 PWM 芯片即可。

将万用表调到直流电压20V挡，红表笔接PWM芯片（以MC33364为例）的第12脚，黑表笔接第9脚（接地脚）进行测量，测量值正常应该为15V。如果启动电压不正常，接着检查启动电阻是否断路，启动电阻连接的滤波电容是否损坏（击穿或电容量下降）。一般滤波电容容量下降会导致PWM芯片启动电压下降。

图 12-17　测量 PWM 芯片启动电压

将万用表调到直流电压20V挡，红表笔接PWM芯片（以MC33364为例）的第6脚，黑表笔接第9脚（接地脚）进行测量，测量值正常应该为5V。如果第6脚电压正常，则说明PWM芯片开始工作了；如果第6脚电压为0，而第12脚电压正常，说明PWM芯片没有工作，可能损坏了。

图 12-18　测量第 6 脚的基准电压

如果输出电压正常，说明振荡电路基本正常，故障可能在稳压电路；如果第11脚输出电压为0，则先检查第6脚外接的电阻和电容定时元器件，及第11脚外围电路中的元器件。

图 12-19　测量 PWM 芯片输出电压

⑪ 如果 PWM 控制芯片正常，则检查稳压电路。首先对 PWM 芯片（以 MC33364 为例）单独上电（将 15V 可调电源的红黑接线柱分别接到第 12 脚和第 9 脚），然后短接稳压电路中光耦合器的输入侧（如 PC817 的输入侧为 1 和 2 引脚）。如图 12-20 所示。

12.5.2　快速诊断开关电源电路输出的直流电压过高故障

伺服驱动器的开关电源电路输出电压过高或过低故障通常是稳压电路故障引起的，一般稳压电路的取样电阻、光耦合器、精密稳压器等元器件损坏或性能下降，

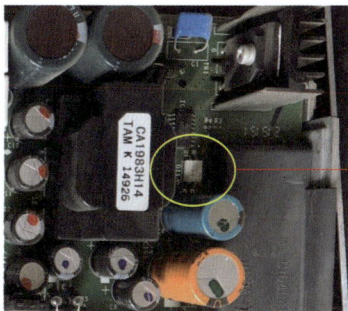

如果振荡电路起振，说明故障在光耦合器输入侧外围电路，重点检查外围电路中的精密稳压器、取样电阻等元器件；如果振荡电路仍不起振，则故障可能在稳压电路中的光耦合器的输出侧电路，重点检查光耦合器输出侧连接的电阻等元器件。

图 12-20　短接光耦合器输入侧引脚并检测其他元器件

会使反馈电压幅度不足，造成输出电压过高或过低。检测时可以先检测取样电阻、稳压器等元器件是否断路或短路损坏。

开关电源电路输出的直流电压过高故障维修方法如下：

① 在稳压电路中的光耦合器的输出端（第 3、4 脚）并联一只 10kΩ 电阻，然后开机测试开关电源电路的输出电压大小。如图 12-21 所示。

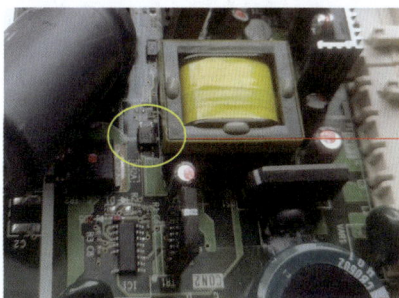

如果输出电压回落，说明光耦合器输出侧稳压电路正常（即光耦合器第3、4脚到PWM芯片之间的元器件正常），故障应该是光耦合器损坏或输入侧（第1、2脚）电路中的取样电阻损坏。

图 12-21　判断稳压电路故障点

② 在光耦合器第 1 脚连接的电阻上并联 500Ω 电阻，然后测量伺服驱动器的输出电压。如图 12-22 所示。

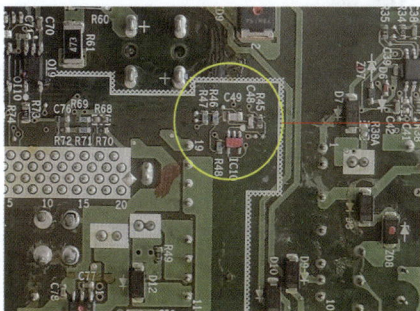

如果在电阻上并联500Ω电阻后，输出电压有显著回落，说明光耦合器是正常的，故障为精密稳压器性能不良或精密稳压器外接电阻损坏（阻值变大或断路）；如果输出电压没有回落，说明光耦合器损坏，更换同型号的光耦合器即可。

图 12-22　测量伺服驱动器的输出电压

12.6 动手维修：伺服驱动器开关电源电路故障维修实战

12.6.1 西门子伺服驱动器开机显示"230005"故障维修实战

（1）故障现象

客户送来一台西门子伺服驱动器，反映这台伺服驱动器开机后指示灯不亮，显示"230005"故障代码。

（2）故障检测与维修

经查该故障代码表示功率单元过载。根据经验，此故障可能是电源部分有损坏的元器件。伺服驱动器开机显示"230005"故障维修方法如下。

第1步：对于这种故障，首先要拆开伺服驱动器外壳检查一下内部电路的情况，如图12-23所示。

先拧开外壳的固定螺钉，拆开伺服器外壳和电路板。接着检查电源电路板正面的元器件，未发现明显烧坏或损坏的元器件。

图12-23 检查内部电路板中的元器件

第2步：检测IGBT模块是否正常，如图12-24所示。

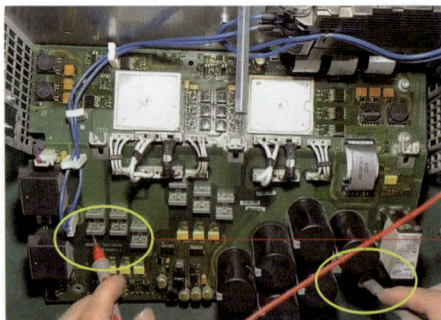

将万用表调到二极管挡，黑表笔接直流母线的正极，红表笔分别接电路板IGBT模块的U、V、W的输出脚，测量管电压。测量的电压值均为0，说明IGBT模块内部短路损坏。

图12-24 检测IGBT模块

第 3 步：拆下电源电路板检查其背面的元器件，如图 12-25 所示。

先拆下电源电路板，拧下IGBT模块的固定螺钉，拆下IGBT模块上盖。接着检查电源电路板背面的元器件，未发现明显烧坏的元器件。

图 12-25　检查电源电路板背面的元器件

第 4 步：测量开关变压器引脚间阻值，如图 12-26 所示。

将万用表调到蜂鸣挡，两只表笔接开关变压器的引脚进行测量，发现右边的开关变压器内部发生断路损坏。

图 12-26　检测开关变压器

第 5 步：用电烙铁拆下损坏的开关变压器。拆下之后，再次用万用表测量其引脚间阻值，如图 12-27 所示。

先用电烙铁拆下损坏的开关变压器，然后将万用表调到蜂鸣挡，测量开关变压器引脚间的阻值。测量的阻值为无穷大，说明开关变压器内部绕组断路损坏。

图 12-27　拆下故障开关变压器并测量其引脚间阻值

第6步：直接测量 IGBT 模块引脚间的管电压，再次确认其好坏，如图 12-28 所示。

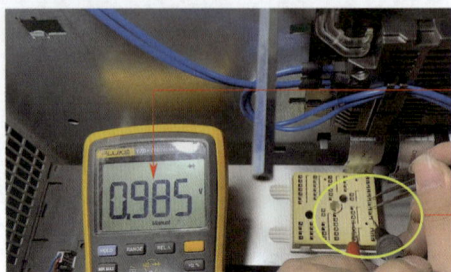

将万用表调到二极管挡，测量 IGBT 模块引脚中IGBT的引脚间的管电压。测量的电压值为 0.985V（正常为0.4～0.6V），说明IGBT模块内部有损坏。

图 12-28　检测 IGBT 模块

第7步：由于 IGBT 模块损坏，通常其驱动电路损坏的概率也较大，因此接着检测驱动电路。如图 12-29 所示。

将万用表调到蜂鸣挡，检测驱动电路中的电阻、电容、二极管、电感等元器件。未发现驱动电路中有损坏的元器件。

图 12-29　检测驱动电路

第8步：用同型号的开关变压器更换损坏的开关变压器，然后更换损坏的 IGBT 模块。如图 12-30 所示。

用电烙铁将新的开关变压器焊接到电路板，接着再将新的IGBT模块涂抹硅脂后安装到电路板，并固定好。

图 12-30　更换开关变压器和 IGBT 模块

第9步：更换完损坏的元器件后，将电源电路板安装好，然后进行通电测试。

如图 12-31 所示。

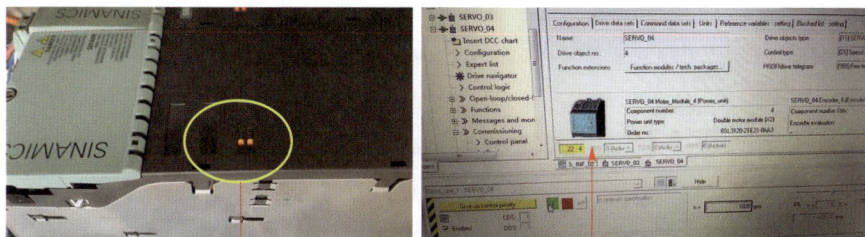

通电启动，电源指示灯点亮。然后打开控制程序，使能过后运行正常，未报错误。
接着连接上电动机测试，可以正常控制电动机运转，伺服驱动器故障排除。

图 12-31　测试伺服驱动器

12.6.2　DA99D 伺服驱动器上电无显示故障维修实战

（1）故障现象

客户送来一台广州数控的伺服驱动器，反映这台伺服驱动器上电无显示。

（2）故障检测与维修

通常伺服驱动器无显示故障可能是开关电源电路故障引起，但也可能是主电路故障引起，需要逐步排查故障。伺服驱动器开机无显示故障维修方法如下。

第 1 步：对于这种故障，要在通电检测前，先用万用表检测一下整流电路和 IPM 模块是否有问题，防止通电造成伺服驱动器电路二次损坏。如图 12-32 所示。

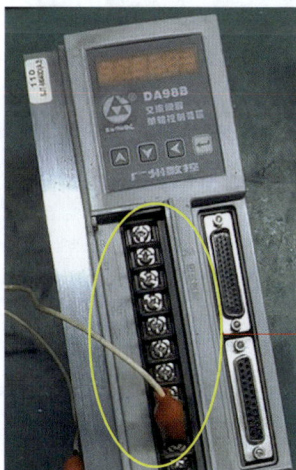

①将数字万用表调到二极管挡，将红表笔接直流母线的负极（N），黑表笔分别接R、S、T三个端子，测量三次，测量的值都为0.49V。接着再将黑表笔接直流母线的正极，红表笔分别接R、S、T三个端子，测量三次，测量的值也都是0.49V，说明整流电路中的整流二极管都正常。
②将红表笔接直流母线的负极，黑表笔分别接U、V、W三个端子，测量三次，测量的值都为0.46V，说明逆变电路中下臂的三个变频元器件都正常。然后将黑表笔接直流母线的正极，红表笔分别接U、V、W三个端子，测量三次，测量的值也都是0.46V，说明逆变电路上臂变频元器件都正常。

图 12-32　检测整流电路和 IPM 模块

第 2 步：拆开伺服驱动器的外壳，由于此故障多是开关电源电路问题引起的，所以先检查电源电路板中的开关电源电路。如图 12-33 所示。

仔细检查开关电源电路中有无烧黑、鼓包、漏液、炸裂等明显损坏的元器件，经检查，未发现明显损坏的元器件。

图 12-33　检查开关电源电路

第 3 步：在检查开关电源电路过程中发现此开关电源电路采用了故障率较高的芯片，根据维修经验，重点检查此芯片，如图 12-34 所示。

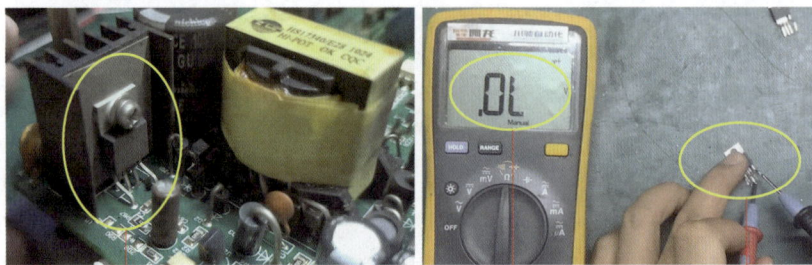

①在检查时发现此电路采用了开关管和 PWM 芯片集成在一体的电源管理芯片 TOP255。由于此芯片发生故障的概率较高，根据维修经验，重点检查此电源管理芯片。

②为了测量准确，先用电烙铁将此芯片从电路板中拆下。将万用表调到二极管挡，红黑表笔分别接芯片的 D 脚和 S 脚。测量值为无穷大，说明此芯片损坏，正常应该有 0.5V 左右的压降。

图 12-34　检查 PWM 芯片

第 4 步：用同型号的 TOP255 芯片更换损坏的芯片，将伺服驱动器电路接上电源，然后开机测试，如图 12-35 所示。

全彩图解
开关电源芯片级维修

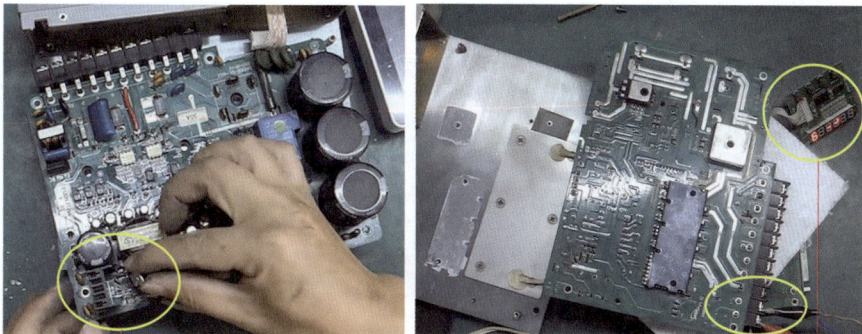

用同型号的TOP255芯片更换损坏的芯片。然后将伺服驱动器电路接上电源，开机测试，可以看到正常开机，显示屏显示正常，故障排除。之后将伺服驱动器电路板安装好，并装好外壳。然后将伺服驱动器连接电动机进行测试，可以正常控制电动机转动，伺服驱动器故障排除。

图 12-35 更换损坏元件后通电测试

第 13 章

PLC 控制器开关电源电路故障维修实战

PLC 控制器中的开关电源电路主要为 PLC 控制器的整机控制电路提供工作电压，这部分电路很重要，如果出现故障，会导致 PLC 控制器无法正常工作。本章将重点讲解 PLC 控制器开关电源供电电路中易坏芯片元器件、故障检测点、故障检修流程图、常见故障维修和故障维修实战案例等内容。

13.1 ▶ 看图识 PLC 控制器电源电路板芯片电路

PLC 控制器的开关电源电路主要用来产生 24V、5V 等低压直流电压，为 PLC 控制器的各种电路等提供工作电压。其中，处理器（CPU）及各种芯片等需要 5V 供电，控制端子、工作继电器线圈需要 24V 供电。

PLC 控制器开关电源电路主要由 EMI 滤波电路、整流滤波电路、开关振荡电路、输出整流滤波电路、稳压控制电路等组成。如图 13-1 和图 13-2 所示为 PLC

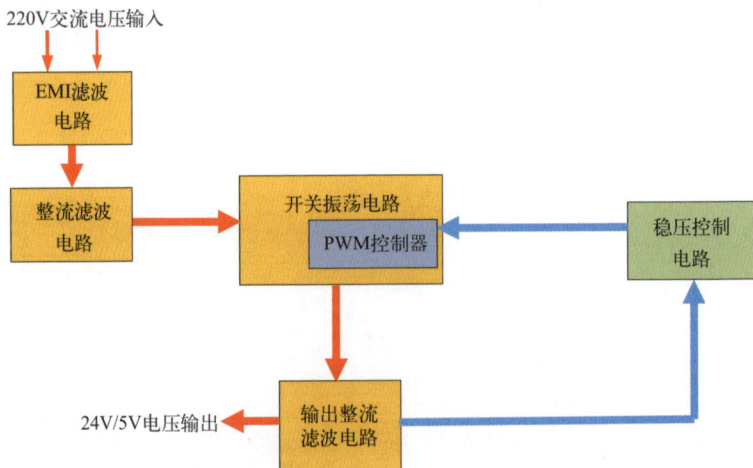

图 13-1 PLC 控制器开关电源电路的组成框图

图 13-2　PLC 控制器开关电源电路实物图

控制器开关电源电路组成框图和 PLC 控制器电源板中开关电源电路实物图。

13.2 ▶ PLC 控制器开关电源电路易坏芯片元器件

　　PLC 控制器的开关电源电路易坏元器件主要有：保险电阻、压敏电阻、整流桥堆、滤波电容、开关管、取样电阻、集成式电源控制芯片（集成开关管）、开关变压器、快恢复二极管、稳压器、整流二极管、精密稳压器、光耦合器、滤波电感等，如图 13-3 所示。

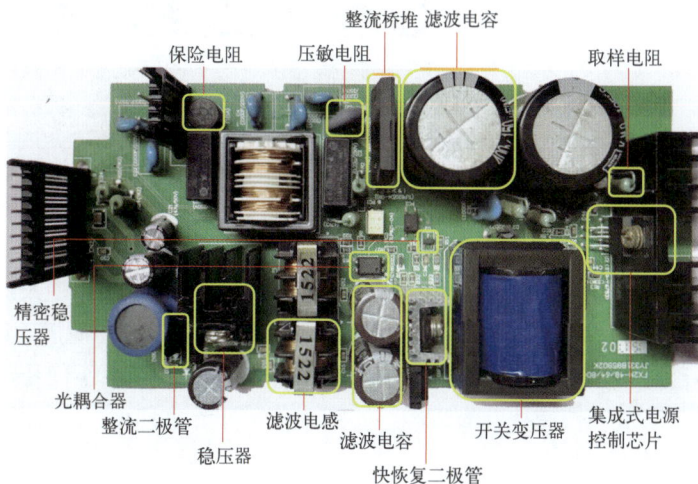

图 13-3　开关电源电路易坏元器件

245

13.3 PLC 控制器开关电源电路故障检测点

在检测 PLC 控制器的开关电源电路的故障时，可能会发现几个故障率较高的部件，如整流桥堆、滤波电容、开关管、开关变压器、快恢复二极管、稳压器、光耦合器等。在检测开关电源电路故障时，会经常需要检测一些易坏部件的好坏，以排除好的元器件，找到故障元器件。下面总结一下 PLC 控制器中开关电源电路的常见故障检测点。

13.3.1 开关电源电路各功能电路位置以及电压检测点

如图 13-4 所示，将开关电源电路中各主要功能电路采用框注的方式进行标注，同时注明功能电路的关键电压检测点，根据检测点的信号去判断各功能电路是否工作正常。

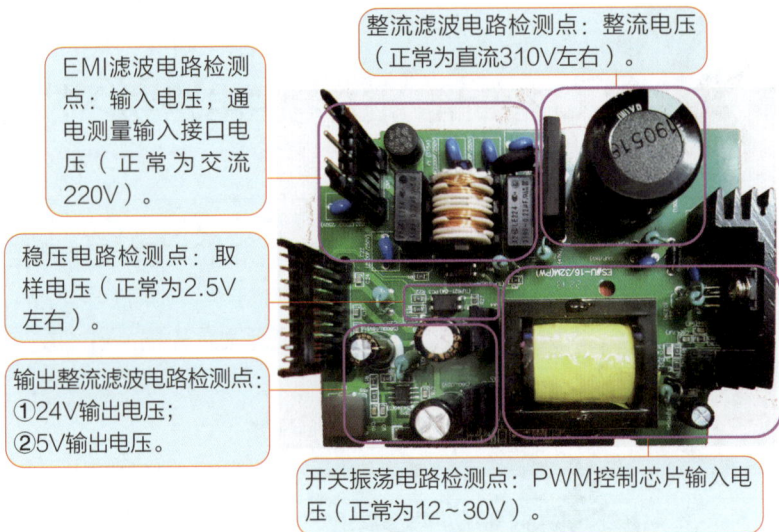

EMI滤波电路检测点：输入电压，通电测量输入接口电压（正常为交流220V）。

整流滤波电路检测点：整流电压（正常为直流310V左右）。

稳压电路检测点：取样电压（正常为2.5V左右）。

输出整流滤波电路检测点：
①24V输出电压；
②5V输出电压。

开关振荡电路检测点：PWM控制芯片输入电压（正常为12~30V）。

图 13-4　各功能电路位置以及电压检测点

13.3.2 开关电源电路关键电压检测点

在诊断 PLC 控制器开关电源电路故障时，可以通过测量电路中关键电压信号来排查故障发生在哪个功能电路中。如通过测量整流滤波电路中滤波电容的 310V 直流电压是否正常，来判断 EMI 滤波电路和整流滤波电路是否工作正常，以此来缩小故障排查区域，快速找到故障点。如图 13-5 所示为 PLC 控制器开关电源电路关键电压检测点。

故障检测点1：输入电压。通电测量电源接口电压（正常为交流220V）。

故障检测点2：整流电压。通电测量滤波电容引脚电压（正常为310V左右）。

故障检测点3：取样电压。通电测量精密稳压器芯片R引脚电压（正常为2.5V）。

故障检测点5：5V输出电压。通电测量输出电路中稳压器输出引脚电压（正常为5V）。

故障检测点4：24V输出电压。通电测量24V输出电路中快恢复二极管的负极引脚与地的电压或滤波电容两引脚间电压。

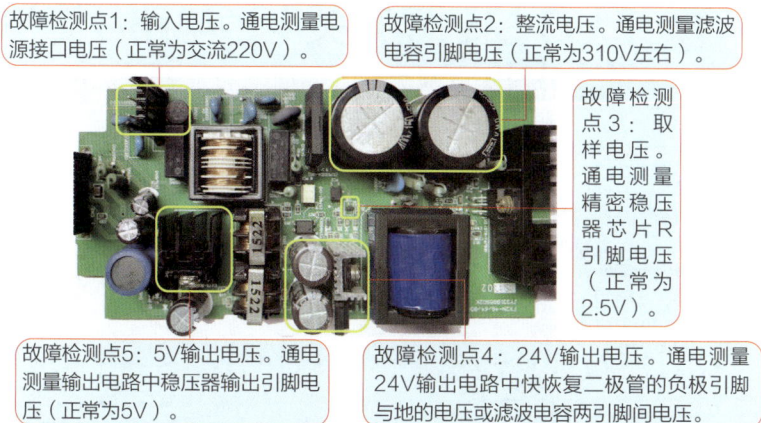

图 13-5　PLC 控制器开关电源电路关键电压检测点

13.3.3　开关电源电路关键元器件检测点

在检查 PLC 控制器开关电源电路故障时，要重点检测电路中故障率较高的元器件，这样可以快速找到故障原因。下面总结 PLC 控制器开关电源电路关键元器件检测点（关键元器件检测实战具体内容参考第 3 章）。如图 13-6 所示为 PLC 控制器开关电源电路关键元器件检测点。

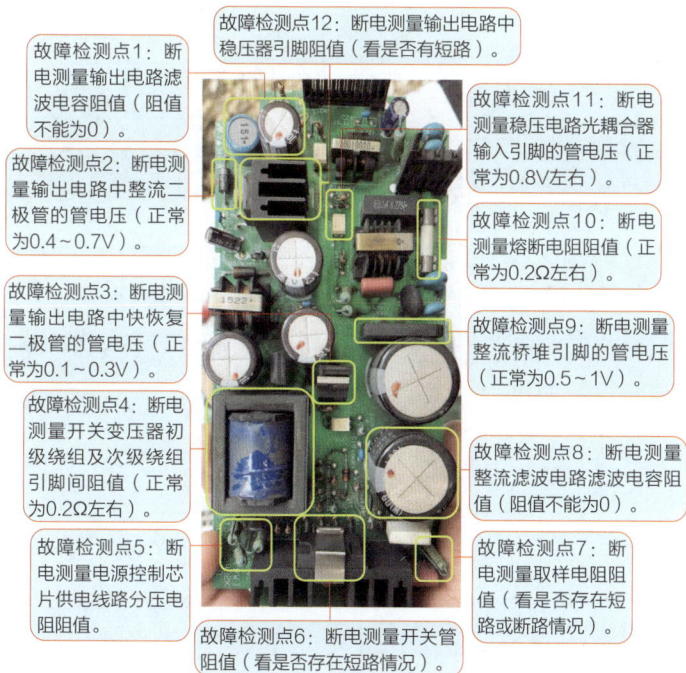

故障检测点1：断电测量输出电路滤波电容阻值（阻值不能为0）。

故障检测点2：断电测量输出电路中整流二极管的管电压（正常为0.4～0.7V）。

故障检测点3：断电测量输出电路中快恢复二极管的管电压（正常为0.1～0.3V）。

故障检测点4：断电测量开关变压器初级绕组及次级绕组引脚间阻值（正常为0.2Ω左右）。

故障检测点5：断电测量电源控制芯片供电线路分压电阻阻值。

故障检测点6：断电测量开关管阻值（看是否存在短路情况）。

故障检测点12：断电测量输出电路中稳压器引脚阻值（看是否有短路）。

故障检测点11：断电测量稳压电路光耦合器输入引脚的管电压（正常为0.8V左右）。

故障检测点10：断电测量熔断电阻阻值（正常为0.2Ω左右）。

故障检测点9：断电测量整流桥堆引脚的管电压（正常为0.5～1V）。

故障检测点8：断电测量整流滤波电路滤波电容阻值（阻值不能为0）。

故障检测点7：断电测量取样电阻阻值（看是否存在短路或断路情况）。

图 13-6　PLC 控制器开关电源电路关键元器件检测点

13.4 ▶ PLC 控制器开关电源电路故障诊断流程图

　　PLC 控制器中开关电源电路常见故障主要表现为无法开机、通电无显示等。PLC 控制器中开关电源电路故障的原因可能是保险管烧坏、滤波电容损坏、开关管烧坏、稳压电路异常、保护电路异常等。图 13-7 所示为 PLC 控制器中开关电源电路故障检修流程图。

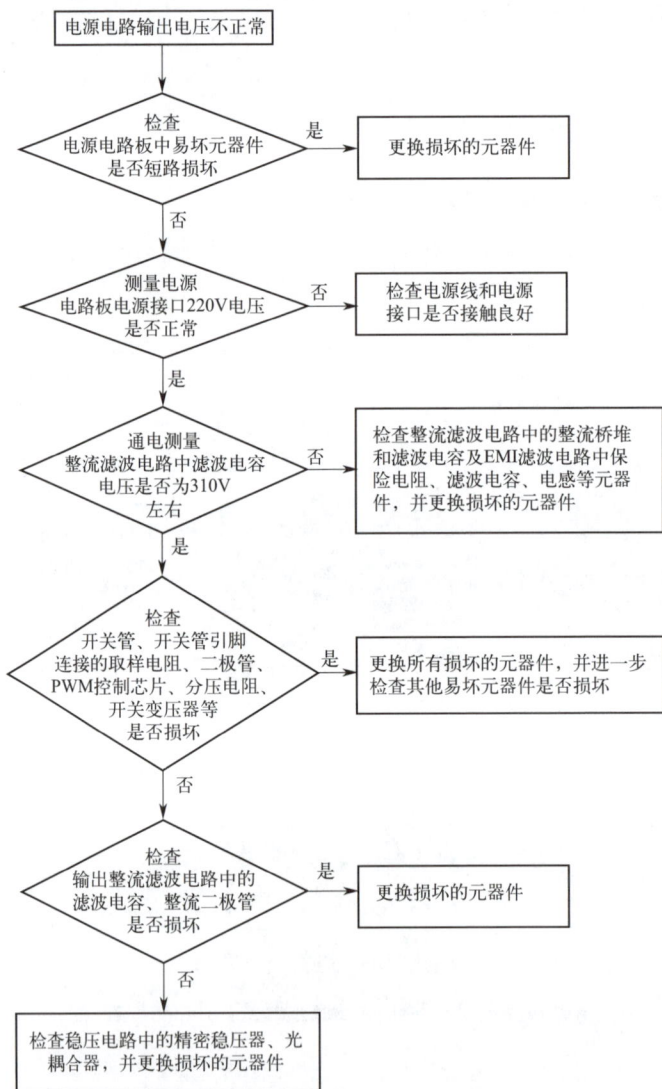

图 13-7　PLC 控制器中开关电源电路故障检修流程图

全彩图解
开关电源芯片级维修

13.5 快速诊断 PLC 控制器开关电源电路常见故障

PLC 控制器故障种类繁多，其中电源方面的故障率较高，如无法开机、开机指示灯不亮、无法启动等故障都与开关电源故障有关。在排除故障时，需要重点检查电源电路板中的故障，下面将讲解 PLC 控制器开关电源电路常见故障维修方法。

当 PLC 控制器开关电源电路无电压输出时，其检修方法如下。

① 在断电状态下检查 PLC 控制器电源电路板有无明显损坏的元器件。如图 13-8 所示。

拆下PLC控制器的电源电路板，先观察电源电路板上是否有烧焦、发黑、鼓包、炸裂等明显损坏的元器件。如果有，则检查损坏元器件所在单元电路板中的其他元器件是否短路损坏，同时检查损坏元器件周围的元器件是否有损坏。在确认无其他故障的情况下，才能更换损坏的元器件。

图 13-8　检查电源电路板中元器件

② 在保险电阻两端连接一个灯泡，通电测量输出电压，如图 13-9 所示。

将万用表调到直流电压200V挡，红表笔接5V输出电路中电感的一端，黑表笔接地，测量输出电压。如果电源电路板5V输出电压不为0，但不正常，则检查稳压电路中的取样电阻、精密稳压器、光耦合器等元器件。

图 13-9　通电测量输出电压

③ 如果测量的输出电压为 0，则测量整流滤波电路中滤波电容两端的 310V 电压，如图 13-10 所示。

④ 如果 310V 电压不正常，则检查 EMI 滤波电路和整流滤波电路中的元器件，如图 13-11 所示。

将万用表调到直流电压1000V挡，测量整流滤波电路中大容量电容两引脚间的电压，正常为310V左右。

图 13-10　测量滤波电容两端的电压

检查EMI滤波电路中的保险电阻、电容、电感，整流滤波电路中的整流二极管或整流桥堆、滤波电容等元器件，并更换损坏的元器件。

图 13-11　检查整流滤波电路和 EMI 滤波电路中的元器件

⑤ 如果③中测量的 310V 电压正常，则 EMI 滤波电路和整流滤波电路正常，接着在断电情况下检测开关振荡电路，如图 13-12 所示。

在断电情况下，用万用表二极管挡检测集成式电源管理芯片（集成开关管）的VDD端与S端间的管电压，正常为0.5V左右。如果为0，则是被击穿损坏。接着测量电源管理芯片连接的二极管的管电压，正常也为0.5V左右。然后用万用表电阻挡检测集成式电源管理芯片连接的取样电阻是否有短路或断路故障，滤波电容是否被击穿。如果有问题，更换故障元器件。

图 13-12　检测开关振荡电路

⑥ 接下来通电检测开关振荡电路中电源控制芯片，如图 13-13 所示。

⑦ 如果开关振荡电路中元器件均正常，则检测输出整流滤波电路中的元器件，如图 13-14 所示。

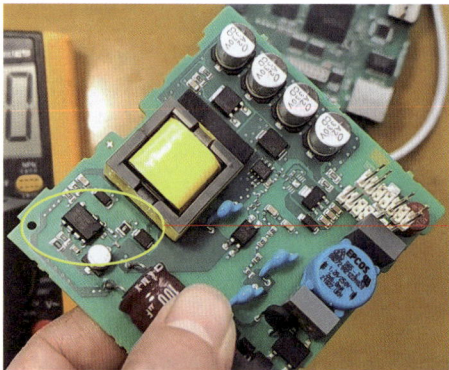

将万用表调到直流电压200V挡，通电检测开关振荡电路中的电源控制芯片的供电电压，如果不正常就检测启动电阻是否断路损坏。如果供电电压正常，则检测5V基准电压是否正常。如果供电电压正常，而基准电压不正常，则可能电源芯片损坏。如果是集成式电源控制芯片，若上一步测量的管电压不正常，则说明电源控制芯片损坏。

图 13-13　检测电源控制芯片

在断电情况下，用万用表二极管挡检测输出电路中整流二极管的管电压，正常为0.5V左右。再用蜂鸣挡检测滤波电容，如果阻值为0，说明滤波电容击穿损坏。另外，用蜂鸣挡测量稳压器芯片引脚间阻值，如果阻值为0，说明稳压器芯片击穿损坏。

图 13-14　检测输出整流滤波电路中的元器件

13.6 ▶ 动手维修：PLC 控制器开关电源电路故障维修实战

13.6.1　PLC 控制器上电指示灯不亮故障维修实战

（1）故障现象

客户送来一台故障 PLC 控制器，反映该 PLC 开机上电指示灯不亮，无法正常工作。

（2）故障检测与维修

根据故障现象分析，此故障应该是 PLC 控制器的电源电路板故障引起的，此故障维修方法如下。

251

① 在拆机维修前，先给 PLC 控制器接上电源，然后测量输出端子的电压，如图 13-15 所示。

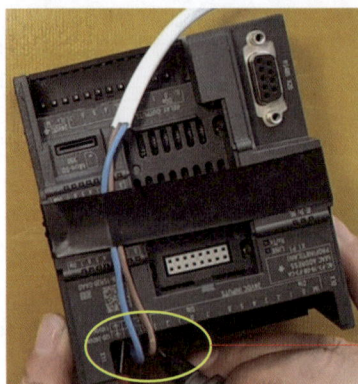

先给PLC控制器接上220V电压，将万用表调到直流电压200V挡，然后红表笔接24V输出端子，黑表笔接接地端子，测量电压。测量值为0，输出电压不正常。

图 13-15 测量 24V 输出电压

② 拆开 PLC 控制器外壳，并拆下内部几个电路板。然后检查电源电路板中的元器件，如图 13-16 所示。

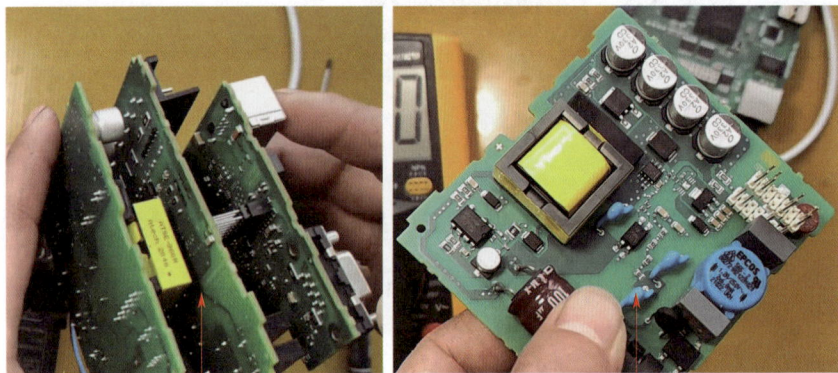

拆下电源电路板，检查电源电路板中是否有烧黑、炸裂、鼓包、漏液等明显损坏的元器件。经检查，未发现明显损坏的元器件。

图 13-16 检查电源电路板中元器件

③ 用万用表检测电源电路板中的保险电阻，如图 13-17 所示。
④ 保险电阻烧断，说明电源电路中有短路损坏的元器件，如图 13-18 所示。
⑤ 检测整流滤波电路中的整流桥堆、滤波电容等元器件，如图 13-19 所示。
⑥ 检测开关振荡电路中的元器件，并更换损坏的元器件，如图 13-20 所示。
⑦ 将 PLC 控制器外壳装好，准备进一步测试。如图 13-21 所示。

将万用表调到蜂鸣挡，红黑表笔分别接电源电路板中保险电阻两引脚，测量的阻值为无穷大，说明保险电阻被烧断损坏。

图 13-17　检测保险电阻

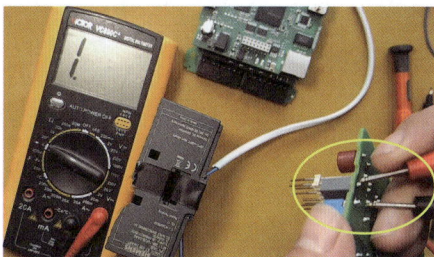

用万用表蜂鸣挡检测EMI滤波电路中的滤波电容、电感等元器件。未发现损坏的元器件。

图 13-18　检测 EMI 滤波电路中的元器件

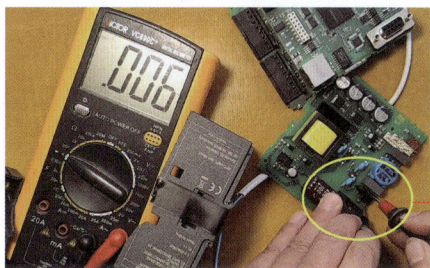

将万用表调到二极管挡，红表笔接整流桥堆输入端正极引脚，然后黑表笔分别接整流桥堆其他三只引脚。发现测量的值为0.006V，说明整流桥堆内部有短路故障。再用蜂鸣挡检测滤波电容，没有发现短路故障。

图 13-19　检测整流桥堆和滤波电容

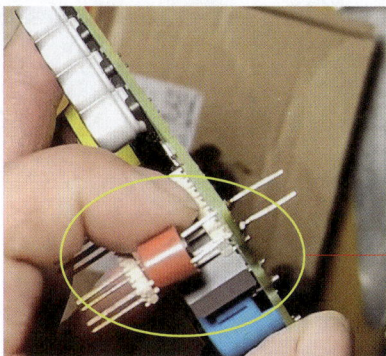

用万用表的二极管挡检测开关振荡电路中的集成式电源控制芯片（集成开关管）的VDD供电脚和S脚的管电压，管电压正常。然后用蜂鸣挡检测开关变压器、取样电阻等元器件，未发现短路故障。接着用同型号的保险电阻和整流桥堆替换损坏的元器件。

图 13-20　更换损坏的元器件

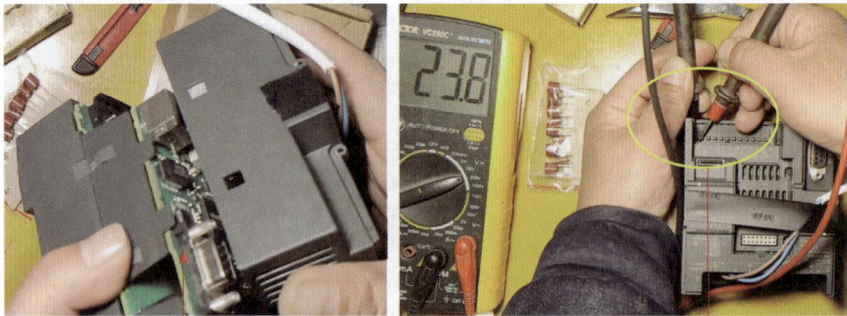

将PLC控制器外壳装好，并给PLC控制器接入220V交流电压，然后上电测量24V
输出端电压，测量值为23.8V，输出电压正常，说明PLC控制器工作正常了，故障
排除。

图 13-21 通电测试

13.6.2 西门子 PLC 开机不工作、指示灯不亮故障维修

（1）故障现象

客户送来一台故障西门子 PLC，说此 PLC 开机不工作，指示灯不亮。

（2）故障检测与维修

根据故障现象分析，PLC 指示灯不亮可能是开关电源电路有问题。此故障的
维修方法如下。

① 拆开 PLC 的外壳，检查电路板中元器件，如图 13-22 所示。

拆开后，检查电路板，发现输出端子附近的电路中有多个电容、电阻、电感烧坏。

图 13-22 检查电路板中元器件

② 继续检查输出端子附近的元器件，如图 13-23 所示。
③ 拆下电路板，检查电路板背面，如图 13-24 所示。
④ 检查开关电源电路板，如图 13-25 所示。

全彩图解
开关电源芯片级维修

将万用表调到蜂鸣挡，检查输出端子附近的电路中的其他元器件，又发现了一些损坏的电阻等元器件。

图 13-23　继续检查元器件

拆下电路板，再检查电路板背面，同样发现有烧坏的元器件。

图 13-24　检查电路板背面元器件

先给开关电源电路板供电，然后用万用表直流电压200V挡测量输出端电压，发现26V输出电压正常，5V供电电压为0。

图 13-25　检查开关电源电路板

⑤ 检查 5V 供电电路中的元器件，如图 13-26 所示。

由于此PLC电路中5V供电电压是由26V电压经稳压器芯片稳压后产生的。因此检查5V供电电路中的稳压器芯片、滤波电容等元器件，发现稳压器芯片烧了一个洞。用蜂鸣挡检测滤波电容，未发现损坏。

图 13-26　检查 5V 供电电路中的元器件

⑥ 更换损坏的稳压器芯片 7805 及其他损坏的元器件，如图 13-27 所示。

用电烙铁将损坏的元器件拆下，然后用同型号的元器件替换损坏的元器件。

图 13-27　更换损坏的元器件

⑦ 将所有损坏的元器件更换之后，装机通电测试。如图 13-28 所示。

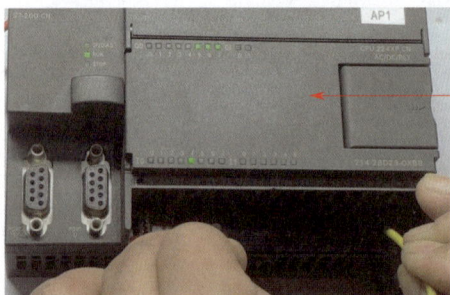

将电路板装好后，通电测试。发现PLC控制器指示灯点亮，再测试输出端，输出电压正常，故障排除。

图 13-28　通电测试

13.6.3　西门子 PLC 通电无反应故障维修实战

（1）故障现象

客户寄来一台故障西门子 PLC 控制器，描述此 PLC 开机通电无反应，指示灯不亮。

（2）故障检测与维修

根据故障现象分析，此故障应该是 PLC 控制器电源电路板故障引起的。此故障维修方法如下。

① 拆开控制器检查内部电路板。如图 13-29 所示。

② 将开关电源电路板单独接上电源，然后测量开关电源电路板的 24V 输出电压是否正常。如图 13-30 所示。

拆开PLC控制器外壳，拆下电路板。检查电路板中的元器件，未发现明显损坏的元器件。

图 13-29　检查电路板中元器件

将万用表调到直流电压200V挡，将红黑表笔接输出整流滤波电路中的滤波电容两端测量输出电压。发现输出电压不稳定，不断地跳变，说明开关电源电路工作不正常。

图 13-30　测量 24V 输出电压

③ 通常输出电压跳变不稳，是输出电路中滤波电容故障引起的，接下来用万用表检测输出端所有电容器，如图 13-31 所示。

将万用表调到蜂鸣挡，两只表笔接输出整流滤波电路中的滤波电容的两端，测量其阻值，发现有两个电容器阻值很低，说明这两个电容器损坏。

图 13-31　检测输出电路滤波电容

④ 在更换损坏的电容后，重新测量开关电源电路的 24V 输出电压，如图 13-32 所示。

将万用表调到直流电压200V挡，两只表笔接输出电路的电容两端，测量值为24.12V，电压稳定不跳变。

图 13-32　测量输出电压

⑤ 将 PLC 控制器电路板重新安装好，通电测试。如图 13-33 所示。

将PLC控制器电路板重新安装好，接上电源开机测试，发现PLC电源指示灯被点亮，然后连接负载进行测试，PLC工作正常，故障排除。

图 13-33　通电测试